图灵程序设计丛书

WRITING A
COMPILER
IN GO

用Go语言自制
编译器

[德] 索斯藤 · 鲍尔（Thorsten Ball）———— 著

廖彬 ———— 译

人民邮电出版社

北京

图书在版编目（CIP）数据

用Go语言自制编译器 /（德）索斯藤·鲍尔
(Thorsten Ball) 著；廖彬译. -- 北京：人民邮电出
版社，2022.6
　（图灵程序设计丛书）
　ISBN 978-7-115-59110-4

　Ⅰ. ①用… Ⅱ. ①索… ②廖… Ⅲ. ①编译程序－程
序设计 Ⅳ. ①TP314

中国版本图书馆CIP数据核字(2022)第058379号

内 容 提 要

　　本书是《用Go语言自制解释器》的续篇。在自制解释器时，你已经为Monkey语言实现了类C语法、变量绑定、基本数据类型、算术运算、内置函数、闭包等特性。是时候让Monkey继续成长了！在本书中，Monkey将继续"进化"，并最终成长为成熟的程序设计语言。在已有词法分析器、语法分析器和抽象语法树的基础上，你将为Monkey语言定义字节码指令，指定操作数，编写反汇编程序，构建执行字节码的虚拟机。

　　本书适合Go语言学习者以及想深入理解程序设计语言编译原理的读者。

　◆　著　　　[德] 索斯藤·鲍尔（Thorsten Ball）

　　　译　　　廖　彬

　　　责任编辑　谢婷婷

　　　责任印制　彭志环

　◆　人民邮电出版社出版发行　　北京市丰台区成寿寺路11号

　　　邮编　100164　电子邮件　315@ptpress.com.cn

　　　网址　https://www.ptpress.com.cn

　　　固安县铭成印刷有限公司印刷

　◆　开本：720×960　1/16

　　　印张：20　　　　　　　　　2022年6月第1版

　　　字数：404千字　　　　　　2022年6月河北第1次印刷

　　　著作权合同登记号　图字：01-2020-7633号

定价：99.80元

读者服务热线：(010)84084456-6009　印装质量热线：(010)81055316
反盗版热线：(010)81055315

广告经营许可证：京东市监广登字 20170147 号

版 权 声 明

致　谢

　　我在女儿出生一个月后开始写作本书，并在她一岁生日后不久完成。如果没有妻子的帮助，本书就不会存在。在我们宝宝需要陪伴的成长过程中，我的妻子总是能为我创造写作的时间和空间。没有她坚定的支持和对我坚定不移的信任，我不可能写出本书。非常感谢！感谢 Christian 从一开始就以开放的态度鼓励我、支持我。感谢 Ricardo 提供的专业知识和反馈的宝贵建议。感谢 Yoji 的勤奋和对细节的关注。感谢所有其他 beta 版读者，是他们使本书变得更好！

前　言

可能不太礼貌，姑且让我以一个谎言来开启本书吧：本书的前传《用 Go 语言自制解释器》的成功是我从来没有设想过的。我当然是在撒谎。我肯定**想象过**它的成功：它出现在畅销书单的榜首，我因它获得无数的褒奖和称赞，并受邀参加各种高端活动，陌生人在街上认出了我，希望得到我的签名——在写了一本关于编程语言的书并将该语言命名为 "Monkey" 之后，谁不会设想这些场景呢？可是现在，我得严肃地说一个真实的想法：我的的确确没有**料想到**它会如此成功。

我当然感觉得到，有些人会喜欢那本书，主要因为我也很想读到那些内容，但在市场上找不到相关的书。在苦苦搜寻又徒劳而返的过程中，我发现其他人几乎跟我在搜索完全一样的内容：一本有关解释器的书，简单易懂，不是走马观花的简介，而是把经过测试的、可运行的代码放在首位。我当时想，如果我可以写这样一本书，那么其他人也许会喜欢。

想象归想象，事实上读者的确很喜欢我写的内容。他们不仅买了书，读了，还写邮件来感谢我，或者发博客文章表示他们有多喜欢那本书。有人在社交网络上推荐那本书，发起了线上投票；还有人把书中的代码拿出来改写、扩展，并分享在 GitHub 上；更有人修正了书里的错误代码。你能想象吗？他们给我发来了修改意见，然后还说他们很抱歉发现了这些错误。他们显然无法想象我有多感激他们的建议和这些修改意见。

后来，我看到一位读者发来的邮件，他表示希望读到**更多**的内容。我深受触动。这封邮件让原本仅存在于我脑海里的一个想法变成了一件必需要去做的事情：我必须得写第二本书。请注意，这不是**随随便便**的第二本，而是**只此唯一**的第二本。之所以这么说，是因为第一本书的诞生本身就带有遗憾。

在开始写《用 Go 语言自制解释器》这本书的时候，我想的只是写一本书，而不是一个系列的作品。后来当我意识到想写的内容太多，这本书到最后会变得非常厚的时候，我就改变了这个想法。我不想写一本大部头让读者望而生畏。即使我想写，其过程也会旷日持久，我大概很早就会放弃。

因此我做出了妥协。与其写一本书介绍如何构建树遍历的解释器并将之转换成一个虚拟机，不如只写树遍历的部分。这就是第一本书《用 Go 语言自制解释器》。你现在所读的就是我想写的后续内容。

但是所谓的"后续"具体是什么意思呢？这是说，本书并不是写于"第一本书出版几十年后，在另外一个星球上，Monkey 这个名字失去了原有的意义"。这不是一本颠覆之作，而是跟上一本无缝衔接的书。这两本书遵循相同的路径，使用同一种编程语言以及同样的工具和代码库（第一本书最后所构建的代码库）。

我的想法很简单：从停下来的地方继续出发，继续在 Monkey 上的工作。这不仅仅是上一本书的续集，也是 Monkey 的续集，是 Monkey 进化的下一阶段。在揭开本书的真面目之前，我们需要回顾一下 Monkey。

进击的 Monkey

过去和现在

在《用 Go 语言自制解释器》这本书中，我们为 Monkey 语言构建了一个解释器。创建 Monkey 的目的是：让读者能从零开始用 Go 语言自制一个解释器。尽管网上到处是读者使用各种语言编写的非官方实现，但是 Monkey 唯一的官方实现只存在于《用 Go 语言自制解释器》这本书中。

如果你忘记了 Monkey 的特征，下面这个代码片段会以尽可能少的代码帮你回忆起 Monkey 的特性。

```
let name = "Monkey";
let age = 1;
let inspirations = ["Scheme", "Lisp", "JavaScript", "Clojure"];
let book = {
  "title": "Writing A Compiler In Go",
  "author": "Thorsten Ball",
  "prequel": "Writing An Interpreter In Go"
};

let printBookName = fn(book) {
    let title = book["title"];
    let author = book["author"];
    puts(author + " - " + title);
```

```
};

printBookName(book);
// => 打印 "Thorsten Ball - Writing A Compiler In Go"

let fibonacci = fn(x) {
  if (x == 0) {
    0
  } else {
    if (x == 1) {
      return 1;
    } else {
      fibonacci(x - 1) + fibonacci(x - 2);
    }
  }
};

let map = fn(arr, f) {
  let iter = fn(arr, accumulated) {
    if (len(arr) == 0) {
      accumulated
    } else {
      iter(rest(arr), push(accumulated, f(first(arr))));
    }
  };
  iter(arr, []);
};

let numbers = [1, 1 + 1, 4 - 1, 2 * 2, 2 + 3, 12 / 2];
map(numbers, fibonacci);
// => 返回: [1, 1, 2, 3, 5, 8]
```

由以上代码可见，Monkey 语言的特性包括：

❑ 整型
❑ 布尔型
❑ 字符串
❑ 数组
❑ 哈希表
❑ 前缀运算符、中缀运算符、索引运算符
❑ 条件表达式
❑ 全局变量绑定和局部变量绑定
❑ 头等函数
❑ return 表达式
❑ 闭包

　　列表看起来很长？实际上，我们自己在 Monkey 中实现了以上所有的特性，最重要的是，我们从零开始，没有依赖任何第三方工具或者类库完成了这项工作。

　　从构建词法分析器开始，将字符串输入 REPL 并最终转换为词法单元。词法分析器的结构在 lexer 包中定义，生成的词法单元结构定义于 token 包中。

　　接着，我们构建了一个自上向下的递归下降式语法分析器（通常称之为普拉特语法分析器），将词法单元转换成抽象语法树，简称为 AST。AST 节点定义于 ast 包中，语法分析器则定义在 parser 包中。

　　经过语法分析后，Monkey 程序在内存中就可以表示为树并等待求值。为此，我们构建了一个求值器。它的另一个名字是 Eval 函数，该函数定义在 evaluator 包中。Eval 递归访问 AST 并对其进行求值，利用在 object 包中定义的对象系统得到最终结果。举个例子，这个过程会将表示 1+2 的 AST 节点直接转换成 object.Integer{Value: 3}。到这里，Monkey 代码的执行周期就结束了，最终结果会被保存到 REPL 中。

　　整个变化过程——从字符串转换为词法单元，再从词法单元转换成 AST，接着从 AST 转换为 object.Object——从头到尾都展现在我们构建的 Monkey REPL 的主循环中：

```
// repl/repl.go

package repl

func Start(in io.Reader, out io.Writer) {
    scanner := bufio.NewScanner(in)
    env := object.NewEnvironment()

    for {
        fmt.Fprintf(out, PROMPT)
        scanned := scanner.Scan()
        if !scanned {
            return
        }

        line := scanner.Text()
        l := lexer.New(line)
        p := parser.New(l)

        program := p.ParseProgram()
        if len(p.Errors()) != 0 {
            printParserErrors(out, p.Errors())
            continue
        }

        evaluated := evaluator.Eval(program, env)
```

```
if evaluated != nil {
    io.WriteString(out, evaluated.Inspect())
    io.WriteString(out, "\n")
}
    }
}
```

以上代码就是在上一本书的 4.6 节我们告别 Monkey 的地方。

半年之后，"遗失的篇章：Monkey 的宏系统"出版，主要介绍了 Monkey 如何使用宏进行编程。不过，我并不打算让"遗失的篇章"和宏系统出现在本书中。实际上，本书是接着《用 Go 语言自制解释器》的第 4 章继续的，就像"遗失的篇章"从未出现过。这很好，因为我们的解释器实现得非常棒。

Monkey 的运行完全符合预期，而且它的实现易于理解和扩展。所以在本书的开始自然而然地冒出一个问题：为什么要改变它，让它保持原样不好吗？

原因是，我们需要学习，Monkey 仍然有许多内容可以教给我们。《用 Go 语言自制解释器》的目标之一就是学习每天工作中使用的编程语言的实现。我们确实做到了。实际工作中使用的大部分编程语言的早期实现跟 Monkey 语言类似。学习构建 Monkey 的过程帮助我们理解了编程语言的实现和起源。

但是编程语言始终在发展，并会逐渐成熟。面对生产环境的负载以及日渐增长的性能和语言特性需求，编程语言的架构和实现往往需要随之改变。这些改变的一个副作用是它们逐渐丧失了与 Monkey 的相似性，因为 Monkey 从设计之初就没考虑生产环境和性能问题。

Monkey 与成熟编程语言之间的差距是其实现过程中最大的缺点之一：Monkey 的架构和实际使用的编程语言的架构脱节，正如肥皂车和一级方程式赛车截然不同。肥皂车有 4 个轮子和一个座椅，它可以帮助学习转向系统，但是缺少发动机这一事实是无法忽视的。

在本书中，我们将缩小 Monkey 语言和实际使用的编程语言之间的差距。我们将在 Monkey 这辆肥皂车的发动机盖下面放一些东西。

未来

我们将把 Monkey 中基于遍历语法树与即时求值的解释器升级成字节码编译器以及一个用来执行字节码的虚拟机。

这项工作很有趣，而且它确实是最常见的解释器架构。Ruby、Lua、Python、Perl、

Guile、各种 JavaScript 实现以及更多的编程语言都采用了这种架构。即便是强大的 Java 虚拟机，也需要解释字节码。字节码编译器和虚拟机几乎无处不在，也在情理之中。

除了提供新的抽象层——从编译器传递到虚拟机的字节码——使系统更加模块化，这种架构的主要吸引力是它的性能。与其他架构相比，字节码解释器更快。

需要数据支撑？本书末尾将展现，基于本书实现的 Monkey 性能是上一本书中 Monkey 的 3 倍：

```
$ ./monkey-fibonacci -engine=eval
engine=eval, result=9227465, duration=27.204277379s
$ ./monkey-fibonacci -engine=vm
engine=vm, result=9227465, duration=8.876222455s
```

没错，3 倍——无须进行底层的调整和广泛的优化就能实现。听起来很酷？已经迫不及待要写代码了？太棒了！那就开始吧！

如何使用本书

与第一本书一样，本书也只有少量的说明。你最好从头到尾，一边阅读，一边敲出书中呈现的代码并调试它。这就是你需要做的一切。

这两本都是关于代码编写以及实现产品构建的**实战书**。如果你沉迷于编程语言相关理论，那么最好选择一本规范的教科书。这并不是说你从本书中学不到任何知识。我会尽力指导你，解释所有内容是什么以及各部分是如何组合在一起的。只不过本书并不会像编译器教科书那么学术，但这正是我想做的。

与第一本书一样，本书附带随书代码：https://compilerbook.com/wacig_code_1.2.zip。

在 code 文件夹中，你可以找到每一章对应的子文件夹。每个子文件夹都包含相应章节末尾的代码库。这些会在你遇到困难时提供帮助。

其中的子文件夹 00 很特殊，这也是本书与第一本书的不同之处：本书并不是从零开始，而是以第一本书的代码库为基础。00 子文件夹与本书的任何一章都无关，它包含了上本书的完整代码库。这也意味着它不包含“遗失的篇章”中的宏系统，但如果你是宏系统的粉丝，那么追随宏系统扩展的步伐也不会太难。

这些子文件夹中的代码是本书的焦点。我尽量呈现更多，但是有时我只会引用代码库中的少量内容，而不是完全展示。为什么呢？大多数情况下，这表示它是已展示过的内容，而且完全展示会浪费篇幅。

　　关于这个 code 文件夹的介绍到此为止。现在来谈谈工具，因为有一个好消息：你需要准备的并不多。一个文本编辑器和一个 Go 语言执行环境就足够了。选择哪个版本的 Go 呢？至少是 Go 1.10，因为这是我在写代码时所使用的版本，而且我们极少使用在 Go 1.8 和 Go 1.9 才引入的功能。

　　如果你使用的 Go 语言版本早于 1.13，那么我仍然推荐利用 direnv 来配合 code 文件夹。direnv 可以借助.envrc 文件改变环境变量。无论何时进入一个文件夹，direnv 都会检查当前文件夹是否有.envrc 文件，如果有，就执行它。code 文件夹中的每个子文件夹都包含.envrc 文件，并且已经为该子文件夹设置了 GOPATH。这使我们只需要进入子文件夹即可轻松执行代码。

　　但是如果你使用 Go 1.13 或之后的版本，就无须再设置 GOPATH，因为 code 文件夹包含"开箱即用"的 go.mod 文件。

　　最后，本书注重实践：边阅读边写代码。最重要的是，让自己乐在其中！

电子书

　　扫描如下二维码，即可购买本书中文版电子书。

目　　录

第1章

编译器与虚拟机

对于大部分程序员而言，"编译器"这个词令他们闻而生畏。即使没有被吓到，他们也不会否认编译器及其工作原理充满神秘。似乎所有凡人都无法读写编译器生成的机器代码。它用魔术般的优化让代码运行得更快。编译过程可能持续几分钟甚至数十分钟。如果传言属实，编译过程甚至能持续数小时。如果真的需要**这么久**，那编译器所做的工作一定非同寻常！

据说编译器非常庞大，而且工作原理异常复杂。实际上，编译器确实经常被列入史上最复杂的项目之一，数字会证明这一切。例如，LLVM 项目和 Clang 项目包含 300 万行代码；GNU 编译器 GCC 项目甚至更大，代码量达到 1500 万行。

在了解到如此大的代码量之后，没有多少人会直接打开编辑器说："来吧，我们构建一个编译器！"他们当然不相信一下午的时间就能构建一个编译器。图 1-1 展示了编译器的神秘之处。

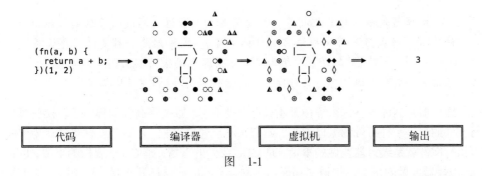

图　1-1

同样，虚拟机在很大程度上也被视为神秘之物。它漫游在软件开发的最底层，很少出现在上层，甚至鲜为人知。与编译器一样，虚拟机同样引来无数谣言和猜测。一些人认为它与编译器有着千丝万缕的联系，一些人则坚持编程语言实际上就是虚拟机，还有一些人声称虚拟机的作用是允许他们在一个操作系统中运行另一个操作系统。

所有的猜测都无济于事。

但是事情就是如此。正如"解释器"和"Web 服务器"有多种实现一样，编译器和虚拟机本质上也是某种思想（模式），它们的实现方式多种多样，规模可大可小。看完 GCC 项目被恫吓与看完 GitHub 放弃构建网站是一个道理。

当然，为虚拟机构建编译器不是一个简单的任务，但也不至于像传言那样不可逾越。如果能对虚拟机和编译器的核心思想有更好的理解，我们就会发现一下午的时间足以完成编译器的构建。

构建编译器的第一步是，确定"编译"到底是什么意思。

1.1 编译器

如果让你给一个编译器命名，那么你可能会给出一个类似 GCC、Clang 或者 Go 编译器的名称。无论如何，它肯定是针对某种编程语言的编译器，并且能够生成可执行文件。我也会为它起一个类似上述名称的名字，因为我们就是这样理解"编译器"一词的。

但是编译器种类繁多，而且可以编译的内容不止编程语言，还有正则表达式、数据库查询甚至 HTML 模板。我敢打赌，你每天在毫无意识的情况下至少会使用一两种编译器。这是因为"编译器"的定义本来就非常宽泛，远超人们的预期。以下是**维基百科对它的定义**：

> 编译器是一种计算机程序，它会将某种编程语言写成的源代码（原始语言）转换成另一种编程语言（目标语言）。编译器是一种支持数字设备（主要是计算机）的翻译器。编译主要是将源代码从高级编程语言转换为低级语言（例如汇编语言、目标代码或机器代码），以创建可执行程序。

编译器是翻译器。这么解释可能有点含糊不清。难道将高级编程语言转换成可执行文件的只是一种特殊的编译器吗？听起来有点违反直觉，不是吗？你可能认为生成可执行文件**就是**编译器要做的事情：是 GCC 要做的事情，是 Clang 要做的事情，也是 Go 编译器要做的事情。难道"编译器"的定义不应该这样开头吗？这怎么可能不是关键点？

可以用另一种思考方式来解释这个疑惑：如果不是源代码，那什么是计算机可理解的可执行程序呢？因此，"编译为本地代码"与"编译为机器代码"是一个意思。生成可执行文件只是"翻译源代码"的一种变体。

如你所见，编译器本质上就是翻译器，因为翻译是它**实现编程语言**的方式。

我们来解释一下这句话的意思。编程意味着对计算机发号施令。这些指令是程序员用计算机可以理解的编程语言编写的，用其他语言没有意义。**实现**一种编程语言意味着让计算机理解它，有两种方法可以达到目的：为计算机即时解释编程语言，或者将编程语言翻译成计算机可以理解的另一种语言。

这就像我们人类一样，可以帮助朋友翻译他们不会的语言。我们听到信息后，可以先在自己脑海中翻译好，然后复述给朋友，也可以将翻译内容写下来，以便朋友自己阅读和理解。我们充当的就是解释器或者编译器的角色。

这听起来似乎解释器和编译器是对立的。尽管二者的途径不同，但是它们在构造上有很多相似点。它们都有前端，用于读取源语言编写的源代码并将其解析为数据结构。在编译器和解释器中，这个前端通常由词法分析器和语法分析器构成，二者合作将源代码转换成语法树。因此，在前端，编译器和解释器有很多相似之处。之后，它们都会遍历 AST，从此二者分道扬镳。

由于已经构建了解释器，因此我们知道在遍历 AST 时，它所做的工作：求值。换言之，它直接执行树中编码的指令。如果树中某个节点表示源语言中的语句 `puts("Hello World!")`，那么解释器在对这个节点求值后会直接输出 "Hello World!"。

编译器则相反：它不会输出任何内容，而会以另一种语言（目标语言）生成源代码。源代码中包含源语言 `puts("Hello World!")` 的等效目标语言。随后，生成的代码由计算机执行并将 "Hello World!" 打印在屏幕上。

这是事情变得有趣的地方。编译器以哪种目标语言生成源代码？计算机能理解哪种语言？编译器又如何生成这种语言的代码？作为文本格式还是二进制格式？在文件中还是内存中？更重要的是，它用目标语言生成什么？如果目标语言没有与 `puts` 语义等效的部分会怎样？编译器又会用什么来代替呢？

一般来说，对于这些问题，我们必须给出统一的答案。不过在软件开发中，统一的答案是"看情况"。

很抱歉让你感到失落，只是这些问题的答案取决于多种变量和需求：源语言、执行目标语言的计算机体系结构、编译输出的使用方式（直接输出，还是再次编译后输出，还是解释输出）、输出需要运行多快、编译器自身需要运行多快、生成的源代码有多大、编译过程中可使用内存的大小、编译输出程序可使用内存的大小，以及……

不同编译器之间的差异如此之大,以至于我们无法对它们的结构做出统一的描述。话虽如此,我们仍然可以暂时忽略细节,勾勒出如编译器原型之类的架构。

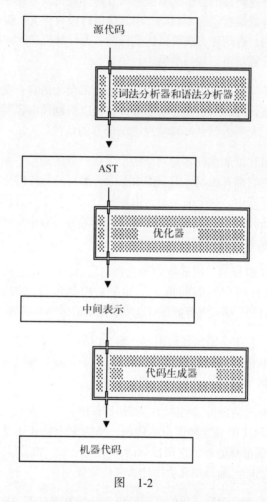

图 1-2

图 1-2 展示了源代码被翻译成机器代码的生命周期。说明如下。

首先,由词法分析器和语法分析器对源代码进行标记和语法分析。我们对解释器这部分内容很熟悉。这被称为前端。经过这个步骤,源代码从文本转换成 AST。

接着,被称为"优化器"(有时也被称为编译器)的组件将 AST 翻译成另一种中间表示(IR)。这个额外的 IR 可能是另一棵语法树,或者是二进制格式,甚至是文本格式。额外翻译成另一个 IR 的原因是多种多样的,但是主要的原因是 IR 可能比 AST 更适于优化和翻译成目标语言。

　　然后，这个新的 IR 进入优化阶段：消除死代码，预先计算简单的算术，移出循环体内的多余代码……优化方式非常多。

　　最后，代码生成器（也被称为编译后端）以目标语言生成代码。这是编译真正起作用的步骤。可以说，这是代码触及文件系统的地方。之后，我们可以执行生成的代码，计算机会按照我们在原始代码中的指示进行工作。

　　以上就是最简单的编译器的工作方式。即使如此简单，都有千百种可能。例如，编译器可以在 IR 上进行多次"扫描"，这意味着它会多次遍历 IR，每次都进行不同的优化。举个例子，一次遍历删除死代码，一次遍历进行内联优化。或者编译器根本不对 IR 进行任何优化，仅对目标语言的源代码进行优化。或者仅在 AST 上进行优化，或者 AST 和 IR 都进行优化。或者根本没有进行优化。或者除了 AST 之外，它并没有额外的 IR。也许它不输出机器代码，而是输出汇编语言或者其他高级语言。或者它存在多个用于生成不同体系结构机器代码的后端。一切都取决于具体的场景和使用方式。

　　更有甚者，编译器也不一定是读取源代码并输出目标代码的命令行工具（例如 gcc、go）。它也可以是接收 AST 并返回字符串的单个函数。这也是一种类型的编译器。编译器可以由几百行代码完成，也可以拥有数百万行代码。

　　但是在这些代码背后潜藏着的才是编译器的基本理念。编译器获取一种语言的源代码并转换成另一种语言的源代码。剩下的仍然是"看情况"，大部分情况取决于目标语言。目标语言具有什么功能，可以在哪台计算机上执行，决定了编译器的设计。

　　如果我们不选择任何一种目标语言，而是用我们自己发明的目标语言会怎样？又或者如果我们不使用现有的机器，而是创建执行这种语言的机器会怎样？

1.2　虚拟机与物理机

　　提及虚拟机，你可能会联想到 VMWare 或者 VirtualBox 一类的软件。这些是模拟计算机的程序，包括模拟磁盘驱动器、硬盘驱动器、图形卡等。例如，它们使你可以在此仿真计算机上运行其他操作系统。这些确实是虚拟机，但不是本书要讨论的内容。这是另一种形式的虚拟机。

　　我们即将讨论并构建的虚拟机是用来实现编程语言特性的。在这类虚拟机中，有些仅由几个函数组成，有些由几个模块组成，还有些是类和对象的集合。很难描述这类虚拟机的表现形式，但是这并不重要。重要的是，它并不是模拟已经存在的机器。它自身就是机器。

"虚拟"一词体现在，它仅存在于软件中，不存在于硬件中，因此它是纯抽象的构造。"机（器）"描述了它的行为。这些软件的结构就像一台机器，但不仅仅是机器，它们模仿的是计算机的硬件行为。

这意味着，为了理解和构建虚拟机，我们需要学习真实物理机的工作原理。

1.2.1　物理机

一台计算机到底如何工作呢？

这听起来是一个令人生畏的问题，实际上 5 分钟之内就可以在一张纸上画出答案。我不知道你的理解速度有多快，但我无法提前告诉你我在纸片上画的内容。无论如何，请让我尝试一下。

你在生命中遇到的几乎每一台计算机都遵循**冯·诺依曼体系结构**，该体系结构描述了一种用数量很少的组件构建功能强大的计算机的方法。

在冯·诺依曼模型中，计算机包括两个核心部分：一个是包括算术逻辑单元（ALU）和多个处理器寄存器的处理单元，另一个是包括指令寄存器和程序计数器的控制单元。它们统一被称为中央处理器，通常简称为 CPU。除此之外，计算机还包括内存（RAM）、大容量存储（硬盘）和输入输出（I/O）设备（键盘和显示器）。

图 1-3 是一台计算机的工作简图。

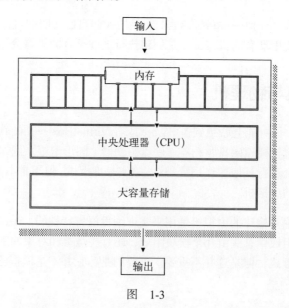

图　1-3

在计算机打开的一瞬间，CPU 会执行以下操作。

(1) **从内存中预取指令**。程序计数器告知 CPU 从内存的哪个位置获取下一条指令。

(2) **解析指令**。甄别需要执行什么操作。

(3) **执行指令**。这一步可能会修改寄存器的内容，将数据从寄存器输出到内存，数据在内存中移动，生成输出，读取输入……

随后计算机会**再次从(1)开始**循环执行。

以上 3 步称为**取指–解码–执行周期**，也称为指令周期。名词"周期"来自于语句"计算机的时钟速度以每秒的周期数表示，例如 500 MHz"或者"我们在浪费 CPU 周期"。

这是对计算机原理简短且易于理解的描述，但是我们可以使它变得更加简单。在本书中，我们不关注大容量存储组件，只关注 I/O 机制。我们感兴趣的是 CPU 和内存之间的交互。这意味着我们可以为此集中精力，忽略硬盘和显示器。

我们从以下问题开始研究：CPU 如何处理内存的不同部分？或者换句话问：CPU 如何知道在何处存储和检索内存中的内容？

我们首先了解 CPU 如何取指。作为 CPU 的一部分，程序计数器始终追踪从何处获取下一条指令。"计数器"的字面意思是：计算机直接利用数字对内存中的不同部分进行寻址。

关于这一点，我很想写"把内存想象成一个巨大的数组即可"，但是我害怕别人用书敲我的头：你真是个傻瓜，内存也毫无疑问不是一个数组。所以我不会这么写。但是，就像程序员使用索引访问数组元素一样，CPU 也利用数字作为地址访问内存中的内容。

计算机内存并非"数组元素"，而是被分割成了一个个"字"。什么是"字"？它是计算机内存中的最小可寻址区域，是寻址时的基本单位。字的大小取决于 CPU 的类型，但是在我们使用的计算机中，标准字的大小是 32 位和 64 位。

假设有一台虚构的计算机，其字的大小为 8 位，内存大小为 13 字节。内存中一字可以包含一个 ASCII 字符，将 Hello, World!存储在内存中则如图 1-4 所示。

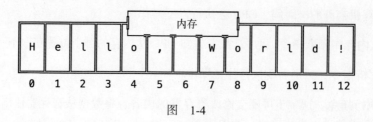

图 1-4

字母 "H" 的内存地址为 0，"e" 的内存地址为 1，第一个 "l" 的内存地址为 2，"W" 的内存地址为 7，以此类推。我们可以通过内存地址 0 到 12 访问 Hello, World! 的每个字母。"嘿，CPU，获取内存地址 4 处的字母" 这个指令会返回字母 "o"。很简单吧！看到这里，我知道你在想什么，如果将数字（内存地址）保存到内存中的另一个位置，我们就完成了一个指针的创建。

这就是在内存中寻址数据以及 CPU 如何知道在何处获取和存储数据的基本思想，但是现实比这复杂很多。

前文提到过，不同计算机字的大小不同。有的是 8 位，有的是 16 位、24 位、32 位或者 64 位。有时 CPU 使用字的大小与地址大小无关。还有些计算机做着完全不同的事，它们采用**字节寻址**，而不是字寻址。

如果你正在使用字寻址，并希望寻址单字节（这并不罕见），你不仅需要处理不同的字长，还需要处理偏移量。这种操作的开销很大，必须进行优化。

除此之外，我们直接告诉 CPU 在内存中存储和检索数据的行为就像是一个童话。它在概念层面上是正确的，并且在学习时有助于理解，但如今的内存访问是抽象化的，并且位于一层又一层的安全和性能优化问题之后。内存不再是能够随意访问的区域，安全规则和虚拟机内存机制会尽力阻止这种情况发生。

以上就是计算机工作方式的简单介绍，毕竟这不是本书的重点。之后讨论一下虚拟内存的工作原理。你可以从本书中了解到，如今的内存访问不仅仅是将数字传递给 CPU。不仅存在安全规则，在过去几十年中，还出现了一系列关于内存使用的约定，虽然不太严格。

冯·诺依曼体系结构的创新之处在于，计算机的内存不仅包含数据，还包含由 CPU 指令构成的**程序**。对现在的程序员来说，混合数据和程序听起来就是一个让人流泪的想法。几代以前的程序员听到这个想法应该也会有同样的反应，因为他们所做的事情都是努力建立内存使用协议，以防这种情况发生。

虽然这些程序与任何其他数据存储在相同的内存中，但它们通常不会存储在相同的位置。特定的内存区域用于存储特定的内容。这不仅是约定俗成的行为，而且受操作系统、CPU 和计算机体系结构其余部分的支配。

"无意义数据"，如"文本文件的内容"或"HTTP 请求的响应"，位于内存的某个区域中。构成程序的指令存储在另一个区域中，CPU 可以从该区域直接获取它们。此外，有一个区域保存程序使用的静态数据；还有一个区域是空的且未初始化，但属于保留区域，程序运行后就可以使用它。操作系统内核的指令在内存中也有自己的特定区域。

顺便多说一句，程序和"无意义数据"可能存储在内存中的不同位置，但重要的是它们都存在于同一个内存中。"数据和程序都存在于同一个内存中"，听起来它们好像是不同的，实际上由指令构成的程序也是数据的一种。数据只有经过 CPU 从内存中预取、解码、确认正确并执行这一过程，才会成为指令。如果 CPU 解码的数据不是有效的指令，那么后果取决于 CPU 的设计。有些会触发事件并给程序一次发送正确指令的机会，有些则直接停止执行程序。

对我们来说，最有趣的是，这是一个特定的内存区域，一个用于存放栈的内存区域。强调一下，它是栈。你可能听说过它。"栈溢出"可能是它最著名的工作，其次让它出名的还有"栈追踪"。

栈到底是什么呢？它是内存中的一个区域，以后进先出（LIFO）的方式管理数据，以压栈和弹栈实现数据的伸缩，就像栈数据结构一样。但与这种通用数据结构不同的是，**栈**只专注于一个目的：实现**调用栈**。

在这里停一下，这真的让人很困惑。"栈""栈数据结构""调用栈"，这些都不太容易理解，尤其是这些名词经常随意混合互换使用。但是，值得庆幸的是，如果仔细分辨这些名称并注意它们背后的"原理"，事情就会变得很清晰。因此，让我们一步步地解释一次。

我们拥有一个内存区域，CPU 以 LIFO 方式访问和存储其中的数据。这样做是为了实现一个专门的**栈**，叫作**调用栈**。

为什么需要**调用栈**？因为 CPU（或者是期望 CPU 按照预期工作的程序员）需要追踪某些信息才能执行程序。**调用栈**对此会有所帮助。追踪什么信息？首先也是最重要的：当前正在执行哪个函数，以及接下来执行哪个指令。当前函数之后需要执行的指令信息，被称为**返回地址**。这是 CPU 执行当前函数之后返回的地方。如果没有这一信息，CPU 只会把程序计数器加一并执行下一高地址处的指令。而这可能与应该发生的事情完全相反。指令在内存中并不是按照执行顺序存放的。想象一下，如果 Go

语言中的 return 语句丢失了会发生什么——这就是 CPU 需要追踪**返回地址**的原因。**调用栈**还有助于保存函数局部的执行相关数据：函数调用的参数和仅在函数中使用的局部变量。

返回地址、参数和局部变量，理论上我们可以将这些信息保存在内存中其他合适的可访问区域。但事实证明，使用**栈**来保存是完美的解决方案，因为函数调用通常是嵌套的。当进入一个函数时，相关数据被压栈。执行当前函数时，就不必通过调用外部函数来访问局部化相关数据，只需要访问栈顶相关元素即可。如果当前函数返回，则将局部化相关数据弹栈（因为这些数据不会再使用）。现在栈顶保留的是所调用外部函数的局部化相关数据。非常干净整洁，对吧？

这就是为什么需要**调用栈**，以及为什么用**栈**来实现它。现在唯一的问题是：为什么选这个臭名昭著的名字？为什么是**栈**？并不是因为它存储的是栈，而是因为使用这个内存区域来实现**调用栈**是一个如此牢固且广泛的约定，以至于现在它已被转换为硬件。甚至某些 CPU 仅支持压栈和弹栈的指令。在它们上面运行的程序都以**这种方式**使用**这个内存区域来实现此机制**。

切记，**调用栈**只是一个概念，它不受特定内存区域特定实现的约束。没有硬件和操作系统强制支持和约束时，在内存中的任何一个区域都可以实现调用栈。事实上，这就是我们要做的。我们将实现自己的调用栈——一个虚拟调用栈。但在这样做并从物理机切换到虚拟机之前，我们需要理解另一个概念以做好充分准备。

现在你已经知道栈是如何工作的，那你想象一下执行一个程序时，CPU 访问这个内存区域的频率。肯定相当高。这说明 CPU 访问内存的速度决定了程序运行的速度。虽然内存访问速度**很快**（眨一次眼的时间，CPU 可以访问主内存大约一百万次），但它不是即时的，仍然有成本。

这就是为什么计算机在另一个地方存储数据：处理器寄存器。寄存器是 CPU 的一部分，访问寄存器的速度要**远快于**访问内存的速度。人们可能会问，为什么不把所有东西都存在寄存器中？因为寄存器的数目很小，而且它们不能容纳与内存一样多的数据，通常每个寄存器只能存储一个字。例如，一个 x86-64 架构的 CPU 包含 16 个通用寄存器，每个寄存器可以存储 64 位的数据。

寄存器用于存储小且被经常访问的数据。例如，指向栈顶部的内存地址通常存储在寄存器中——至少是"通常"。寄存器的这种特定用法非常普遍，以至于大多数 CPU 有一个专门用于存储该指针的指定寄存器，即所谓的**栈指针**。某些 CPU 指令的操作数和结果也可以存储在寄存器中。如果 CPU 需要将两个数字相加，则它们都将存储在寄存器中，并且相加的结果也将保存在某个寄存器中。但这还不是全部。寄存器还有更多用例。如果经常访问某一程序中的大量数据，则可以将其地址存储到寄存器中，这样 CPU 就可以非常快速地访问它。不过，对我们来说最重要的是**栈指针**。我们很快会再次遇见它。

现在，你可以深呼吸并放松一下，因为物理机的工作原理大概就是上面描述的这样。了解了寄存器和栈指针，有关物理机工作原理的知识就介绍完了。是时候开始抽象化了，我们将从物理机走向虚拟机。

1.2.2 什么是虚拟机

直截了当地说，虚拟机是由软件实现的计算机。它是模拟计算机工作的软件实体。当然，"软件实体"并不能表示虚拟机的全部，但我使用这个词的主要目的是想说明，虚拟机可以表示所有：一个函数、一个结构体、一个对象、一个模块，甚至整个程序。它能表示什么并不重要，重要的是它担当什么角色。

虚拟机跟物理机一样，有特定的运行循环，即通过循环执行"取指-解码-执行"来完成运转。它有一个程序计数器，可以获取指令，然后解析并执行它。与物理机类似，它同样拥有栈，有时是调用栈，有时是寄存器。所有的一切全部内置在软件中。

多说无益，代码为上。下面是一个用几十行 JavaScript 代码完成的虚拟机：

```javascript
let virtualMachine = function(program) {
  let programCounter = 0;
  let stack = [];
  let stackPointer = 0;

  while (programCounter < program.length) {
    let currentInstruction = program[programCounter];

    switch (currentInstruction) {
      case PUSH:
        stack[stackPointer] = program[programCounter+1];
        stackPointer++;
        programCounter++;
        break;

      case ADD:
        right = stack[stackPointer-1]
        stackPointer--;
        left = stack[stackPointer-1]
        stackPointer--;

        stack[stackPointer] = left + right;
        stackPointer++;
        break;
```

```
        case MINUS:
            right = stack[stackPointer-1]
            stackPointer--;
            left = stack[stackPointer-1]
            stackPointer--;

            stack[stackPointer] = left - right;
            stackPointer++;
            break;
    }

    programCounter++;
}

console.log("stacktop: ", stack[stackPointer-1]);
}
```

它拥有一个程序计数器 programCounter、一个栈 stack，以及一个栈指针 stackPointer。它有一个运行循环，只要程序中有指令，它就会执行。先取出程序计数器指向的指令，然后解析并执行它。这个循环每迭代一次，就是虚拟机的一个"循环周期"。

我们可以为这个虚拟机构建一个程序并执行它：

```
let program = [
    PUSH, 3,
    PUSH, 4,
    ADD,
    PUSH, 5,
    MINUS
];
```

```
virtualMachine(program);
```

你是否能识别出这些指令中编码的表达式？是这样的：

```
(3 + 4) - 5
```

如果你没有识别出也没关系，你很快就能理解这一切。一旦习惯在栈上进行算术运算，这个 program 就不难理解。首先 PUSH 将 3 和 4 添加到栈顶，然后 ADD 将它从栈顶弹出，相加后将结果压栈，接着 PUSH 将 5 添加到栈顶，然后 MINUS 将栈顶第 2 个元素减去 5，之后将结果压栈。

循环完成后，虚拟机会将存在栈顶的结果打印出来：

```
$ node virtual_machine.js
stacktop:  2
```

现在，这是一个可以正常工作的虚拟机，只是它相当简单。可以预见，它并没有展示出虚拟机的全部功能。构建一个虚拟机，可以像前文那样，用约 50 行代码，也可以用 5 万行甚至更多。**二者**之间的主要区别是功能和性能的不同选择。

一个最重要的设计选择是使用**栈式虚拟机**还是**寄存器式虚拟机**。这个选择非常重要，因为虚拟机是根据此架构进行分类的，就像编程语言从根源上分为"编译型"和"解释型"一样。简单来说，栈式虚拟机和寄存器式虚拟机的区别是：虚拟机是利用栈（前文例子所演示的那样）还是利用寄存器（虚拟寄存器）来完成计算。关于哪种选择更好（读取速度更快）的争论一直存在，因为需要权衡取舍并针对不同选择做好准备。

一般认为栈式虚拟机及其相应的编译器更易于构建。虚拟机需要的组件更少，其执行的指令也更加简单，因为它们"仅"使用了**栈**。缺点在于，需要执行指令的频率更高，因为所有操作必须通过压栈和弹栈才能完成。这就限制了人们可以采用性能优化的基本规则的程度：与其尝试做得更快，不如先尝试做得更少。

构建寄存器式虚拟机需要做更多的工作，因为寄存器是**辅助**添加的。它也拥有栈，不过不像栈式虚拟机那样频繁地使用栈，只是仍然有必要实现调用栈。寄存器式虚拟机的优点是指令可以使用寄存器，因此与栈式虚拟机相比，其指令密度更高。指令可以直接使用寄存器，而不必将它们放到栈上，保证压栈和弹栈的顺序正确。一般来说，与栈式虚拟机相比，寄存器式虚拟机使用的指令更少。这会带来更好的性能。但是，构建产生这样密集指令的编译器需要花费更多精力。正如前文所述，需要权衡取舍。

除了以上主要架构选择之外，构建虚拟机还涉及许多其他决策。如何使用内存，以及如何确定值的中间表示（在上一本书中，为 Monkey 求值器构建对象系统时已经讨论过）也是很重要的决策。此外还有无尽微小的决策，就像蜿蜒的兔子洞，可能会让你迷失其中。让我们选一个，一探究竟。

在上文的例子中，我们利用 switch 表达式完成了虚拟机运行循环中的**分派**工作。在虚拟机中，**分派**意味着在指令执行之前，为该指令选择一个合理的实现。在 switch 表达式中，指令的实现紧接着 case 语句。MINUS 负责两个值相减，ADD 负责两个值相加。这就是分派。虽然 switch 表达式似乎是**唯一**的选择，但实际差之甚远。

switch 表达式只是兔子洞的入口而已。当寻求更高的性能时，你需要走到更深处。之后你发现，分派会使用**跳转表**，会使用 GOTO 表达式，会使用**直接或间接的线程代码**，因为不管你是否相信，在 case 分支足够多的情况下（数百个或更多），switch 可能是这些解决方案中最慢的一种。为了减少分派的开销，从性能的角度来看，switch 语句的性能表现就像**取指–解码–执行**过程中的**取指–解码**部分消失了。以上足以让你体会到兔子洞到底有多深。

现在，我们大致了解了什么是虚拟机，以及构建虚拟机的整个过程。如果你仍然不明白一些细节，不用担心。为了构建自己的虚拟机，我们会再次讨论许多主题和想法，当然，还有兔子洞。

1.2.3 为什么要构建虚拟机

让我们分析一下刚刚学到的内容。**为什么**要构建虚拟机来实现编程语言？必须承认，这是困扰我时间最长的问题。即使在构建了一些小型虚拟机并阅读了一些大型虚拟机的源代码之后，我仍然在思考：为什么？

当实现一种编程语言时，我们希望它是通用的，能够执行所有可能遇到的程序，而不仅仅是我们提供的示例函数。通用计算是我们追求的目标，而计算机为此提供了坚实的模型。

如果基于此模型来构建编程语言，它将拥有与计算机相同的计算能力。当然这也是使程序执行最快的一种方式。

但是，如果像计算机一样执行程序是最好且最快的方式，为什么不让计算机自身来执行程序，反而要构建一个虚拟机呢？答案是：可移植性！我们可以为我们的编程语言编写一个编译器，以便在计算机上本地执行翻译后的程序。这些程序确实很快。但是对于每一种不同的计算机体系结构，我们都需要为其重新构建一个新的编译器。这将带来大量的工作。所以，我们可以将程序转换成虚拟机指令。虚拟机本身可以在与其实现语言一样多的架构上运行。对于 Go 编程语言而言，它非常便于移植。

通过虚拟机来实现编程语言，还有一个我认为极具吸引力的理由：虚拟机是领域特定的。这使它们与非虚拟机完全不同。计算机为我们提供了一个满足所有计算需求的通用解决方案，并且**不是**领域特定的。这正是我们对一台计算机的需求，因为要在其上运行各种程序。但是，如果我们不需要一台**通用**的计算机怎么办？如果程序员只需要计算机为其提供部分功能子集，又该怎么办呢？

作为程序员，我们知道任何功能都需要付出代价。复杂度的增加和性能的下降只是常见的两种代价。当今的计算机具有很多功能。x86-64 的 CPU 支持 **900~4000 条指令，具体数字取决于你如何计算指令数**。这包括两个操作数进行按位 XOR 的至少 6 种方法。这使计算机变得方便和通用。但这不是免费的。像其他所有功能一样，多功能性也需要付出代价。回想前文中那个微型虚拟机里涉及的 switch 表达式，花一秒钟的时间来思考增加 3997 个 case 分支会对性能有什么影响。如果不确定虚拟机是否真的会变慢，那请问问自己，为该虚拟机维护代码或编程的难度怎样。好消息是我们可以扭转这一局面。如果摒弃不需要的功能，会速度更快，复杂性更低，维护性更强，结构更轻便。这就是虚拟机发挥作用的地方。

虚拟机就像一台定制计算机。它拥有自定义组件和自定义的机器语言。相当于它优化为只能使用单一的编程语言。所有不必要的功能都被裁剪，剩下的都是高度专业化的功能。由于不需要像通用计算机那样通用，因此它的功能更集中。你可以集中精力使这台高度专业化和定制化的机器发挥最大作用，并尽可能地快。高度专业化和领域特定性与裁剪不必要的功能一样重要。

当看到虚拟机执行的指令时，这些为什么如此重要就变得愈加清晰，而这些正是我们前文一直避而不谈的东西。还记得我们为微型虚拟机提供的信息吗？如下所示：

```
let program = [
  PUSH, 3,
  PUSH, 4,
  ADD,
  PUSH, 5,
  MINUS
];

virtualMachine(program);
```

现在，是否已经理解了呢？什么是 PUSH，什么是 ADD，什么又是 MINUS？下面是它们的定义：

```
const PUSH = 'PUSH';
const ADD = 'ADD';
const MINUS = 'MINUS';
```

PUSH、ADD 和 MINUS 只是引用字符串的常量。没有任何神奇之处。是不是很失望？这些定义就像玩具一样，仅与虚拟机的其余部分一起用于说明。它们并没有回答这里出现的更大、更有趣的问题：虚拟机**究竟**执行了什么操作？

1.2.4 字节码

虚拟机执行字节码。就像计算机执行的机器码一样，字节码也是由机器指令构成的。之所以叫字节码，是因为所有指令的操作码大小均为一字节。

"操作码"是指令的"操作"部分。前文提到的 PUSH 就是一种操作码，不过在我们的示例代码中，它是一个多字节操作码，不是一字节的。在正常的实现中，PUSH 只是一个引用操作码的名称，该操作码本身是一字节宽。这些名称（PUSH 或者 POP）被称为助记符。它们的存在价值是帮助程序员记住操作码。

操作码的操作数（也称作参数）也包含在字节码中。操作数紧跟着操作码，它们彼此并列在一起。不过操作数的大小并不一定是一字节。如果操作数是一个大于 255 的整数，那么就需要多个字节来表示它。有些操作码有多个操作数，有的只有一个操作数，有些甚至一个操作数都没有。不管字节码被设计成寄存器式还是栈式，它都有重大影响。

你可以把字节码想象成一系列的操作码和操作数，一个接一个并排分布在内存中，如图 1-5 所示。

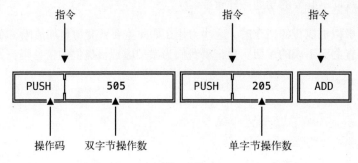

图 1-5

图 1-5 能帮助理解基本意思。字节码是几乎毫无可读性的二进制格式，无法像读文本一样阅读。助记符，例如 PUSH，并不会显示在实际的字节码中。取而代之的是它所引用的操作码，这些操作码以数字表示，具体是什么数字完全取决于定义字节码的人。例如，PUSH 助记符由 0 表示，POP 则由 23 表示。

操作数同样依赖于它自身的值决定用多少字节来进行编码。如果操作数需要多字节来表示，编码顺序就显得格外重要。目前存在两种编码顺序：**大端编码**和**小端编码**。小端编码的意思是原始数据中的**低位**放在最前面并存储在最低的内存中。大端编码则相反：**高位**存储在最低的内存中。

假如我们是字节码设计者，我们将 PUSH 助记符用 1 表示，ADD 用 2 表示，整型采用大端存储。对上面实例进行编码并布局在内存中，情况如图 1-6 所示。

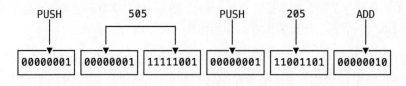

图 1-6

我们刚刚所做的——将一个人类可读的字节码转换成二进制数据——由叫作汇编器的程序完成。你在非虚拟的机器代码中可能听说过它们，这里也是一样。汇编语言是字节码的可读版本，包含助记符和可读操作数，汇编器能将其转换为二进制字节码。反之，将二进制表示转换成可读表示的程序，称为反汇编器。

对于字节码纯技术部分的介绍到此为止。任何更进一步的探索都会变得更专业、更具体。字节码格式过于多样化和专业化，我们无法在此处给出更通用的说明和描述。就像执行字节码的虚拟机一样，字节码在创建时也需要有一个具体的目标。

字节码是一种领域特定的语言。它是定制虚拟机的定制机器语言。这就是它的魔力所在。字节码可以是专业化的，它不是通用的，不必支持所有可能的情况。它只需支持可以编译为字节码的源语言所需要的功能。

不仅如此，除了仅支持少数指令之外，字节码还包括在领域特定虚拟机上下文中才有意义的领域特定指令。例如，Java 虚拟机（JVM）的字节码包括以下指令：invokeinterface 用于调用接口方法，getstatic 用于获取类的静态字段，new 用于为指定的类创建对象。Ruby 的字节码有：putself 指令用于将 self 压入栈，send 用于向对象发送消息，putobject 用于将对象压入栈。Lua 的字节码具有访问和操作表和元组的专用指令。在 x86-64 的通用指令集中找不到以上任何指令。

这种通过使用自定义字节码格式实现专业化的能力是构建虚拟机的重要原因之一。这不仅使编译、维护和调试变得更加容易，而且所得到的代码也更加密集，因为它表达某些内容所使用的指令更少，从而使代码执行起来更快。

现在，如果所有关于自定义虚拟机、量身定制的机器代码、手工构建编译器的讨论都没能引起你的兴趣，那么这是你放弃本书的最后机会。我们将正式开始。

1.3　虚拟机与编译器的二元性

在构建虚拟机和一个与之匹配的编译器之前，我们需要先解决"鸡生蛋和蛋生鸡"的哲学问题：到底应该先构建哪一个？是编译器，为一个不存在的虚拟机输出字节码，还是虚拟机，但是此时又没有任何代码可以执行？

我在本书中给的答案是：虚拟机与编译器同时构建！

在一个组件之前构建另一个组件（不管这个组件是什么）是一件令人沮丧的事，因为很难预判后续事情的进展，也无法了解当下所做事情的真正目的。如果优先构建编译器并定义字节码，那么在不知道后续虚拟机如何执行它时，你很难理解当下的事情为什么如此。在编译器之前构建虚拟机也存在着天然的缺陷，因为字节码需要事先定义，虚拟机才能执行。如果不仔细查看字节码旨在表示的源语言结构，很难提前定义字节码，这意味着无论如何都要优先构建编译器。

当然，如果已经拥有构建其中一个组件的经验，并且很清楚地知道你所要的最终效果，那你可以选择任意一个组件来构建。但是，对本书而言，我们的目标是学习如何同时从零开始构建两个组件。

这就是我们从小处着手的原因。我们将构建一个只支持少量指令的微型虚拟机，以及一个与之匹配的微型编译器，仅用于输出这些指令。如此一来，我们会对自己所构建的内容及其相互之间如何适配有很深的理解。我们将拥有一个从零开始构建而成的可运行系统。该系统能提供快速的反馈周期，使我们能调整、试验并逐步完善虚拟机和编译器。整个旅程因此变得充满乐趣！

现在知道了全部的计划，而且足够了解编译器和虚拟机的基本原理，因此我们不会一直迷茫无助。让我们开始吧！

第 2 章

你好，字节码！

本章的目标是完成编译并执行以下 Monkey 表达式：

`1 + 2`

这听起来并不是一个远大的目标，但为了实现它，我们不得不学习许多新知识，并构建将在后续章节中使用的大量基础架构。选择简单的表达式 `1 + 2`，是为了避免因 Monkey 代码本身及其工作原理分心，从而专注于实现编译器和虚拟机。

本章结束后，我们的编译器应该具备以下技能。

- ❑ 能够接受 Monkey 表达式 `1 + 2` 作为输入。
- ❑ 利用已有的包 `lexer`、`token`、`parser` 对表达式进行标记和语法分析。
- ❑ 生成 AST，其节点定义在 `ast` 包中。
- ❑ 将 AST 作为输入，并将其编译成字节码。
- ❑ 将字节码作为新构建虚拟机的输入，并由虚拟机执行。
- ❑ 确保虚拟机输出结果 3。

`1 + 2` 表达式将贯穿新系统的所有主要部分，如图 2-1 所示。

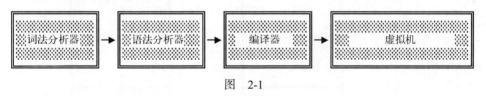

图　2-1

对于数据结构来说，在最终输出结果 3 之前，你会看到多次数据结构转换，如图 2-2 所示。

图　2-2

由于可以复用上一本书中构建的多个包，因此我们已经能够处理 AST 之前的所有内容。在这之后，我们将进入未知领域。我们需要定义字节码指令，并构建编译器和虚拟机——只是为了将 1 + 2 变成 3。有没有被吓到？不用担心，我们将像往常一样，一步一步地从字节码开始构建。

2.1 第一条指令

正如第 1 章所说，虚拟机的架构对字节码影响最大。这意味着在定制字节码之前，需要确定构建的虚拟机类型。

事不宜迟，是时候拉开帷幕了：我们将建造一台**栈式虚拟机**。为什么？对于初学者来说，栈式虚拟机拥有更少的概念和更少的组件，比寄存器式虚拟机更容易理解和构建。至于性能方面的考虑——**寄存器式虚拟机不是更快吗**——这对我们而言意义不大。我们的首要任务是学习和理解编译器与虚拟机的基本原理。

稍后我们会看到这个决定的更多意义，但是当前我们必须进行栈运算。这意味着，为了达到我们声称的目标，即编译和执行 Monkey 表达式 1 + 2，我们需要将其翻译成使用栈的字节码指令。栈是栈式虚拟机运行的基础——栈式虚拟机无法在脱离栈的情况下完成两个数的相加。

值得庆幸的是，我们已经看过一个类似的例子并且熟知如何利用栈进行算术运算。首先将操作数 1 和 2 压入栈中，然后告诉虚拟机："将它们相加！"随后，这个指令会告知虚拟机将栈顶部的两个元素弹出，这两个元素相加后再将结果压入栈中。图 2-3 显示了栈在此指令之前和之后的样子。

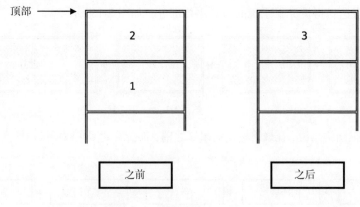

图 2-3

因此，为了完全实现这个功能，我们需要告知虚拟机：

❑ 将 1 压入栈中；
❑ 将 2 压入栈中；
❑ 将栈顶的两个元素相加。

我们需要创建 3 条指令。但是作为程序员，我们知道只需定义两种指令类型，因为将 1 压入栈中和将 2 压入栈中的是同样的指令，只是"参数"不同。因此，一共有两种指令类型：一种用于将某些内容压入栈中，另一种用于将已经存在于栈中的内容相加。

我们将以相同的流程实现两者。首先，定义它们的操作码以及它们在字节码中的编码方式。然后扩展编译器，用于生成这些指令。当编译器知道如何生成指令时，我们就可以构建解码并执行指令的虚拟机。我们从通知虚拟机将某些内容压入栈中的指令开始。

2.1.1 以字节作为开端

现在我们需要定义第一条字节码指令。怎么定义？既然在编程时创建定义，无非就是告诉计算机我们知道什么，那问问自己：我们对字节码了解多少？

我们知道字节码由指令组成，也知道指令是一系列字节，单条指令由操作码和可选操作数组成。一个操作码的长度正好是 1 字节，具有任意但唯一的值，并且操作码是指令的第一字节。看起来我们知道很多，但是这些描述最好足够精确并能转换成代码。

本书第一个正式的编码行为，是创建一个名为 code 的新包，并开始在其中定义 Monkey 字节码的格式：

```
// code/code.go

package code

type Instructions []byte

type Opcode byte
```

指令 Instructions 是字节的集合，操作码 Opcode 长度为 1 字节。这完全符合前文的描述。但是这里缺少两个定义。

第一个是 Instruction（单数）。为什么这里不将它也定义成[]byte？因为这么做能让往 Go 的类型系统中传参更加便利。否则我们将频繁地使用[]byte，并且 Instruction 的类型断言和类型转换会相当烦琐。

第二个缺失的定义是 Bytecode。至少应该有一些对字节码的描述，告知我们它是由指令组成的，对吧？没有定义它的原因是，如果我们在 code 包中定义字节码，后续就会遇到复杂的循环导入问题。它不会缺失太久，一旦开始构建编译器，我们就将在那里定义它——在编译器的包中。

我们已经定义了 Instructions 和 Opcode，现在可以定义第一个操作码了，它的作用是告知虚拟机将某些内容压入栈中。这里有一个惊喜：不用定义名为"push"的操作码。事实上，这不仅仅是"push"问题。请允许我解释一下。

前文提到，当编译 Monkey 表达式 1 + 2 时，我们需要生成 3 条不同的指令，两条用于将 1 和 2 压入栈中。直觉告诉我们，这可以通过定义一个操作数为整数的"push"指令来实现，虚拟机会获取整数操作数并将其压入栈中，因为对整数进行编码很容易，而且它们可以直接放入字节码中。对于整数来说，上述思路并不会有什么问题。但是如果之后我们希望将 Monkey 代码中的其他内容压入栈中，该怎么办呢？以字符串字面量为例，将它们放入字节码中是可行的，毕竟它们也由字节组成，但是这样会导致字节码变得臃肿和笨拙。

这就是**常量**发挥作用的地方。在本书中，"常量"是"常量表达式"的简写，指的是值不发生变化且在**编译时**可以确定的表达式。图 2-4 展示了编译时与运行时的区别。

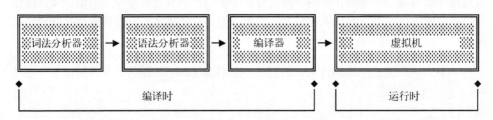

图　2-4

这意味着我们无须通过运行程序就知道这些表达式的求值结果。编译器可以在代码中找到它们并存储它们的值。随后，编译器可以在生成的指令中引用常量，而不是直接将值嵌入其中。"引用"听起来像是一种特殊的数据类型，但它其实很简单。将一个普通的整数作为常量池的索引就可以完成这项工作。常量池是保存所有常量的数据结构。

这才是编译器要做的。在编译过程中遇到整数字面量（常量表达式）时，我们会对它进行求值，然后将其存储在内存中并为它分配一个数字来追踪结果*object.Integer。

在字节码指令中，我们会通过这个数字来引用*object.Integer。在完成编译并将指令传给虚拟机执行时，在编译期间找到的所有常量都会被统一存入数据结构（常量池），其中分配给每个常量的数字就是它在常量池中的索引。

回到前文的第一个操作码。它应该称为 OpConstant 且有一个操作数——之前分配给常量的数字。当虚拟机执行 OpConstant 时，它使用操作数作为索引检索常量并压栈。以下是第一个操作码的定义：

```go
// code/code.go

// [...]

const (
    OpConstant Opcode = iota
)
```

虽然只有寥寥 3 行代码，但它们是后续所有操作码定义的基础。以后每个操作码的定义都会以 Op 作为前缀，它引用的值由 iota 决定。我们利用 iota 生成递增的数字，因为不需要关注操作码代表的实际值。它们只需要彼此不同并且大小为 1 字节。iota 能确保这一点。

这个定义缺少 OpConstant 的操作数部分。没有什么技术性的理由需要把它写下来，因为我们可以在编译器和虚拟机之间隐式共享这个知识点。但是，出于调试和测试的目的，最好能够方便地查找操作码有多少个操作数以及它们的可读名称是什么。为了实现这一点，我们将在 code 包中添加适当的定义和一些工具：

```go
// code/code.go

import "fmt"

type Definition struct {
    Name           string
    OperandWidths  []int
}

var definitions = map[Opcode]*Definition{
    OpConstant: {"OpConstant", []int{2}},
}

func Lookup(op byte) (*Definition, error) {
    def, ok := definitions[Opcode(op)]
    if !ok {
        return nil, fmt.Errorf("opcode %d undefined", op)
    }

    return def, nil
}
```

操作码 Opcode 的 Definition 有两个字段：Name 和 OperandWidths。Name 使 Opcode 的可读性更强，OperandWidths 包含每个操作数占用的字节数。

OpConstant 的定义显示，它唯一的操作数有两字节宽，这表示它的类型是 uint16，且最大值为 65535。如果算上 0，它能表示 65 536 个数。这对我们来说足够了，因为我不认为会在 Monkey 程序中引用超过 65 536 个常量。使用 uint16 而不是 uint32 还有助于使生成的指令更小，因为使用的字节更少。

有了这个定义之后，就可以开始创建第一条字节码指令。如果不涉及任何操作数，则只需简单地将 Opcode 加入到 Instructions 切片中即可。但是 OpConstant 需要正确编码两字节宽的操作数。

为此，我们需要创建一个函数，以便快速创建包含操作码和可选操作数的单字节码指令。我们将其命名为 Make，这为我们提供了一个不错的标识符 code.Make（可以在其他包中使用）。

以下就是我们一直在期待的：本书的第一次测试。它展示了我们希望 Make 做什么：

```go
// code/code_test.go

package code

import "testing"

func TestMake(t *testing.T) {
    tests := []struct {
        op       Opcode
        operands []int
        expected []byte
    }{
        {OpConstant, []int{65534}, []byte{byte(OpConstant), 255, 254}},
    }

    for _, tt := range tests {
        instruction := Make(tt.op, tt.operands...)

        if len(instruction) != len(tt.expected) {
            t.Errorf("instruction has wrong length. want=%d, got=%d",
                len(tt.expected), len(instruction))
        }

        for i, b := range tt.expected {
            if instruction[i] != tt.expected[i] {
                t.Errorf("wrong byte at pos %d. want=%d, got=%d",
                    i, b, instruction[i])
            }
        }
```

```
        }
    }
```

不要被这个只包含一个测试用例的 tests 所困扰。随着 code 包中的操作码增多，我们会对 tests 进行扩展。

现在，我们只将操作码 OpConstant 和操作数 65534 传递给了 Make，并期望得到一个包含 3 字节的 []byte。在这 3 字节中，第一字节必须是操作码 OpConstant，另外两字节必须是 65534 的大端编码。这也是使用 65534 而不是最大值 65535 的原因：这样就可以检查重要的字节是否在前。65534 在大端模式下表示的字节序列编码为 0xFF 0xFE，而 65535 则会被编码成 0xFF 0xFF——很难通过顺序识别。

由于 Make 还不存在，因此测试不会失败，但是编译会失败。以下是 Make 的第一个版本：

```go
// code/code.go

import (
    "encoding/binary"
    "fmt"
)

func Make(op Opcode, operands ...int) []byte {
    def, ok := definitions[op]
    if !ok {
        return []byte{}
    }

    instructionLen := 1
    for _, w := range def.OperandWidths {
        instructionLen += w
    }

    instruction := make([]byte, instructionLen)
    instruction[0] = byte(op)

    offset := 1
    for i, o := range operands {
        width := def.OperandWidths[i]
        switch width {
        case 2:
            binary.BigEndian.PutUint16(instruction[offset:], uint16(o))
        }
        offset += width
    }

    return instruction
}
```

这就是如何编译字节码。

这里所做的第一件事是，确定目标指令的长度，这使我们能以合适的长度分配字节切片。需要注意的是，我们并没有使用 Lookup 函数来完成定义，这将在稍后的测试中为 Make 提供可用性更强的函数。跳过 Lookup 函数，同时忽略返回的错误，我们在不检查返回错误的情况下，就可以利用 Make 轻松构建字节码指令。使用未知操作码可能产生空字节切片，但这是我们能够承担的风险，因为我们是生产方并且知道创建指令时在做什么。

一旦获得 instructionLen 的值，就可以分配指令 []byte 并将 Opcode 添加到第一字节。然后是棘手的部分：遍历定义好的 OperandWidths，从操作数 operands 中取出匹配的元素并将其放入指令中。这一点通过对每个操作数使用不同方法的 switch 语句来完成，具体取决于操作数的宽度。

当需要定义额外的 Opcode 时，必须扩展该 switch 语句。现在，我们只需确保两字节操作数为大端编码。虽然手动完成起来并不难，但此处使用了标准库中的 binary.BigEndian.PutUint16，这样做的好处是编码名称立即可见。

在对操作数进行编码后，我们通过其宽度和循环的下一次迭代来递增 offset。由于测试用例中的操作码 OpConstant 只有一个操作数，因此在 Make 返回指令之前，循环只执行一次迭代。

由此，第一个测试可以编译并执行通过：

```
$ go test ./code
ok      monkey/code 0.007s
```

我们成功地将 OpConstant 和操作数 65534 转化成 3 字节。这意味着我们创建了第一条字节码指令。

2.1.2　最小编译器

现在我们拥有一个名为 code 的工具箱，可以开始与编译器相关的工作了。由于我们希望系统能够尽快地运行起来，而不是只有在功能全部完成后才能运行的系统，因此本节的目标是构建一个尽量小的编译器。现在它只需做一件事：生成两条 OpConstant 指令。这两条指令随后用于让虚拟机将整数 1 和 2 正确地加载到栈中。

为了实现以上功能，最小编译器需要完成以下工作：遍历传入的 AST，查找 *ast.IntegerLiteral 节点，通过将其转换成*object.Integer 对其进行求值，将这些对象添加到常量池中，最后发出引用常量池内常量的 OpConstant 指令。

我们开始吧！先在新的 compiler 包中定义 Compiler 及其接口：

```go
// compiler/compiler.go

package compiler

import (
    "monkey/ast"
    "monkey/code"
    "monkey/object"
)

type Compiler struct {
    instructions code.Instructions
    constants    []object.Object
}

func New() *Compiler {
    return &Compiler{
        instructions: code.Instructions{},
        constants:    []object.Object{},
    }
}

func (c *Compiler) Compile(node ast.Node) error {
    return nil
}

func (c *Compiler) Bytecode() *Bytecode {
    return &Bytecode{
        Instructions: c.instructions,
        Constants:    c.constants,
    }
}

type Bytecode struct {
    Instructions code.Instructions
    Constants    []object.Object
}
```

这个 Compiler 确实很小。它是只包含 instructions 和 constants 这两个字段的结构体。两者都是内部域，后续会被 Compile 方法修改。instructions 保存生成的字节码，constants 则是切片类型，表示常量池。

我敢打赌，立即吸引你眼球的是前文一直在寻找的定义：Bytecode！它确实就在这个包中。它的定义很简洁，包含编译器生成的 Instructions 和编译器求值的 Constants。

Bytecode 是需要传输给虚拟机并在编译器测试中做断言的内容。说到这里，Compile

方法目前还是空的，我们现在要编写第一个编译器测试，明确它应该做什么。

```go
// compiler/compiler_test.go

package compiler

import (
    "monkey/code"
    "testing"
)

type compilerTestCase struct {
    input               string
    expectedConstants   []interface{}
    expectedInstructions []code.Instructions
}

func TestIntegerArithmetic(t *testing.T) {
    tests := []compilerTestCase{
        {
            input:             "1 + 2",
            expectedConstants: []interface{}{1, 2},
            expectedInstructions: []code.Instructions{
                code.Make(code.OpConstant, 0),
                code.Make(code.OpConstant, 1),
            },
        },
    }

    runCompilerTests(t, tests)
}

func runCompilerTests(t *testing.T, tests []compilerTestCase) {
    t.Helper()

    for _, tt := range tests {
        program := parse(tt.input)

        compiler := New()
        err := compiler.Compile(program)
        if err != nil {
            t.Fatalf("compiler error: %s", err)
        }

        bytecode := compiler.Bytecode()

        err = testInstructions(tt.expectedInstructions, bytecode.Instructions)
        if err != nil {
            t.Fatalf("testInstructions failed: %s", err)
        }
```

```
    err = testConstants(t, tt.expectedConstants, bytecode.Constants)
    if err != nil {
        t.Fatalf("testConstants failed: %s", err)
    }
  }
}
```

以上代码无须过多解释：以 Monkey 代码作为输入，经过语法分析后生成 AST，将 AST 传递给编译器并在随后对编译器生成的字节码进行断言。

我们通过构建 compilerTestCase 来实现这一点，该测试方法中定义了输入字符串、常量池中的常量，以及期望编译器生成的指令。随后我们将带有 compilerTestCase 的测试切片传递给 runCompilerTests 来运行以上代码。

与第一本书相比，这里构建测试集的方式略有不同，原因是 Go 1.9 引入了 t.Helper 方法。在 runCompilerTests 中调用的 t.Helper 方法可以通过测试辅助函数删除测试函数中的重复测试逻辑。这可以看作将 runCompilerTests 内联到 TestIntegerArithmetic 中。这反过来又将我们要编写的每个编译器测试共享的公共行为提取出来，大大减少了每个测试函数中的非必要代码和本书的页数。

现在，分析一下 runCompilerTests 中使用的这个辅助函数。

parse 方法包含第一本书中构建的部分内容：词法分析器和语法分析器。输入一个字符串，我们能得到一个 AST：

```
// compiler/compiler_test.go

import (
    "monkey/ast"
    "monkey/code"
    "monkey/lexer"
    "monkey/parser"
    "testing"
)

func parse(input string) *ast.Program {
    l := lexer.New(input)
    p := parser.New(l)
    return p.ParseProgram()
}
```

以上只是开篇。runCompilerTests 的主要部分是编译器生成字节码的两个片段。首先，我们需要确认 bytecode.Instructions 是正确的。为了做到这一点，我们使用了 testInstructions 辅助方法。

```go
// compiler/compiler_test.go

import (
    "fmt"
    // [...]
)

func testInstructions(
    expected []code.Instructions,
    actual code.Instructions,
) error {
    concatted := concatInstructions(expected)

    if len(actual) != len(concatted) {
        return fmt.Errorf("wrong instructions length.\nwant=%q\ngot =%q",
            concatted, actual)
    }

    for i, ins := range concatted {
        if actual[i] != ins {
            return fmt.Errorf("wrong instruction at %d.\nwant=%q\ngot =%q",
                i, concatted, actual)
        }
    }

    return nil
}
```

如你所见，它使用了另一个辅助方法，即 concatInstructions：

```go
// compiler/compiler_test.go

func concatInstructions(s []code.Instructions) code.Instructions {
    out := code.Instructions{}

    for _, ins := range s {
        out = append(out, ins...)
    }

    return out
}
```

之所以需要 concatInstructions，是因为 compilerTestCase 中的 expected-Instructions 字段并不是字节切片，而是字节**切片**的切片。由于我们使用 code.Make 生成了 expectedInstructions，它是[]byte 类型，因此为了将 expectedInstructions 与实际指令进行比较，我们需要将切片的切片通过串联将其转换成一个铺平的切片。

runCompilerTests 使用的另一个辅助方法是 testConstants，它与第一本书的 evaluator 包中使用的测试辅助函数非常相似。

```go
// compiler/compiler_test.go

import (
    // [...]
    "monkey/object"
    // [...]
)

func testConstants(
    t *testing.T,
    expected []interface{},
    actual []object.Object,
) error {
    if len(expected) != len(actual) {
        return fmt.Errorf("wrong number of constants. got=%d, want=%d",
            len(actual), len(expected))
    }

    for i, constant := range expected {
        switch constant := constant.(type) {
        case int:
            err := testIntegerObject(int64(constant), actual[i])
            if err != nil {
                return fmt.Errorf("constant %d - testIntegerObject failed: %s",
                    i, err)
            }
        }
    }

    return nil
}
```

这里有太多干扰信息，但实际并不复杂。testConstants 遍历了 expected 常量，
并将其与编译器产生的 actual 常量相比较。switch 语句是即将要发生事情的标志。
如果我们期望常量池中不只有整数，则需要使用新的 case 分支来扩展它。目前 switch
语句仅使用了 testIntegerObject 这一种辅助方法，它几乎是上一本书中求值器测试
使用的 testIntegerObject 的副本。

```go
// compiler/compiler_test.go

func testIntegerObject(expected int64, actual object.Object) error {
    result, ok := actual.(*object.Integer)
    if !ok {
        return fmt.Errorf("object is not Integer. got=%T (%+v)",
            actual, actual)
    }

    if result.Value != expected {
        return fmt.Errorf("object has wrong value. got=%d, want=%d",
            result.Value, expected)
```

```
    }

    return nil
}
```

以上就是 **TestIntegerArithmetic** 的全部内容。测试自身并不复杂，但通过使用各种测试辅助函数，我们确定了后续如何构建编译器测试。对于如此小的测试，我们所用的代码似乎有点多，但我敢保证测试这样的构建能带来更多好处。

现在，测试本身表现如何？不太好：

```
$ go test ./compiler
--- FAIL: TestIntegerArithmetic (0.00s)
 compiler_test.go:31: testInstructions failed: wrong instructions length.
  want="\x00\x00\x00\x00\x00\x01"
  got =""
FAIL
FAIL    monkey/compiler 0.008s
```

到目前为止，除了定义接口，我们并没有为编译器写任何代码。这似乎并不是什么糟糕的事。但当前测试的输出是真糟糕：

```
want="\x00\x00\x00\x00\x00\x01"
```

没有人看到这样的输出会说“噢，我明白了……”我知道你很想让编译器尽快运行起来，但不能让这种难以理解的形式显示出来。这些内容虽然是正确的——是我们想要的字节，以十六进制打印——但它没有用处。很快这个输出就会让我们发疯。因此，在开始编写编译器的 Compile 方法之前，我们将花些时间提升开发工作带来的幸福感，并教会 code.Instructions 如何正确打印内容。

2.1.3　字节码与反汇编程序

在 Go 中，可以通过 String 方法告知类型系统打印内容，这种方法对于字节码指令同样适用。实际上，做到这一点很容易，但如你所知，如果不为其编写测试，则不会打印任何内容。

```go
// code/code_test.go

func TestInstructionsString(t *testing.T) {
    instructions := []Instructions{
        Make(OpConstant, 1),
        Make(OpConstant, 2),
        Make(OpConstant, 65535),
    }

    expected := `0000 OpConstant 1
```

```
0003 OpConstant 2
0006 OpConstant 65535
```

```
    concatted := Instructions{}
    for _, ins := range instructions {
        concatted = append(concatted, ins...)
    }

    if concatted.String() != expected {
        t.Errorf("instructions wrongly formatted.\nwant=%q\ngot=%q",
            expected, concatted.String())
    }
}
```

这就是我们对于即将实现的 Instructions.String 的期望：良好的多行输出格式，以及告诉我们需要知道的一切。每行的开头都有一个计数器，告知我们应该关注哪些字节，也有人类可读形式的操作码以及解码后的操作数。这比\x00\x00\x00\x00\x00\x01 友善多了，不是吗？我们也可以将其命名为 MiniDisassembler 而不是 String，因为它确实跟反汇编类似。

这个测试无法完成编译，因为 String 方法没有被定义。下面是需要加入的部分代码。

```
// code/code.go

func (ins Instructions) String() string {
    return ""
}
```

这里返回了一个空字符串。为什么？因为这表示编译器接收了一些信息，可以继续测试了。

```
$ go test ./code
--- FAIL: TestInstructionsString (0.00s)
 code_test.go:49: instructions wrongly formatted.
  want="0000 OpConstant 1\n0003 OpConstant 2\n0006 OpConstant 65535\n"
  got=""
FAIL
FAIL    monkey/code 0.008s
```

它失败了。不过对我们来说，这比停止运行测试的 undefined: String 编译错误有价值多了，因为我们需要写**另外一个测试**并执行它。

另一个测试是 Instructions.String 的核心函数：ReadOperands。这是我们希望它做的事：

```go
// code/code_test.go

func TestReadOperands(t *testing.T) {
    tests := []struct {
        op        Opcode
        operands  []int
        bytesRead int
    }{
        {OpConstant, []int{65535}, 2},
    }

    for _, tt := range tests {
        instruction := Make(tt.op, tt.operands...)

        def, err := Lookup(byte(tt.op))
        if err != nil {
            t.Fatalf("definition not found: %q\n", err)
        }

        operandsRead, n := ReadOperands(def, instruction[1:])
        if n != tt.bytesRead {
            t.Fatalf("n wrong. want=%d, got=%d", tt.bytesRead, n)
        }

        for i, want := range tt.operands {
            if operandsRead[i] != want {
                t.Errorf("operand wrong. want=%d, got=%d", want, operandsRead[i])
            }
        }
    }
}
```

如你所见，ReadOperands 应该是 Make 的对立面。Make 为字节码指令的操作码进行编码，而 ReadOperands 则用于解码。

在 TestReadOperands 中，Make 编码了一条连同包含操作数的指令子切片的完全编码指令，并将其定义传递给 ReadOperands。ReadOperands 需要返回解码后的操作数，并告知我们它读取了多少字节来执行此操作。如你所想，一旦有更多的操作码和不同的指令类型，我们就会扩展 tests。

测试失败，原因是 ReadOperands 没有定义：

```
$ go test ./code
# monkey/code
code/code_test.go:71:22: undefined: ReadOperands
FAIL    monkey/code [build failed]
```

为了让测试通过，必须实现一个 ReadOperands 函数来逆向操作 Make 函数的行为：

```go
// code/code.go

func ReadOperands(def *Definition, ins Instructions) ([]int, int) {
    operands := make([]int, len(def.OperandWidths))
    offset := 0

    for i, width := range def.OperandWidths {
        switch width {
        case 2:
            operands[i] = int(ReadUint16(ins[offset:]))
        }

        offset += width
    }

    return operands, offset
}

func ReadUint16(ins Instructions) uint16 {
    return binary.BigEndian.Uint16(ins)
}
```

与 Make 类似，我们用操作码的 *Definition 寻找操作数的宽度，并为其分配足够大小的切片用来保存它们。随后遍历 Instructions 切片，尽量多地读入并转换定义中的字节。switch 表达式同样会在后续得到扩展。

解释一下为什么 ReadUint16 作为一个单独的公共方法。在 Make 中，我们将操作数编码为字节。但是在这里，我们希望公开该函数，以便虚拟机直接使用它，从而跳过 ReadOperands 所需的定义查找。

相比之前，已经少了一个失败的测试用例。我们可以略微松一口气，返回去看一下测试结果。现在的失败用例是 TestInstructionsString，它获取的字符串仍然为空：

```
$ go test ./code
--- FAIL: TestInstructionsString (0.00s)
 code_test.go:49: instructions wrongly formatted.
  want="0000 OpConstant 1\n0003 OpConstant 2\n0006 OpConstant 65535\n"
  got=""
FAIL
FAIL    monkey/code 0.008s
```

已经有了 ReadOperands，那就可以去掉空白字符串并正确打印指令：

```go
// code/code.go

import (
    "bytes"
    // [...]
)
```

```go
func (ins Instructions) String() string {
    var out bytes.Buffer

    i := 0
    for i < len(ins) {
        def, err := Lookup(ins[i])
        if err != nil {
            fmt.Fprintf(&out, "ERROR: %s\n", err)
            continue
        }

        operands, read := ReadOperands(def, ins[i+1:])

        fmt.Fprintf(&out, "%04d %s\n", i, ins.fmtInstruction(def, operands))

        i += 1 + read
    }

    return out.String()
}

func (ins Instructions) fmtInstruction(def *Definition, operands []int) string {
    operandCount := len(def.OperandWidths)

    if len(operands) != operandCount {
        return fmt.Sprintf("ERROR: operand len %d does not match defined %d\n",
            len(operands), operandCount)
    }

    switch operandCount {
    case 1:
        return fmt.Sprintf("%s %d", def.Name, operands[0])
    }

    return fmt.Sprintf("ERROR: unhandled operandCount for %s\n", def.Name)
}
```

应该不再需要向你解释它是如何工作的了，因为我们已经多次看到过这种遍历字节切片机制的变体。其余的逻辑是字符串格式化。但这里有一些值得学习的知识：

```
$ go test ./code
ok      monkey/code 0.008s
```

code 包中的测试现在通过了。我们的迷你反汇编器工作正常。可以再松一口气了。重新运行失败的编译器测试，此时的测试启动了整个 code 包：

```
$ go test ./compiler
--- FAIL: TestIntegerArithmetic (0.00s)
 compiler_test.go:31: testInstructions failed: wrong instructions length.
 want="0000 OpConstant 0 \n0003 OpConstant 1\n"
```

```
  got =""
FAIL
FAIL    monkey/compiler 0.008s
```

相比之前的输出 want="\x00\x00\x00\x00\x00\x01".，现在的输出可读性高了很多。

我们进步了。有了这样可调试的输出，编译器的工作就从"在黑暗中摸索"走到了"让我为你搞定"。

2.1.4 回归初心，继续前行

盘点一下。我们目前有一个词法分析器、一个语法分析器、一个编译器框架，以及一个需要生成两条字节码指令的失败测试。在 code 工具箱中，有操作码和操作数的定义，有用于创建字节码指令的 Make 函数，有用于传递 Monkey 值的对象系统，以及可读且令人惊叹的 Instructions。

这里提醒一下编译器需要做什么：递归遍历 AST、找到*ast.IntegerLiterals、对其进行求值并将其转换为*object.Integers、将它们添加到常量字段、最后将 OpConstant 指令添加到内部的 Instructions 切片。

这里从遍历 AST 开始。在上一本书分析 Eval 函数时就遍历过 AST，这里没有必要修改其实现。以下是如何获得*ast.IntegerLiterals:

```go
// compiler/compiler.go

func (c *Compiler) Compile(node ast.Node) error {
    switch node := node.(type) {
    case *ast.Program:
        for _, s := range node.Statements {
            err := c.Compile(s)
            if err != nil {
                return err
            }
        }

    case *ast.ExpressionStatement:
        err := c.Compile(node.Expression)
        if err != nil {
            return err
        }

    case *ast.InfixExpression:
        err := c.Compile(node.Left)
        if err != nil {
            return err
```

```
        }

        err = c.Compile(node.Right)
        if err != nil {
            return err
        }

    case *ast.IntegerLiteral:
    // TODO: 如何处理？！
    }

    return nil
}
```

这里首先在*ast.Program 中遍历了所有 node.Statements，并为每一个节点都调用了 c.Compile。这使我们在 AST 的遍历上更进一层，在这一层可以看到*ast.Expression-Statement，也就是表示测试中的 1 + 2 的内容。随后编译了*ast.Expression-Statement 的 node.Expression，最终得到了*ast.InfixExpression，在这里面可以继续编译 node.Left 和 node.Right。

到目前为止一直在递归。回到上面代码中的 TODO，我们应该如何处理*ast.IntegerLiterals？

我们需要对*ast.IntegerLiterals 进行求值。求值是最稳妥的方式。这是因为字面量是常量表达式，而且它们的值不会改变。2 的求值结果始终为 2。"求值"听起来很复杂，但只是创建一个*object.Integer：

```
// compiler/compiler.go

func (c *Compiler) Compile(node ast.Node) error {
    switch node := node.(type) {
    // [...]

    case *ast.IntegerLiteral:
        integer := &object.Integer{Value: node.Value}

    // [...]
    }

    // [...]
}
```

拥有了求值的结果 integer，我们需要将其添加到常量池。为了实现这一点，需要在编译器中添加一个新的辅助函数，名为 addConstant：

```
// compiler/compiler.go

func (c *Compiler) addConstant(obj object.Object) int {
```

```
    c.constants = append(c.constants, obj)
    return len(c.constants) - 1
}
```

将 obj 添加到编译器 constants 切片的末尾，并通过返回其在 constants 切片中的索引来为其提供标识符。此标识符现在将用作 OpConstant 指令的操作数，该指令驱使虚拟机从常量池加载此常量至栈。

现在可以添加常量并记住它们的标识符了。是时候发出第一条指令了。不要因为对"发出"这个词感到疑惑而停下脚步，在编译器中，"发出"的意思是"生成"和"输出"。它可以理解成：生成指令并将其添加到最终结果，也就是可以打印它，可以将其添加到文件，还可以将其添加到内存中的某个区域。下面是最后一个模块：

```
// compiler/compiler.go

func (c *Compiler) emit(op code.Opcode, operands ...int) int {
    ins := code.Make(op, operands...)
    pos := c.addInstruction(ins)
    return pos
}

func (c *Compiler) addInstruction(ins []byte) int {
    posNewInstruction := len(c.instructions)
    c.instructions = append(c.instructions, ins...)
    return posNewInstruction
}
```

我确信你已经理解全部内容，但是我要告诉你一个事实：emit 返回的位置是发出指令的起始位置。这样的话，当需要重新修改 c.instructions 时，我们会使用以上返回值。

在 Compile 方法中，现在可以使用 addConstant 和 emit 来做微妙的更改：

```
// compiler/compiler.go

func (c *Compiler) Compile(node ast.Node) error {
    switch node := node.(type) {
    // [...]

    case *ast.IntegerLiteral:
        integer := &object.Integer{Value: node.Value}
        c.emit(code.OpConstant, c.addConstant(integer))

    // [...]
    }

    // [...]
}
```

我们添加了新的一行，即发出 OpConstant 指令。这足以让测试通过：

```
$ go test ./compiler
ok      monkey/compiler 0.008s
```

很神奇，第一个编译器测试已经从 FAIL 变为 ok，我们正式拥有了一个编译器！

2.1.5　给机器上电

再次盘点一下当前的库存。我们定义了一个操作码 OpConstant，拥有一个能遍历 AST 和发出 OpConstant 指令的微型编译器，微型编译器还能计算常量整数字面量以及将它们添加到常量池。编译器接口能传递编译的结果，包括发出的指令和常量池。

虽然字节码指令集目前只能表达“将常量压栈”而不是“用它来做某事”，但这足以开始虚拟机的相关工作。可以开始构建虚拟机了。

本节的目标是构建一个虚拟机，可以使用编译器生成的字节码对这个虚拟机进行初始化，启动并让它取指，解码和执行 OpConstant 指令。最终的结果应该是，数字被压到虚拟机的栈上。

听起来像一个测试？把它变成一个测试并不难。但在做到这一点之前，我们需要做一些不一样的事情：将 parse 和 testIntegerObject 测试辅助函数从编译器测试中复制并粘贴到一个新的 vm_test.go 文件中：

```go
// vm/vm_test.go

package vm

import (
    "fmt"
    "monkey/ast"
    "monkey/lexer"
    "monkey/object"
    "monkey/parser"
)

func parse(input string) *ast.Program {
    l := lexer.New(input)
    p := parser.New(l)
    return p.ParseProgram()
}

func testIntegerObject(expected int64, actual object.Object) error {
    result, ok := actual.(*object.Integer)
    if !ok {
        return fmt.Errorf("object is not Integer. got=%T (%+v)",
```

```
            actual, actual)
    }

    if result.Value != expected {
        return fmt.Errorf("object has wrong value. got=%d, want=%d",
            result.Value, expected)
    }

    return nil
}
```

重复造轮子确实是不好的，但就目前的情况而言，重复是最好的解决方案，而且也更易于理解。

复制编译器测试的方法并在 t.Helper 的帮助下轻松定义和运行新的测试用例，这样为后面所有虚拟机测试奠定了基础：

```
// vm/vm_test.go

import (
    // [...]
    "monkey/compiler"
    // [...]
    "testing"
)

type vmTestCase struct {
    input    string
    expected interface{}
}

func runVmTests(t *testing.T, tests []vmTestCase) {
    t.Helper()

    for _, tt := range tests {
        program := parse(tt.input)

        comp := compiler.New()
        err := comp.Compile(program)
        if err != nil {
            t.Fatalf("compiler error: %s", err)
        }

        vm := New(comp.Bytecode())
        err = vm.Run()
        if err != nil {
            t.Fatalf("vm error: %s", err)
        }

        stackElem := vm.StackTop()
```

```
            testExpectedObject(t, tt.expected, stackElem)
        }
    }

    func testExpectedObject(
        t *testing.T,
        expected interface{},
        actual object.Object,
    ){
        t.Helper()

        switch expected := expected.(type) {
        case int:
            err := testIntegerObject(int64(expected), actual)
            if err != nil {
                t.Errorf("testIntegerObject failed: %s", err)
            }
        }
    }
```

runVmTests 函数负责设置和运行每个 vmTestCase：对输入进行词法分析和语法分析，生成 AST，将其传递给编译器，检查编译器的错误，然后将*compiler.Bytecode 传递给 New 函数。

New 函数会返回一个新的虚拟机实例，并复制给 vm。从这里我们开始进入每个测试用例的核心。通过 vm.Run 启动 vm，在确保没有运行错误后，利用一个叫 StackTop 的方法获取留在虚拟机栈顶的对象，随后将其传递给 testExpectedObject，用以确认该对象与 vmTestCase.expected 字段中的预期对象相匹配。

如此多的准备和设置会使将来编写虚拟机测试变得更加容易。请看第一个虚拟机测试：

```
// vm/vm_test.go

func TestIntegerArithmetic(t *testing.T) {
    tests := []vmTestCase{
        {"1", 1},
        {"2", 2},
        {"1 + 2", 2}, // 需修改
    }

    runVmTests(t, tests)
}
```

上面的测试用例看起来是不是很简单？没有干扰信息，也没有范例。我们只写了 Monkey 代码以及虚拟机执行后栈上的最终结果。

注意，在编译和执行 1 + 2 后，我们期望在栈顶上保留的是 2 而不是 3。听起来

不对？**确实**是错误的。在本章的结尾，执行 1 + 2 的结果必须是 3，但当下我们只定义了 OpConstant，这是我们唯一可以测试并实现将常量压栈的东西。在这个测试用例中，2 是第 2 个被压入栈的整数，所以 2 才是我们要测试的内容。

另外两个测试，仅有整数 1 和 2 作为输入，是作为健全性检查的，并不测试单独的功能。这些测试的成本并不高，也不会占用大量的空间，因此添加它们可以明确地保证，表达式语句中的单个整数字面量以一个整数被压入栈结束。

目前，栈上没有任何内容，因为我们还没有定义虚拟机。现在可以完成虚拟机的定义了，因为我们已经知道虚拟机需要哪些部分：指令、常量和栈。

```go
// vm/vm.go

package vm

import (
    "monkey/code"
    "monkey/compiler"
    "monkey/object"
)

const StackSize = 2048

type VM struct {
    constants    []object.Object
    instructions code.Instructions

    stack []object.Object
    sp    int // 始终指向栈中的下一个空闲槽。栈顶的值是 stack[sp-1]
}

func New(bytecode *compiler.Bytecode) *VM {
    return &VM{
        instructions: bytecode.Instructions,
        constants:    bytecode.Constants,

        stack: make([]object.Object, StackSize),
        sp:    0,
    }
}
```

我们的虚拟机是一个有 4 个字段的结构体。它包含编译器 compiler 生成的常量 constants 和指令 instructions，还拥有一个栈 stack。对于拥有如此盛名的东西来说，是不是非常简单？

stack 预分配了 StackSize 数量的元素，这对我们来说应该足够了。sp 是栈指针，我们会通过递增或递减它来增大或缩小栈，而不是通过修改栈切片本身。

以下是用于栈和 sp 的约定：sp 将始终指向栈中的下一个空闲槽。如果栈上有一个元素，位于索引 0，则 sp 的值将为 1，并且要访问该元素则应该使用 stack[sp-1]。在 sp 递增之前，新元素将存储在 stack[sp] 中。

理解这一点之后，我们定义了在虚拟机测试中使用的 StackTop 方法：

```
// vm/vm.go

func (vm *VM) StackTop() object.Object {
    if vm.sp == 0 {
        return nil
    }
    return vm.stack[vm.sp-1]
}
```

现在唯一阻止我们运行测试的是，缺少虚拟机的 Run 方法：

```
$ go test ./vm
# monkey/vm
vm/vm_test.go:41:11: vm.Run undefined (type *VM has no field or method Run)
FAIL    monkey/vm [build failed]
```

Run 方法可以让我们的虚拟机变成真正可运行的虚拟机，它包含虚拟机的核心：主循环，也就是取指–解码–执行循环。

```
// vm/vm.go

func (vm *VM) Run() error {
    for ip := 0; ip < len(vm.instructions); ip++ {
        op := code.Opcode(vm.instructions[ip])

        switch op {
        }
    }

    return nil
}
```

以上是该循环的第一部分——取指。这里通过递增指令指针 ip 来遍历 vm.instructions，并通过直接访问 vm.instructions 来获取当前指令。然后将字节转换为操作码。重要的是，这里没有使用 code.Lookup 将字节转换为操作码，因为这会很慢。移动字节、查找操作码定义、返回都耗费时间。

我知道这听起来并不符合我们通常所说的"我们是为了学习，而不是为了构建有史以来最快的程序"，但我们确实在践行之前所说的话：扔掉所有能扔掉的东西。在这里使用 code.Lookup 就像在循环里面加入了一条 sleep 语句，该语句的功能与想要查找操作码的通用方法（如在 Instructions.String 中的小型反汇编程序）相悖，无论如何都必须将关于指令的知识编码到虚拟机的 Run 方法中。我们不能将执行分派出去，同等地处理每条指令。

运行速度会变快，但仅有"取指"模块是不够的：

```
$ go test ./vm
--- FAIL: TestIntegerArithmetic (0.00s)
 vm_test.go:20: testIntegerObject failed:\
   object is not Integer. got=<nil> (<nil>)
 vm_test.go:20: testIntegerObject failed:\
   object is not Integer. got=<nil> (<nil>)
 vm_test.go:20: testIntegerObject failed:\
   object is not Integer. got=<nil> (<nil>)
FAIL
FAIL    monkey/vm    0.006s
```

现在是时候添加"解码"模块和"执行"模块了。解码意味着新增一个 case 分支并解码指令的操作数：

```
// vm/vm.go

func (vm *VM) Run() error {
    // [...]
        switch op {
        case code.OpConstant:
            constIndex := code.ReadUint16(vm.instructions[ip+1:])
            ip += 2
        }
    // [...]
}
```

code.ReadUint16 函数从紧接着操作码的位置 ip + 1 开始，解析字节码中的操作数。使用 code.ReadUint16 而不是 code.ReadOperands 与前文不使用 code.Lookup 取指的原因相同：速度！

在解码完操作数之后，需要正确地增加 ip 的值，即增加量为解码后操作数的字节大小。这么做的目的是，下一次迭代时，让 ip 指向的是操作码而不是操作数。

我们仍然无法运行测试，因为编译器目前只定义了 constIndex 但并未使用。接下来通过添加虚拟机的"执行"模块来使用 constIndex：

```
// vm/vm.go

import (
    "fmt"
    // [...]
)
```

```
func (vm *VM) Run() error {
    // [...]
        switch op {
        case code.OpConstant:
            constIndex := code.ReadUint16(vm.instructions[ip+1:])
            ip += 2
            err := vm.push(vm.constants[constIndex])
            if err != nil {
                return err
            }
        }
    // [...]
}

func (vm *VM) push(o object.Object) error {
    if vm.sp >= StackSize {
        return fmt.Errorf("stack overflow")
    }

    vm.stack[vm.sp] = o
    vm.sp++

    return nil
}
```

这里利用 constIndex 从 vm.constants 中获取常量并将其压栈。名称简洁的 vm.push 方法负责检查栈大小、添加对象和递增栈指针 sp。

我们的虚拟机终于可以使用了：

```
$ go test ./vm
ok      monkey/vm    0.007s
```

这意味着我们已经成功定义了字节码格式，构建了可以使 Monkey 子集转换成字节码格式的编译器，并且构建了可以执行该字节码的虚拟机。

我们还构建了很多基础架构和工具来编译和执行这两条 OpConstant 指令。目前看来，这么做有些多余，但相信我，这是值得的。当添加另一个操作码时，我们就可以看到这些基础架构带来的益处。

2.2 栈上加法

从本章最开始着手编译并执行 Monkey 表达式 1 + 2，至此我们几乎已经完成。目前剩余的工作是将压栈的整数相加。为了实现这一点，需要添加一个新的操作码。

新的操作码是 OpAdd，作用是让虚拟机将最顶部两个元素弹栈，将它们相加，并将最终结果压栈。与 OpConstant 相比，OpAdd 没有任何操作数。它只是一个单字节操作码。

```go
// code/code.go

const (
    OpConstant Opcode = iota
    OpAdd
)

var definitions = map[Opcode]*Definition{
    OpConstant: {"OpConstant", []int{2}},
    OpAdd: {"OpAdd", []int{}},
}
```

紧接着 OpConstant 新增了 OpAdd 的定义。这里没有什么特别之处，除了 *Definition 中的 OperandWidths 字段包含一个空切片，以表示 OpAdd 没有任何操作数。而这只是它的不起眼之处而已。但是我们仍然需要确保已有的编译工具可以处理没有任何操作数的操作码。首先要完善 Make：

```go
// code/code_test.go

func TestMake(t *testing.T) {
    tests := []struct {
        op       Opcode
        operands []int
        expected []byte
    }{
        // [...]
        {OpAdd, []int{}, []byte{byte(OpAdd)}},
    }

    // [...]
}
```

只要添加一个新的测试用例，就能确保 Make 知道如何将单字节操作码 OpAdd 编码成字节切片。事实证明，Make 已经支持：

```
$ go test ./code
ok      monkey/code 0.006s
```

这意味着，现在可以利用 Make 测试 Instructions.String 方法是否可以处理 OpAdd。通过改变测试输入和期望输出来进行测试：

```go
// code/code_test.go

func TestInstructionsString(t *testing.T) {
    instructions := []Instructions{
        Make(OpAdd),
```

```
        Make(OpConstant, 2),
        Make(OpConstant, 65535),
    }

    expected := `0000 OpAdd
0001 OpConstant 2
0004 OpConstant 65535
`

    // [...]
}
```

这次就没那么幸运了，测试失败：

```
$ go test ./code
--- FAIL: TestInstructionsString (0.00s)
 code_test.go:51: instructions wrongly formatted.
  want="0000 OpAdd\n0001 OpConstant 2\n0004 OpConstant 65535\n"
  got="0000 ERROR: unhandled operandCount for OpAdd\n\n\
    0001 OpConstant 2\n0004 OpConstant 65535\n"
FAIL
FAIL    monkey/code 0.007s
```

不过错误消息给出了有意义的提示。我们需要为 Instructions.fmtInstruction
函数新增 case 分支，用以处理没有操作数的操作码：

```
// code/code.go

func (ins Instructions) fmtInstruction(def *Definition, operands []int) string {
    // [...]

    switch operandCount {
    case 0:
        return def.Name
    case 1:
        return fmt.Sprintf("%s %d", def.Name, operands[0])
    }

    return fmt.Sprintf("ERROR: unhandled operandCount for %s\n", def.Name)
}
```

经过以上修改，测试通过：

```
$ go test ./code
ok      monkey/code 0.006s
```

由于 OpAdd 没有操作数，因此无须修改 ReadOperands，这意味着我们已经完成
工具的更新。OpAdd 已经定义完成而且可以用于编译器。

重新回到编译器的第一个测试 TestIntegerArithmetic，我们曾断言 Monkey 表
达式 1 + 2 可以生成两条 OpConstant 指令。当时这个测试是错的，现在也是错的。

我们着手构建的最小编译器只能做一件事，即把整数压栈。现在需要把这些整数相加，这意味着通过添加之前缺少的 OpAdd 指令来修正这个测试：

```go
// compiler/compiler_test.go

func TestIntegerArithmetic(t *testing.T) {
    tests := []compilerTestCase{
        {
            input:                "1 + 2",
            expectedConstants: []interface{}{1, 2},
            expectedInstructions: []code.Instructions{
                code.Make(code.OpConstant, 0),
                code.Make(code.OpConstant, 1),
                code.Make(code.OpAdd),
            },
        },
    }
    // [...]
}
```

expectedInstructions 现在是正确的。两条 OpConstant 指令会将两个常数压栈，随后 OpAdd 指令将它们相加。

由于只更新了工具，没有更新编译器，因此测试结果表示，指令没有发出：

```
$ go test ./compiler
--- FAIL: TestIntegerArithmetic (0.00s)
 compiler_test.go:26: testInstructions failed: wrong instructions length.
  want="0000 OpConstant 0\n0003 OpConstant 1\n0006 OpAdd\n"
  got ="0000 OpConstant 0\n0003 OpConstant 1\n"
FAIL
FAIL    monkey/compiler 0.007s
```

这则错误消息格式整齐、易于阅读，明显显示了 OpAdd 指令没有发出。前文已经在编译器的 Compile 方法中遇到过*ast.InfixExpression，现在处理同类问题轻车熟路：

```go
// compiler/compiler.go

import (
    "fmt"
    // [...]
)

func (c *Compiler) Compile(node ast.Node) error {
    switch node := node.(type) {
    // [...]

    case *ast.InfixExpression:
        err := c.Compile(node.Left)
```

```
    if err != nil {
        return err
    }

    err = c.Compile(node.Right)
    if err != nil {
        return err
    }

    switch node.Operator {
    case "+":
        c.emit(code.OpAdd)
    default:
        return fmt.Errorf("unknown operator %s", node.Operator)
    }

// [...]
}

// [...]
}
```

在新的 switch 表达式中，我们检查了*ast.InfixExpression 节点的 Operator 字段，当遇到+时，c.emit 会发出 OpAdd 指令。从编程健壮性考虑，随后新增了 default 分支返回错误，用来处理未知的中缀运算符。后面会添加更多的 case 分支。

现在，编译器可以发出 OpAdd 指令了：

```
$ go test ./compiler
ok      monkey/compiler 0.006s
```

这相当于两个修改都通过了。接下来不再绕圈子，直接在虚拟机中实现 OpAdd。

好在并不需要重新编写新的测试，只要修正原来的测试就可以。在 vm 包中，我们曾经写了一个"错误"的测试。是否还记得之前 1 + 2 表达式的最终结果，遗留在栈顶的是 2？现在需要改变它：

```
// vm/vm_test.go

func TestIntegerArithmetic(t *testing.T) {
    tests := []vmTestCase{
        // [...]
        {"1 + 2", 3},
    }

    runVmTests(t, tests)
}
```

如今期望得到 3 而不是 2。但仅有此方法，测试会失败：

```
$ go test ./vm
--- FAIL: TestIntegerArithmetic (0.00s)
 vm_test.go:20: testIntegerObject failed:\
   object has wrong value. got=2, want=3
FAIL
FAIL    monkey/vm    0.007s
```

现在必须对压入栈的整数做一些实际的事情，这意味着我们终于到了栈上算术运算这一步。那么要将两个数字相加，第一步是什么？当然是把操作数弹栈。为了完成这项工作，我们在虚拟机中添加了另一个辅助函数：

```
// vm/vm.go

func (vm *VM) pop() object.Object {
    o := vm.stack[vm.sp-1]
    vm.sp--
    return o
}
```

首先从 vm.sp - 1 处取出栈顶元素，并将其放置在一旁，随后递减 vm.sp，并允许刚刚弹出元素的位置最终被覆盖。

为了使用这个新的 pop 方法，首先需要为新的 OpAdd 指令添加"解码"部分。这并不是很难，以下是"执行"的第一部分：

```
// vm/vm.go

func (vm *VM) Run() error {
    // [...]
        switch op {
        // [...]

        case code.OpAdd:
            right := vm.pop()
            left := vm.pop()
            leftValue := left.(*object.Integer).Value
            rightValue := right.(*object.Integer).Value
        }
    // [...]
}
```

扩展运行循环的"解码"部分需要添加新的分支 code.OpAdd，紧接着便是实现操作本身，即"执行"。在这个示例中，先将操作数弹栈，然后将它们的值解包并分别存入 leftValue 和 rightValue。看起来没什么问题，但这里可能出现小错误。暂时假设中缀运算符的右操作数是最后一个被压入栈的操作数。对于+运算符来说，操作数的顺序并不重要，因此前文的假设并不是大问题。但是还有其他运算符，错误的操作数顺序会导致错误的结果。这里不是在谈论一些奇特的运算符——减号就要求操作数有正确的顺序。

这只是实现 OpAdd 的开始，虚拟机测试仍然会失败。接下来添加一个优雅的片段来完善测试：

```go
// vm/vm.go

func (vm *VM) Run() error {
    // [...]
        switch op {
        // [...]

        case code.OpAdd:
            right := vm.pop()
            left := vm.pop()
            leftValue := left.(*object.Integer).Value
            rightValue := right.(*object.Integer).Value

            result := leftValue + rightValue
            vm.push(&object.Integer{Value: result})

        // [...]
        }
    // [...]
}
```

添加的这两行代码主要用于将 leftValue 和 rightValue 相加，将结果存入一个 *object.Integer 并将其压栈。下面是最终的测试结果：

```
$ go test ./vm
ok      monkey/vm    0.006s
```

测试通过了！我们完成了本章的目标：成功编译和执行 Monkey 表达式 1 + 2。

我们可以后靠在椅背上长舒一口气，并细细地品味编写编译器和虚拟机的感受。我敢打赌它并没有想象的那么难。诚然，我们的编译器和虚拟机并没有丰富的功能，但我们还没有完全做完，要做的还有很多。不过我们已经构建了编译器和虚拟机最重要的基础框架。我们应该自豪。

2.3 连接 REPL

在继续之前，我们可以将编译器和虚拟机连接到 REPL。这让我们在用 Monkey 做实验时，可以得到即时反馈。所要做的就是从 REPL 的 Start 函数中删除求值器和环境设置，并将其替换为对编译器和虚拟机的调用：

```go
// repl/repl.go

import (
    "bufio"
    "fmt"
    "io"
    "monkey/compiler"
    "monkey/lexer"
    "monkey/parser"
    "monkey/vm"
)

func Start(in io.Reader, out io.Writer) {
    scanner := bufio.NewScanner(in)

    for {
        fmt.Fprintf(out, PROMPT)
        scanned := scanner.Scan()
        if !scanned {
            return
        }

        line := scanner.Text()
        l := lexer.New(line)
        p := parser.New(l)

        program := p.ParseProgram()
        if len(p.Errors()) != 0 {
            printParserErrors(out, p.Errors())
            continue
        }

        comp := compiler.New()
        err := comp.Compile(program)
        if err != nil {
            fmt.Fprintf(out, "Woops! Compilation failed:\n %s\n", err)
            continue
        }

        machine := vm.New(comp.Bytecode())
        err = machine.Run()
        if err != nil {
            fmt.Fprintf(out, "Woops! Executing bytecode failed:\n %s\n", err)
            continue
        }

        stackTop := machine.StackTop()
        io.WriteString(out, stackTop.Inspect())
        io.WriteString(out, "\n")
    }
}
```

这里首先会依次对输入进行词法分析、语法分析，然后编译和执行程序。我们还将之前打印的 Eval 返回值更改为打印虚拟机栈顶对象。

现在可以启动 REPL 并查看编译器和虚拟机的幕后工作：

```
$ go build -o monkey . && ./monkey
Hello mrnugget! This is the Monkey programming language!
Feel free to type in commands
>> 1
1
>> 1 + 2
3
>> 1 + 2 + 3
6
>> 1000 + 555
1555
```

完美！但是，如果我们要做的不仅仅是将两个数相加，那么任何输入都会导致崩溃：

```
>> 99 - 1
Woops! Compilation failed:
 unknown operator -
>> 80 / 2
Woops! Compilation failed:
 unknown operator /
```

仍然还有很多工作要做，让我们继续前进！

第 3 章

编译表达式

在前两章中，我们接触了许多新知识：构建一个微型编译器、一个虚拟机，以及定义字节码指令。在本章中，我们将利用字节码编译和执行的新知识，再加上第一本书中的知识，添加对 Monkey 中缀运算符和前缀运算符的支持。

这可以让我们更加熟悉代码库，并能进一步扩展基础架构，同时能巩固已学知识。另外，在开始之前，我们还需要进行一些栈清理工作。

3.1 栈清理

在当前状态下，编译器和虚拟机能做的事情就是将两个数相加。输入表达式 1 + 2，虚拟机最终会将 3 压栈。这正是我们想要的，但有一个潜在问题：如果不采取任何措施，3 会永远留在栈中。

问题并不在 1 + 2 表达式本身，而在于它发生的位置。它是**表达式语句**的一部分。快速回顾一下，在 Monkey 中有 3 种类型的语句：let 语句、return 语句，以及表达式语句。前两种可以显式复用子表达式节点的值，而表达式语句只是用来包装表达式的，从这个定义上来说，它的值无法复用。但现在**确实**复用了它，因为我们会不由自主地将这个值存储在栈中。

试想以下 Monkey 代码：

```
1;
2;
3;
```

以上是 3 个独立的表达式语句。你知道它们最终在栈中的形式吗？并不是最后一个数值 3，而是所有的 1、2、3。如果 Monkey 程序有很多表达式语句，那么栈会被填满。这并不是一件好事。

要解决这个问题，需要做两件事：第一，定义一个新的操作码，让虚拟机将栈顶元素弹出；第二，每一个表达式语句之后都执行这个新的操作码。

从操作码的定义开始。它有一个恰如其分的名字，即 OpPop：

```go
// code/code.go

const (
    // [...]

    OpPop
)

var definitions = map[Opcode]*Definition{
    // [...]

    OpPop:      {"OpPop", []int{}},
}
```

OpPop 没有任何操作数，就像 OpAdd 一样。它唯一的工作是让虚拟机将栈顶元素弹出，因此它确实也不需要操作数。

现在，每一个表达式语句之后都需要用这个操作码清理栈。值得庆幸的是，在测试套件中很容易断言这种新行为，因为目前还没有很多编译器相关测试，这也是为什么我认为现在介绍 OpPop 更明智，而不是在两章之后。只要在 TestIntegerArithmetic 中更改单个测试用例即可：

```go
// compiler/compiler_test.go

func TestIntegerArithmetic(t *testing.T) {
    tests := []compilerTestCase{
        {
            input:             "1 + 2",
            expectedConstants: []interface{}{1, 2},
            expectedInstructions: []code.Instructions{
                code.Make(code.OpConstant, 0),
                code.Make(code.OpConstant, 1),
                code.Make(code.OpAdd),
                code.Make(code.OpPop),
            },
        },
    }

    runCompilerTests(t, tests)
}
```

这里唯一的改动是新增了一行 code.Make(code.OpPop)调用，以便断言编译的表达式语句紧随着 OpPop 指令。添加另一个带有多个表达式语句的测试，可以使行为更

加清晰:

```go
// compiler/compiler_test.go

func TestIntegerArithmetic(t *testing.T) {
    tests := []compilerTestCase{
        // [...]
        {
            input:             "1; 2",
            expectedConstants: []interface{}{1, 2},
            expectedInstructions: []code.Instructions{
                code.Make(code.OpConstant, 0),
                code.Make(code.OpPop),
                code.Make(code.OpConstant, 1),
                code.Make(code.OpPop),
            },
        },
    }

    runCompilerTests(t, tests)
}
```

请注意，输入中 1 和 2 由;分开。这两个整数字面量都是单独的表达式语句，并且在每个语句后发出了 **OpPop** 指令。当然，目前并不会执行 **OpPop** 指令，而是让虚拟机通过加载常量来填充栈。

```
$ go test ./compiler
--- FAIL: TestIntegerArithmetic (0.00s)
 compiler_test.go:37: testInstructions failed: wrong instructions length.
  want="0000 OpConstant 0\n0003 OpConstant 1\n0006 OpAdd\n0007 OpPop\n"
  got ="0000 OpConstant 0\n0003 OpConstant 1\n0006 OpAdd\n"
FAIL
FAIL    monkey/compiler 0.007s
```

这则错误消息让后续工作更清晰。为了解决上述错误并正确清理栈，我们唯一需要做的就是向编译器中添加一个 **c.emit** 调用:

```go
// compiler/compiler.go

func (c *Compiler) Compile(node ast.Node) error {
    switch node := node.(type) {
    // [...]

    case *ast.ExpressionStatement:
        err := c.Compile(node.Expression)
        if err != nil {
            return err
        }
        c.emit(code.OpPop)

    // [...]
```

```
    }

    // [...]
}
```

编译完某个 *ast.ExpressionStatement 中的 node.Expression 后, 发出 OpPop
指令, 得到以下结果:

```
$ go test ./compiler
ok      monkey/compiler 0.006s
```

这还不是全部, 我们还有一些工作没有做, 因为现在需要告诉虚拟机如何处理
OpPop 指令。对于我们的测试来说, 这可能略复杂。

在前文的虚拟机测试中, 我们利用 vm.StackTop 来确保虚拟机将正确的代码放在
栈上, 但随着 OpPop 的出现, 就不能再这样做了。现在需要断言的是, "在虚拟机弹
出它之前, 它必须在栈上"。为了完成这一点, 我们添加了一个仅用于测试的方法来
代替 StackTop:

```
// vm/vm.go

func (vm *VM) LastPoppedStackElem() object.Object {
    return vm.stack[vm.sp]
}
```

按照约定, vm.sp 总是指向 vm.stack 的下一个空槽。这是一个新元素被压栈的
地方。由于我们只是通过递减 vm.sp (没有将其显式设置为 nil) 使元素弹栈, 因此
这也是可以找到之前栈顶元素的地方。通过 LastPoppedStackElem 可以修改虚拟机测
试, 以确保 OpPop 的执行是正确的:

```
// vm/vm_test.go

func runVmTests(t *testing.T, tests []vmTestCase) {
    t.Helper()

    for _, tt := range tests {
        // [...]

        stackElem := vm.LastPoppedStackElem()

        testExpectedObject(t, tt.expected, stackElem)
    }
}
```

我们将 vm.StackTop 调用改为了 vm.LastPoppedStackElem。这会导致虚拟机
测试失败:

```
$ go test ./vm
--- FAIL: TestIntegerArithmetic (0.00s)
 vm_test.go:20: testIntegerObject failed:\
    object is not Integer. got=<nil> (<nil>)
 vm_test.go:20: testIntegerObject failed:\
    object is not Integer. got=<nil> (<nil>)
 vm_test.go:20: testIntegerObject failed:\
    object has wrong value. got=2, want=3
FAIL
FAIL    monkey/vm    0.007s
```

为了让测试重新通过，虚拟机需要让其栈保持干净：

```
// vm/vm.go

func (vm *VM) Run() error {
    // [...]
        switch op {
        // [...]

        case code.OpPop:
            vm.pop()

        }
    // [...]
}
```

这样，栈就能保持干净。

```
$ go test ./vm
ok      monkey/vm    0.006s
```

但我们仍然需要修正还在使用 StackTop 的 REPL，将 StackTop 用 LastPopped-StackElem 替换：

```
// repl/repl.go

func Start(in io.Reader, out io.Writer) {
    // [...]

    for {
        // [...]

        lastPopped := machine.LastPoppedStackElem()
        io.WriteString(out, lastPopped.Inspect())
        io.WriteString(out, "\n")
    }
}
```

完美！我们现在可以安心地在栈上进行更多的算术运算，不用担心栈慢慢地被填满。这意味着我们可以继续前进了。

3.2 中缀表达式

Monkey 支持 8 种中缀运算符，其中 4 种用于算术运算：+、-、*和/。前文已经通过 OpAdd 操作码支持了+。现在需要添加其他 3 个。由于这 3 个在使用操作数和栈方面的工作方式相同，因此统一添加它们。

第一步是将操作码 Opcode 的定义添加到 code 包中：

```
// code/code.go

const (
    // [...]

    OpSub
    OpMul
    OpDiv
)

var definitions = map[Opcode]*Definition{
    // [...]

    OpSub: {"OpSub", []int{}},
    OpMul: {"OpMul", []int{}},
    OpDiv: {"OpDiv", []int{}},
}
```

OpSub 表示-中缀运算符，OpMul 表示*中缀运算符，OpDiv 表示/中缀运算符。有了这些操作码的定义，就可以在编译器测试中使用它们，以确保编译器能够输出它们：

```
// compiler/compiler_test.go

func TestIntegerArithmetic(t *testing.T) {
    tests := []compilerTestCase{
        // [...]
        {
            input:             "1 - 2",
            expectedConstants: []interface{}{1, 2},
            expectedInstructions: []code.Instructions{
                code.Make(code.OpConstant, 0),
                code.Make(code.OpConstant, 1),
                code.Make(code.OpSub),
                code.Make(code.OpPop),
            },
        },
        {
            input:             "1 * 2",
            expectedConstants: []interface{}{1, 2},
            expectedInstructions: []code.Instructions{
                code.Make(code.OpConstant, 0),
```

```
                code.Make(code.OpConstant, 1),
                code.Make(code.OpMul),
                code.Make(code.OpPop),
            },
        },
        {
            input:             "2 / 1",
            expectedConstants: []interface{}{2, 1},
            expectedInstructions: []code.Instructions{
                code.Make(code.OpConstant, 0),
                code.Make(code.OpConstant, 1),
                code.Make(code.OpDiv),
                code.Make(code.OpPop),
            },
        },
    }

    runCompilerTests(t, tests)
}
```

希望唯一让你停下来思考的是最后一个测试用例，我改变了其中操作数的顺序。另外，除了运算符本身和预期的操作码不同之外，这些与之前的 1 + 2 测试用例非常相似。但是，相似性并不是编译器本身可以理解的概念：

```
$ go test ./compiler
--- FAIL: TestIntegerArithmetic (0.00s)
 compiler_test.go:67: compiler error: unknown operator -
FAIL
FAIL    monkey/compiler 0.006s
```

现在需要更改编译器 Compile 方法中的 switch 语句，其作用是检查 node.Operator：

```
// compiler/compiler.go

func (c *Compiler) Compile(node ast.Node) error {
    switch node := node.(type) {
    // [...]

    case *ast.InfixExpression:
        // [...]

        switch node.Operator {
        case "+":
            c.emit(code.OpAdd)
        case "-":
            c.emit(code.OpSub)
        case "*":
            c.emit(code.OpMul)
        case "/":
            c.emit(code.OpDiv)
        default:
```

```
                return fmt.Errorf("unknown operator %s", node.Operator)
        }

    // [...]
    }

    // [...]
}
```

这个代码片段中只有 6 行新代码：分别是为-、*和/创建的 case 分支。它们可以使所有测试通过：

```
$ go test ./compiler
ok      monkey/compiler 0.006s
```

编译器现在可以多输出 3 种操作码了。我们的虚拟机也需要能够输出这 3 种操作码。第一件事仍然是添加测试用例：

```
// vm/vm_test.go

func TestIntegerArithmetic(t *testing.T) {
    tests := []vmTestCase{
        // [...]
        {"1 - 2", -1}
        {"1 * 2", 2},
        {"4 / 2", 2},
        {"50 / 2 * 2 + 10 - 5", 55},
        {"5 + 5 + 5 + 5 - 10", 10},
        {"2 * 2 * 2 * 2 * 2", 32},
        {"5 * 2 + 10", 20},
        {"5 + 2 * 10", 25},
        {"5 * (2 + 10)", 60},
    }

    runVmTests(t, tests)
}
```

有人说添加这么多测试用例有些过分，但是我想展示给你的是算术运算的魅力。因此，这里不仅添加了确保虚拟机识别 OpSub、OpMul 和 OpDiv 操作码所必需的 3 个测试用例，还添加了一系列混合中缀运算符的用例。这些测试用例使用了不同的优先级，甚至还手动添加了括号。目前，它们都会失败，但这并不重要：

```
$ go test ./vm
--- FAIL: TestIntegerArithmetic (0.00s)
 vm_test.go:30: testIntegerObject failed: object has wrong value.\
   got=2, want=-1
 vm_test.go:30: testIntegerObject failed: object has wrong value.\
   got=5, want=55
 vm_test.go:30: testIntegerObject failed: object has wrong value.\
   got=2, want=32
```

```
vm_test.go:30: testIntegerObject failed: object has wrong value.\
  got=12, want=20
vm_test.go:30: testIntegerObject failed: object has wrong value.\
  got=12, want=25
vm_test.go:30: testIntegerObject failed: object has wrong value.\
  got=12, want=60
FAIL
FAIL    monkey/vm    0.007s
```

我想表达的重点是,使这些测试都通过需要做多少改变。首先,将 VM 已有的 case
分支 code.OpAdd 替换为:

```
// vm/vm.go

func (vm *VM) Run() error {
    // [...]
        switch op {
        // [...]

        case code.OpAdd, code.OpSub, code.OpMul, code.OpDiv:
            err := vm.executeBinaryOperation(op)
            if err != nil {
                return err
            }

        }
    // [...]
}
```

与二元运算有关的所有内容现在都整齐地隐藏在 executeBinaryOperation 方法
后面:

```
// vm/vm.go

func (vm *VM) executeBinaryOperation(op code.Opcode) error {
    right := vm.pop()
    left := vm.pop()

    leftType := left.Type()
    rightType := right.Type()

    if leftType == object.INTEGER_OBJ && rightType == object.INTEGER_OBJ {
        return vm.executeBinaryIntegerOperation(op, left, right)
    }

    return fmt.Errorf("unsupported types for binary operation: %s %s",
        leftType, rightType)
}
```

它只做类型断言,有时会返回错误并将大部分工作委托给 executeBinaryInteger-
Operation:

```go
// vm/vm.go

func (vm *VM) executeBinaryIntegerOperation(
    op code.Opcode,
    left, right object.Object,
) error {
    leftValue := left.(*object.Integer).Value
    rightValue := right.(*object.Integer).Value

    var result int64

    switch op {
    case code.OpAdd:
        result = leftValue + rightValue
    case code.OpSub:
        result = leftValue - rightValue
    case code.OpMul:
        result = leftValue * rightValue
    case code.OpDiv:
        result = leftValue / rightValue
    default:
        return fmt.Errorf("unknown integer operator: %d", op)
    }

    return vm.push(&object.Integer{Value: result})
}
```

这里通过求值左右操作数中的整数，根据操作码生成了最终的结果。这个方法与第一本书中求值器部分有一个类似的对应函数。

将两个函数结合后产生的结果如下：

```
$ go test ./vm
ok      monkey/vm    0.010s
```

加法、减法、乘法、除法，目前都可以正常工作。不管是单个运算、组合运算，还是按括号分组的运算，我们所做的都是将操作数弹栈并将结果压栈。以上就是栈式算术运算——简单、漂亮、整洁！

3.3　布尔类型

已添加的 4 个运算符只是 Monkey 可用运算符的一个子集。除了这 4 个运算符，还有比较运算符==、!=、>、<，以及两个前缀运算符!和-。下一个目标是实现它们，以及教会虚拟机另一种数据类型：布尔类型。如果没有布尔值，就无法表示这些运算符的结果（除了前缀运算符-）。布尔值在 Monkey 中也作为字面量表达式存在：

```
true;
false;
```

我们从添加这两个字面量开始。这样，当添加运算符时，我们就有了布尔类型。

布尔字面量的作用是什么呢？在求值器中，布尔字面量的值是它对应的布尔值：true 或 false。因为正在使用编译器和虚拟机，所以必须稍微调整一下期望的结果。我们希望虚拟机将布尔值压入栈中，而不仅仅是对字面量进行求值。

这与整数字面量被编译为 OpConstant 指令类似。我们也可以将 true 和 false 视为常量，但这不仅浪费字节码，还浪费编译器和虚拟机资源。所以现在定义两个新的操作码，直接让虚拟机将*object.Boolean 压入栈中：

```go
// code/code.go

const (
    // [...]

    OpTrue
    OpFalse
)

var definitions = map[Opcode]*Definition{
    // [...]

    OpTrue:  {"OpTrue", []int{}},
    OpFalse: {"OpFalse", []int{}},
}
```

当然，我并没纠结于两者的命名，但它们的功能是不言而喻的。这两个操作码没有操作数，它们只是让虚拟机"将 true 或者 false 压入栈中"。

现在可以使用它们创建一个编译器测试，以确保布尔字面量 true 和 false 分别被翻译成 OpTrue 指令和 OpFalse 指令：

```go
// compiler/compiler_test.go

func TestBooleanExpressions(t *testing.T) {
    tests := []compilerTestCase{
        {
            input:             "true",
            expectedConstants: []interface{}{},
            expectedInstructions: []code.Instructions{
                code.Make(code.OpTrue),
                code.Make(code.OpPop),
            },
        },
        {
```

```
                input:              "false",
                expectedConstants: []interface{}{},
                expectedInstructions: []code.Instructions{
                    code.Make(code.OpFalse),
                    code.Make(code.OpPop),
                },
            },
    }

    runCompilerTests(t, tests)
}
```

这是我们的第二个编译器测试，它的结构与第一个测试完全相同。后面在实现比较运算符的测试时，会再次扩展 tests 切片。

两个测试都失败了，因为编译器目前仅能在表达式语句后发出 OpPop 指令：

```
$ go test ./compiler
--- FAIL: TestBooleanExpressions (0.00s)
 compiler_test.go:90: testInstructions failed: wrong instructions length.
  want="0000 OpTrue\n0001 OpPop\n"
  got ="0000 OpPop\n"
FAIL
FAIL    monkey/compiler 0.009s
```

为了发出指令 OpTrue 或 OpFalse，需要在编译器的 Compile 方法中为 *ast.Boolean 新增一条 case 分支：

```
// compiler/compiler.go

func (c *Compiler) Compile(node ast.Node) error {
    switch node := node.(type) {
    // [...]

    case *ast.Boolean:
        if node.Value {
            c.emit(code.OpTrue)
        } else {
            c.emit(code.OpFalse)
        }

    // [...]
    }

    // [...]
}
```

这样测试就通过了：

```
$ go test ./compiler
ok      monkey/compiler 0.008s
```

下一步是让虚拟机处理 true 和 false。与刚才的 compiler 包一样，我们现在为虚拟机构建第二个测试用例：

```go
// vm/vm_test.go

func TestBooleanExpressions(t *testing.T) {
    tests := []vmTestCase{
        {"true", true},
        {"false", false},
    }

    runVmTests(t, tests)
}
```

这个测试函数与前文的 TestIntegerArithmetic 非常类似。由于现在有了 bool，因此我们需要更新 runVmTests 使用的 testExpectedObject 函数并为其提供一个名为 testBooleanObject 的新辅助函数：

```go
// vm/vm_test.go

func testExpectedObject(
    t *testing.T,
    expected interface{},
    actual object.Object,
){
    t.Helper()

    switch expected := expected.(type) {
    // [...]

    case bool:
        err := testBooleanObject(bool(expected), actual)
        if err != nil {
            t.Errorf("testBooleanObject failed: %s", err)
        }
    }
}

func testBooleanObject(expected bool, actual object.Object) error {
    result, ok := actual.(*object.Boolean)
    if !ok {
        return fmt.Errorf("object is not Boolean. got=%T (%+v)",
            actual, actual)
    }

    if result.Value != expected {
        return fmt.Errorf("object has wrong value. got=%t, want=%t",
            result.Value, expected)
    }

    return nil
}
```

testBooleanObject 与 testIntegerObject 相对应，并没有什么特别的地方，只是会多次用到它。值得注意的是，虚拟机测试现在崩溃了：

```
$ go test ./vm
--- FAIL: TestBooleanExpressions (0.00s)
panic: runtime error: index out of range [recovered]
 panic: runtime error: index out of range

goroutine 19 [running]:
testing.tRunner.func1(0xc4200ba1e0)
 /usr/local/go/src/testing/testing.go:742 +0x29d
panic(0x1116f20, 0x11eefc0)
 /usr/local/go/src/runtime/panic.go:502 +0x229
monkey/vm.(*VM).pop(...)
 /Users/mrnugget/code/02/src/monkey/vm/vm.go:74
monkey/vm.(*VM).Run(0xc420050ed8, 0x800, 0x800)
 /Users/mrnugget/code/02/src/monkey/vm/vm.go:49 +0x16f
monkey/vm.runVmTests(0xc4200ba1e0, 0xc420079f58, 0x2, 0x2)
 /Users/mrnugget/code/02/src/monkey/vm/vm_test.go:60 +0x35a
monkey/vm.TestBooleanExpressions(0xc4200ba1e0)
 /Users/mrnugget/code/02/src/monkey/vm/vm_test.go:39 +0xa0
testing.tRunner(0xc4200ba1e0, 0x11476d0)
 /usr/local/go/src/testing/testing.go:777 +0xd0
created by testing.(*T).Run
 /usr/local/go/src/testing/testing.go:824 +0x2e0
FAIL    monkey/vm    0.011s
```

它之所以会崩溃，是因为每个表达式语句之后都发出了一个 OpPop，让栈保持整洁。当试图从栈中弹出一些没有事先压栈的内容时，就会得到一个 index out of range 异常。

为了解决这个问题，首要任务是让虚拟机能够处理 true 和 false 以及为它们定义全局变量 True 和 False：

```
// vm/vm.go

var True = &object.Boolean{Value: true}
var False = &object.Boolean{Value: false}
```

复用*object.Boolean 全局变量的原因与在求值器中的一样。首先，它们是唯一且不变的值。就性能而言，通过将它们定义为全局变量来处理绝对更易操作。如果可以引用这两个值，为什么要新建具有相同值的*object.Boolean 呢？其次，它们使 Monkey 中的比较运算（如 true == true）更容易实现和执行，因为我们可以只比较两个指针，而无须分析它们指向的值。

当然，只定义 True 和 False 并不能使测试奇迹般地通过，还需要根据指示将它们压入栈中。为此，我们扩展了虚拟机的主循环：

```
// vm/vm.go

func (vm *VM) Run() error {
    // [...]
        switch op {
        // [...]

        case code.OpTrue:
            err := vm.push(True)
            if err != nil {
                return err
            }

        case code.OpFalse:
            err := vm.push(False)
            if err != nil {
                return err
            }

        }
    // [...]
}
```

很明显，这里将全局变量 True 和 False 压入栈中了。这意味着在再次尝试清理栈之前已经将某些内容压栈了，而这不会再导致测试崩溃。

```
$ go test ./vm
ok      monkey/vm    0.007s
```

至此，布尔字面量已经可以工作，虚拟机也能处理 True 和 False。现在可以开始实现比较运算符，因为我们可以把其运算结果压入栈中了。

3.4 比较运算符

Monkey 支持的 4 个比较运算符分别为：==、!=、>和<。我们现在通过添加 3 个新的操作码定义来实现编译器和虚拟机对这 4 个运算符的支持：

```
// code/code.go

const (
    // [...]

    OpEqual
    OpNotEqual
    OpGreaterThan
)

var definitions = map[Opcode]*Definition{
    // [...]
```

```
OpEqual:        {"OpEqual", []int{}},
OpNotEqual:     {"OpNotEqual", []int{}},
OpGreaterThan: {"OpGreaterThan", []int{}},
}
```

这些操作码都没有操作数，通过比较栈顶的两个元素来完成工作。它们会让虚拟机将栈顶待比较的元素弹出，随后将比较结果压入栈中，就像算术运算的操作码一样。

你一定很好奇为什么没有为<定义操作码。如果有了 OpGreaterThan，为什么不能有 OpLessThan 呢？这是个好问题，因为可以添加 OpLessThan，而且确实应该这样做，但是我想展示通过编译器而不是解释器来实现的功能：代码重排序。

表达式 3 < 5 可以重新排序为 5 > 3，结果不会有任何改变。由于可以重排序，因此编译器就可以将所有小于表达式重排序为大于表达式。如此，可以保持更小的指令集，虚拟机循环也更加紧凑，我们可以聚焦在编译器本身。

以下是为 TestBooleanExpressions 新构建的测试用例：

```go
// compiler/compiler_test.go

func TestBooleanExpressions(t *testing.T) {
    tests := []compilerTestCase{
        // [...]
        {
            input:              "1 > 2",
            expectedConstants: []interface{}{1, 2},
            expectedInstructions: []code.Instructions{
                code.Make(code.OpConstant, 0),
                code.Make(code.OpConstant, 1),
                code.Make(code.OpGreaterThan),
                code.Make(code.OpPop),
            },
        },
        {
            input:              "1 < 2",
            expectedConstants: []interface{}{2, 1},
            expectedInstructions: []code.Instructions{
                code.Make(code.OpConstant, 0),
                code.Make(code.OpConstant, 1),
                code.Make(code.OpGreaterThan),
                code.Make(code.OpPop),
            },
        },
        {
            input:              "1 == 2",
            expectedConstants: []interface{}{1, 2},
            expectedInstructions: []code.Instructions{
                code.Make(code.OpConstant, 0),
```

```
                    code.Make(code.OpConstant, 1),
                    code.Make(code.OpEqual),
                    code.Make(code.OpPop),
                },
        },
        {
            input:                "1 != 2",
            expectedConstants: []interface{}{1, 2},
            expectedInstructions: []code.Instructions{
                    code.Make(code.OpConstant, 0),
                    code.Make(code.OpConstant, 1),
                    code.Make(code.OpNotEqual),
                    code.Make(code.OpPop),
                },
        },
        {
            input:                "true == false",
            expectedConstants: []interface{}{},
            expectedInstructions: []code.Instructions{
                    code.Make(code.OpTrue),
                    code.Make(code.OpFalse),
                    code.Make(code.OpEqual),
                    code.Make(code.OpPop),
                },
        },
        {
            input:                "true != false",
            expectedConstants: []interface{}{},
            expectedInstructions: []code.Instructions{
                    code.Make(code.OpTrue),
                    code.Make(code.OpFalse),
                    code.Make(code.OpNotEqual),
                    code.Make(code.OpPop),
                },
        },
    }

    runCompilerTests(t, tests)
}
```

我们期望编译器发出两类指令：一类将中缀运算符的操作数压栈，另一类是发出正确的比较操作码。注意前文 1 < 2 测试用例中期望的常量：顺序是反的，因为它的操作码与上一个测试用例的相同，都是 OpGreaterThan。

运行测试，我们发现编译器仍然无法编译这些新的运算符和操作码：

```
$ go test ./compiler
--- FAIL: TestBooleanExpressions (0.00s)
 compiler_test.go:150: compiler error: unknown operator >
FAIL
FAIL    monkey/compiler 0.007s
```

我们需要做的是，扩展 Compile 方法中的*ast.InfixExpression 分支。该分支中已经有其他的中缀操作码。

```go
// compiler/compiler.go

func (c *Compiler) Compile(node ast.Node) error {
    switch node := node.(type) {
    // [...]

    case ast.InfixExpression:
        // [...]
        switch node.Operator {
        case "+":
            c.emit(code.OpAdd)
        case "-":
            c.emit(code.OpSub)
        case "*":
            c.emit(code.OpMul)
        case "/":
            c.emit(code.OpDiv)
        case ">":
            c.emit(code.OpGreaterThan)
        case "==":
            c.emit(code.OpEqual)
        case "!=":
            c.emit(code.OpNotEqual)
        default:
            return fmt.Errorf("unknown operator %s", node.Operator)
        }

    // [...]
    }

    // [...]
}
```

新增的内容是比较运算符的 case 分支。这很容易理解。不过仍然没有对<运算符的支持：

```
$ go test ./compiler
--- FAIL: TestBooleanExpressions (0.00s)
 compiler_test.go:150: compiler error: unknown operator <
FAIL
FAIL    monkey/compiler 0.006s
```

针对需要对操作数重排序的运算符，它的实现添加在*ast.InfixExpression 分支的开端：

```go
// compiler/compiler.go

func (c *Compiler) Compile(node ast.Node) error {
```

```
switch node := node.(type) {
// [...]

case *ast.InfixExpression:
    if node.Operator == "<" {
        err := c.Compile(node.Right)
        if err != nil {
            return err
        }

        err = c.Compile(node.Left)
        if err != nil {
            return err
        }
        c.emit(code.OpGreaterThan)
        return nil
    }
    err := c.Compile(node.Left)
    if err != nil {
        return err
    }
    // [...]

// [...]
}

// [...]
}
```

这里将<作为一个特殊用例来处理。如果运算符是<，那么调整一下编译顺序，首先编译 node.Right，然后编译 node.Left。之后，再发出 OpGreaterThan 操作码。这样在编译过程中，就把小于比较转换成大于比较了。如此一来，测试用例就可以通过：

```
$ go test ./compiler
ok      monkey/compiler 0.007s
```

我们的目标是让虚拟机"认为"没有<运算符。虚拟机能够处理的应该只有 OpGreaterThan 指令。现在已经确认编译器只能发出 OpGreaterThan 指令，我们来看虚拟机测试：

```
// vm/vm_test.go

func TestBooleanExpressions(t *testing.T) {
    tests := []vmTestCase{
        // [...]
        {"1 < 2", true},
        {"1 > 2", false},
        {"1 < 1", false},
        {"1 > 1", false},
```

```
        {"1 == 1", true},
        {"1 != 1", false},
        {"1 == 2", false},
        {"1 != 2", true},
        {"true == true", true},
        {"false == false", true},
        {"true == false", false},
        {"true != false", true},
        {"false != true", true},
        {"(1 < 2) == true", true},
        {"(1 < 2) == false", false},
        {"(1 > 2) == true", false},
        {"(1 > 2) == false", true},
    }

    runVmTests(t, tests)
}
```

添加如此多的测试用例确实有些过分，但这些测试用例看起来是不是很整洁？我想这就是伟大的工具和架构为你所做的：降低添加新测试和功能的成本。不过，虽然代码很整洁，但是测试仍然失败了：

```
$ go test ./vm
--- FAIL: TestBooleanExpressions (0.00s)
 vm_test.go:57: testBooleanObject failed: object is not Boolean.\
   got=*object.Integer (&{Value:1})
 vm_test.go:57: testBooleanObject failed: object is not Boolean.\
   got=*object.Integer (&{Value:2})
 vm_test.go:57: testBooleanObject failed: object is not Boolean.\
   got=*object.Integer (&{Value:1})
 vm_test.go:57: testBooleanObject failed: object is not Boolean.\
   got=*object.Integer (&{Value:1})
 vm_test.go:57: testBooleanObject failed: object is not Boolean.\
   got=*object.Integer (&{Value:1})
 vm_test.go:57: testBooleanObject failed: object is not Boolean.\
   got=*object.Integer (&{Value:1})
 vm_test.go:57: testBooleanObject failed: object is not Boolean.\
   got=*object.Integer (&{Value:2})
 vm_test.go:57: testBooleanObject failed: object is not Boolean.\
   got=*object.Integer (&{Value:2})
 vm_test.go:57: testBooleanObject failed: object has wrong value.\
   got=false, want=true
 vm_test.go:57: testBooleanObject failed: object has wrong value.\
   got=false, want=true
 vm_test.go:57: testBooleanObject failed: object has wrong value.\
   got=true, want=false
 vm_test.go:57: testBooleanObject failed: object has wrong value.\
   got=false, want=true
FAIL
FAIL    monkey/vm    0.008s
```

如你所知，这在意料之中，而且无须花太多时间就可以让所有这些错误消息消失。

首先，向虚拟机的 Run 方法添加一个新的 case 分支，以便它能处理新的比较操作码：

```go
// vm/vm.go

func (vm *VM) Run() error {
    // [...]
        switch op {
        // [...]

        case code.OpEqual, code.OpNotEqual, code.OpGreaterThan:
            err := vm.executeComparison(op)
            if err != nil {
                return err
            }

        // [...]
        }
    // [...]
}
```

executeComparison 方法看起来跟前文添加的 executeBinaryOperation 非常类似：

```go
// vm/vm.go

func (vm *VM) executeComparison(op code.Opcode) error {
    right := vm.pop()
    left := vm.pop()

    if left.Type() == object.INTEGER_OBJ && right.Type() == object.INTEGER_OBJ {
        return vm.executeIntegerComparison(op, left, right)
    }

    switch op {
    case code.OpEqual:
        return vm.push(nativeBoolToBooleanObject(right == left))
    case code.OpNotEqual:
        return vm.push(nativeBoolToBooleanObject(right != left))
    default:
        return fmt.Errorf("unknown operator: %d (%s %s)",
            op, left.Type(), right.Type())
    }
}
```

这里首先将栈顶的两个操作数弹出并检查它们的类型。如果它们都是整数，就调用 executeIntegerComparison。如果不是，就利用 nativeBoolToBooleanObject 将 Go 的布尔类型转换成 Monkey 的 *object.Boolean 并将结果压入栈中。

这个方法的流程很简单：将操作数从栈中弹出，比较它们，然后将结果压回栈中。后半部分与 executeIntegerComparison 中的部分内容一样：

```
// vm/vm.go

func (vm *VM) executeIntegerComparison(
    op code.Opcode,
    left, right object.Object,
) error {
    leftValue := left.(*object.Integer).Value
    rightValue := right.(*object.Integer).Value

    switch op {
    case code.OpEqual:
        return vm.push(nativeBoolToBooleanObject(rightValue == leftValue))
    case code.OpNotEqual:
        return vm.push(nativeBoolToBooleanObject(rightValue != leftValue))
    case code.OpGreaterThan:
        return vm.push(nativeBoolToBooleanObject(leftValue > rightValue))
    default:
        return fmt.Errorf("unknown operator: %d", op)
    }
}
```

在这个方法中，不需要再从栈中弹出任何内容，而是直接从 left 和 right 中解包得到整数值。比较操作数后将布尔类型的结果转换为 True 或者 False。这个操作真的很简单。以下就是 nativeBoolToBooleanObject 的实现：

```
// vm/vm.go

func nativeBoolToBooleanObject(input bool) *object.Boolean {
    if input {
        return True
    }
    return False
}
```

总结一下，这里一共有3个新方法：executeComparison、executeIntegerComparison 和 nativeBoolToBooleanObject。它们使所有测试用例都通过了：

```
$ go test ./vm
ok      monkey/vm   0.008s
```

正如我所说，一切尽在掌握之中！

3.5 前缀表达式

Monkey 支持前缀运算符-和!。前者用来表示整数的负数形式，后者用来对布尔类型进行取反操作。在编译器和虚拟机中添加对它们的支持与前文中添加其他运算符基本相同：定义操作码，在编译器中发出它们，然后在虚拟机中处理。不同的是，这次需要的操作**更少**，因为前缀运算符在栈中只有一个操作数，而不是两个。

以下是两个翻译成-和!的操作码定义。

```go
// code/code.go

const (
    // [...]

    OpMinus
    OpBang
)

var definitions = map[Opcode]*Definition{
    // [...]

    OpMinus: {"OpMinus", []int{}},
    OpBang:  {"OpBang", []int{}},
}
```

如此明显，不用我解释你也应该知道哪个操作码代表哪个。

随后，需要在编译器中发出它们，这也意味着需要添加编译器测试。比较明确的是，-是整数运算符，而!是布尔类型运算符，因此我不会将它们的测试放到一起。它们的测试用例反而应该添加到已经存在的对应函数中。下面是在 `TestIntegerArithmetic` 中为 `OpMinus` 添加的测试用例：

```go
// compiler/compiler_test.go

func TestIntegerArithmetic(t *testing.T) {
    tests := []compilerTestCase{
        // [...]
        {
            input:             "-1",
            expectedConstants: []interface{}{1},
            expectedInstructions: []code.Instructions{
                code.Make(code.OpConstant, 0),
                code.Make(code.OpMinus),
                code.Make(code.OpPop),
            },
        },
    }

    runCompilerTests(t, tests)
}
```

以下是在 `TestBooleanExpressions` 中为 `OpBang` 添加的测试用例：

```
// compiler/compiler_test.go

func TestBooleanExpressions(t *testing.T) {
    tests := []compilerTestCase{
        // [...]
        {
            input:             "!true",
            expectedConstants: []interface{}{},
            expectedInstructions: []code.Instructions{
                code.Make(code.OpTrue),
                code.Make(code.OpBang),
                code.Make(code.OpPop),
            },
        },
    }

    runCompilerTests(t, tests)
}
```

现在我们有了两个失败的测试函数：

```
$ go test ./compiler
--- FAIL: TestIntegerArithmetic (0.00s)
 compiler_test.go:76: testInstructions failed: wrong instructions length.
  want="0000 OpConstant 0\n0003 OpMinus\n0004 OpPop\n"
  got ="0000 OpPop\n"
 --- FAIL: TestBooleanExpressions (0.00s)
 compiler_test.go:168: testInstructions failed: wrong instructions length.
  want="0000 OpTrue\n0001 OpBang\n0002 OpPop\n"
  got ="0000 OpPop\n"
FAIL
FAIL    monkey/compiler 0.008s
```

失败信息表示，缺少两条指令：一个用于加载操作数（OpConstant 或者 OpTrue），一个用于前缀运算（OpMinus 或者 OpBang）。

我们已经知道如何将整数字面量转换为 OpConstant 指令，也知道如何发出 OpTrue（OpFalse 同理），但令人恼火的是，这并不是 TestIntegerArithmetic 失败的原因。TestIntegerArithmetic 的输出中并没有出现 OpConstant 和 OpTrue，为什么？

仔细斟酌后，很容易就能找到原因：Compile 方法中的*ast.PrefixExpression 节点没有处理。我们直接跳过了它，这意味着并没有编译整数字面量和布尔类型字面量。以下是需要修改的地方：

```
// compiler/compiler.go

func (c *Compiler) Compile(node ast.Node) error {
    switch node := node.(type) {
    // [...]
```

```
case *ast.PrefixExpression:
    err := c.Compile(node.Right)
    if err != nil {
        return err
    }

    switch node.Operator {
    case "!":
        c.emit(code.OpBang)
    case "-":
        c.emit(code.OpMinus)
    default:
        return fmt.Errorf("unknown operator %s", node.Operator)
    }
// [...]
}

// [...]
}
```

这样就将 AST 的遍历更进一层，第一次编译了*ast.PrefixExpression 节点的 node.Right 分支。表达式的操作数会编译为 OpTrue 或者 OpConstant 指令。这是两条缺失指令中的第一条。

现在仍然需要为运算符本身发出操作码。为了做到这一点，我们需要用到 switch 语句，并基于 node.Operator 来生成 OpBang 或者 OpMinus。

现在测试通过：

```
$ go test ./compiler
ok      monkey/compiler 0.008s
```

又达到一个里程碑！到目前为止，你应该知道我们后面要干什么——虚拟机测试！类似编译器测试，我们仍然在已有的函数 TestIntegerArithmetic 和 TestBoolean-Expressions 中添加测试用例：

```
// vm/vm_test.go

func TestIntegerArithmetic(t *testing.T) {
    tests := []vmTestCase{
        // [...]
        {"-5", -5},
        {"-10", -10},
        {"-50 + 100 + -50", 0},
        {"(5 + 10 * 2 + 15 / 3) * 2 + -10", 50},
    }

    runVmTests(t, tests)
```

```
    }

func TestBooleanExpressions(t *testing.T) {
    tests := []vmTestCase{
        // [...]
        {"!true", false},
        {"!false", true},
        {"!5", false},
        {"!!true", true},
        {"!!false", false},
        {"!!5", true},
    }

    runVmTests(t, tests)
}
```

这就是虚拟机需要处理的新测试用例，大大小小的，数量不少，就像前文测试每个整数运算符一样。这些测试很整洁，但是它们还是都失败了！

```
$ go test ./vm
--- FAIL: TestIntegerArithmetic (0.00s)
 vm_test.go:34: testIntegerObject failed: object has wrong value.\
   got=5, want=-5
 vm_test.go:34: testIntegerObject failed: object has wrong value.\
   got=10, want=-10
 vm_test.go:34: testIntegerObject failed: object has wrong value.\
   got=200, want=0
 vm_test.go:34: testIntegerObject failed: object has wrong value.\
   got=70, want=50
--- FAIL: TestBooleanExpressions (0.00s)
 vm_test.go:66: testBooleanObject failed: object has wrong value.\
   got=true, want=false
 vm_test.go:66: testBooleanObject failed: object has wrong value.\
   got=false, want=true
 vm_test.go:66: testBooleanObject failed: object is not Boolean.\
   got=*object.Integer (&{Value:5})
 vm_test.go:66: testBooleanObject failed: object is not Boolean.\
   got=*object.Integer (&{Value:5})
FAIL
FAIL    monkey/vm    0.009s
```

我们是专业人士。大批的失败信息也不会让我们停下来，我们很容易确定如何对其进行修改。首先处理 OpBang 指令，并补充虚拟机主循环中缺失的 case 分支。

```
// vm/vm.go

func (vm *VM) Run() error {
    // [...]
        switch op {
        // [...]
```

```
        case code.OpBang:
            err := vm.executeBangOperator()
            if err != nil {
                return err
            }

        // [...]
        }
    // [...]
}

func (vm *VM) executeBangOperator() error {
    operand := vm.pop()

    switch operand {
    case True:
        return vm.push(False)
    case False:
        return vm.push(True)
    default:
        return vm.push(False)
    }
}
```

在 executeBangOperator 中，我们实现了将操作数弹栈，并通过将除 False 以外的所有内容视为真值来否定其值。从技术角度来说，True 分支并没必要，但我认为就文档而言保留它是有意义的，因为这种方法现在是我们的虚拟机对 Monkey 的真实性概念的实现。

以上解决了 4 个测试用例失败的问题，但是 TestIntegerArithmetic 中仍然有 4 个测试失败了：

```
$ go test ./vm
--- FAIL: TestIntegerArithmetic (0.00s)
 vm_test.go:34: testIntegerObject failed: object has wrong value.\
   got=5, want=-5
 vm_test.go:34: testIntegerObject failed: object has wrong value.\
   got=10, want=-10
 vm_test.go:34: testIntegerObject failed: object has wrong value.\
   got=200, want=0
 vm_test.go:34: testIntegerObject failed: object has wrong value.\
   got=70, want=50
FAIL
FAIL    monkey/vm    0.007s
```

现在需要做与 OpBang 同样的事情——在虚拟机的 Run 方法中添加 OpMinus 分支：

```
// vm/vm.go

func (vm *VM) Run() error {
```

```
    // [...]
    switch op {
    // [...]

    case code.OpMinus:
        err := vm.executeMinusOperator()
        if err != nil {
            return err
        }

    // [...]
    }
    // [...]
}

func (vm *VM) executeMinusOperator() error {
    operand := vm.pop()

    if operand.Type() != object.INTEGER_OBJ {
        return fmt.Errorf("unsupported type for negation: %s", operand.Type())
    }

    value := operand.(*object.Integer).Value
    return vm.push(&object.Integer{Value: -value})
}
```

不用过多解释，最终结果如下所示：

```
$ go test ./vm
ok        monkey/vm    0.008s
```

这意味着我们成功了。我们成功添加了 Monkey 所有的前缀运算符和中缀运算符！

```
$ go build -o monkey . && ./monkey
Hello mrnugget! This is the Monkey programming language!
Feel free to type in commands
>> (10 + 50 + -5 - 5 * 2 / 2) < (100 - 35)
true
>> !!true == false
false
```

到目前为止，你应该非常熟悉操作码的定义以及它与编译器和虚拟机的交互。甚至你已经开始对没有操作数指令的发出感到厌烦，迫切希望获取新知识。好的，新的知识即将到来！

第 4 章

条件语句

前文的工作都比较机械化，一旦知道如何在 Monkey 中添加某一个运算符，我们就可以按照相同的方法添加其他运算符。在本章中，我们的工作难度将提升一个档次。

首先回答一个非常具体的问题：如何让虚拟机根据条件执行不同的字节码指令？正如我们将看到的，这个问题背后隐藏着许多谜题，解决它们的过程会非常有趣，尤其是在我们深入了解细节之后。但是，在此之前，我们必须在不编写任何代码的情况下回答这个问题。

在完整的背景和框架下，Monkey 的条件语句如下所示：

```
if (5 > 3) {
  everythingsFine();
} else {
  lawsOfUniverseBroken();
}
```

如果条件 5 > 3 被求值为真值，那么第一个分支会被执行，即执行包含 everythings-Fine() 的分支。如果该条件不成立，则包含 lawsOfUniverseBroken() 的 else 分支会被执行。第一个分支被称为条件语句的“结果”，而 else 分支则被称为“备选”。

为了展示条件语句可能实现的蓝图以及让你记起已学的知识，我们快速回顾一下《用 Go 语言自制解释器》中条件语句的实现。

在 evaluator 包的 Eval 函数中遇到 *ast.IfExpression 时，我们会对它的条件进行求值，并检查 isTruthy 函数的结果。如果值为真，则 Eval 执行 *ast.IfExpression 的结果部分；如果值非真且 *ast.IfExpression 包含备选，则 Eval 执行备选部分。如果没有备选，则返回 *object.Null。

总而言之，实现条件语句只用了大约 50 行代码。之所以这么容易实现，是因为有 AST 节点。我们可以决定对 *ast.IfExpression 的任意一侧进行求值。对求值器来说，两侧均可以进行求值。

但现在情况变了。现在不会递归遍历 AST 并同时执行它，而是将 AST 转换为字节码并将其**铺平**。"铺平"的原因是，字节码是一系列的指令，而且它们没有任何子节点，无法递归。这引出了本章的主题：在字节码中如何表示条件语句？

请看以下 Monkey 代码：

```
if (5 > 2) {
  30 + 20
} else {
  50 - 25
}
```

我们已经知道在字节码中如何表示条件语句 5 > 2，第 3 章已经实现过该语句，如图 4-1 所示。

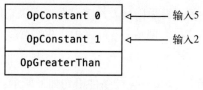

图 4-1

我们同样知道如何表示条件语句的结果，例如 30 + 20，如图 4-2 所示。

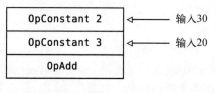

图 4-2

我们还知道如何表示条件语句的备选，例如 50 - 25，这只是 30 + 20 的另一种表现形式而已，如图 4-3 所示。

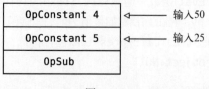

图 4-3

但是如何**根据 OpGreaterThan 指令的结果让机器执行某一部分**呢（如图 4-4 所示）？

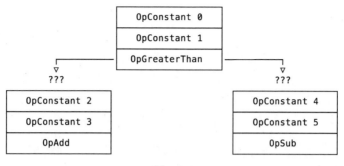

图 4-4

如果把这些指令序列铺平后传递给虚拟机会怎样？虚拟机会一个接着一个地执行完所有程序，递增指令指针、取指、解码并执行，没有任何区分，不在乎有没有分支。这恰好是我们不想要的方式。

我们期望的是，虚拟机要么执行 OpAdd，要么执行 OpSub。但是需要给虚拟机传递一个铺平的指令序列，如何完成呢？如果重新排列指令图，使它代表一个铺平的指令序列，问题就变成：图 4-5 中的问号部分填什么内容？

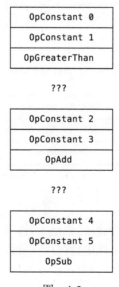

图 4-5

我们需要在问号部分填补一些内容，以便根据 OpGreaterThan 指令的结果，使虚拟机要么执行条件的结果部分，要么执行条件的备选部分。它要跳过一些内容，或者与其说是"跳过"，不如说是"跳转"更恰当。

4.1 跳转

跳转是一种指令，可以让虚拟机跳转到其他指令。在机器码中，它们用于实现分支（条件语句），并被赋予"跳转指令"的名称。这里所说的机器码不仅包括计算机执行的代码，也包括虚拟机执行的字节码。翻译成虚拟机术语就是：跳转是告知虚拟机将指令指针转化为一个确定值的指令。以下是跳转指令的工作原理。

假如有两个跳转操作码，分别为 JUMP_IF_NOT_TRUE 和 JUMP_NO_MATTER_WHAT，我们可以利用它们来填补前文图中的问号部分，如图 4-6 所示。

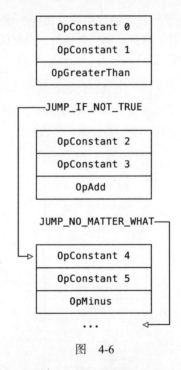

图 4-6

当虚拟机以从上到下的顺序执行这些指令时，它会先执行构成条件的指令，以 OpGreaterThan 指令结束。结果是栈中会保存一个布尔值，正如第 3 章中定义和实现的那样。

下一条指令 JUMP_IF_NOT_TRUE 会让虚拟机跳转到 OpConstant 4 指令，但前提是栈中的布尔值**不为真**。如果是这种情况，虚拟机将**跳过**条件语句的结果部分，直接跳转到条件语句的**备选部分**。如果栈中的布尔值为真，则 JUMP_IF_NOT_TRUE 无效，虚拟机将执行条件的结果部分。它会递增指令指针并开始取指、解码和执行下一条指令——OpConstant 2，即条件结果部分的第一条指令。

这是事情变得有趣的地方。在执行了条件结果部分的 3 条指令之后，虚拟机会遇到 JUMP_NO_MATTER_WHAT 指令。这条指令没有任何附加条件，它让虚拟机直接跳转到条件备选部分结束后的第一条指令。

我们得到了一个明确的结果，之前的疑惑有了答案：如果拥有两个这样的操作码，我们就可以实现条件语句。但是，还有最后两个问题：如何表示箭头？如何告诉虚拟机跳转到哪里？

为什么不使用数字呢？跳转是告诉虚拟机更改指令指针值，图 4-6 中的箭头只不过是指令指针的潜在值。它们可以表示为数字，作为操作数包含在跳转指令中，它们的值是虚拟机应该跳转到的指令的索引。该值称为偏移量。像这样使用数值，跳转目标是指令的索引，它是一个绝对偏移量。相对偏移量也存在，它们是相对于跳转指令本身的位置，表示的不是**跳转到的确切位置**，而是**跳转的距离**。

如果用偏移量替换箭头，并为每条指令提供唯一的索引（该索引与指令的的字节大小无关，只用于说明），则效果如图 4-7 所示。

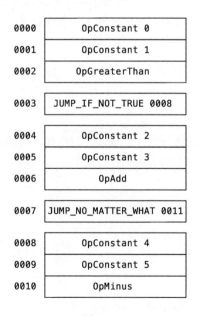

图　4-7

JUMP_IF_NOT_TRUE 的操作数是 0008。这表示在条件不为真的情况下，虚拟机应该跳转到 OpConstant 4 指令。JUMP_NO_MATTER_WHAT 的操作数是 0011，它是整个条件结束后的指令的索引。

以上就是后续将如何实现条件语句。我们将定义两个跳转操作码：一个带有条件
（"如果不为真则跳转"），一个没有条件（"直接跳转"）。它们都有一个操作数，即虚
拟机应该跳转到的指令的索引。

这是我们的目标。那么如何实现呢？

4.2 编译条件语句

发出跳转指令的难点不是操作码，而是操作数。

假设在编译器的递归 Compile 方法中，刚刚调用过 Compile 方法，*ast.If-
Expression 也传入了 Condition 字段。此时条件语句已经被正确编译并且翻译后的
指令已经发出。现在我们需要发出跳转指令，让虚拟机在栈中条件不为真时跳过条件
的结果部分。

那么需要为这个跳转指令添加什么操作数呢？让虚拟机跳转到哪里呢？到目前
为止我们还不知道。我们并没有编译结果分支和备选分支，也不知道应该跳过多少条
指令。这才是真正的挑战。

不得不承认解决这个问题很有趣，其中很大一部分的乐趣来自编写测试并让编译
器准确地执行预期的内容（因为我们相当确定这一部分到底是什么样的），然后一步
一步地完成。

在定义新操作码后只能进行断言，所以我们现在进行断言操作。定义的两个操作
码一个用于直接跳转，另一个用于有条件地跳转。

```go
// code/code.go

const (
    // [...]

    OpJumpNotTruthy
    OpJump
)

var definitions = map[Opcode]*Definition{
    // [...]

    OpJumpNotTruthy: {"OpJumpNotTruthy", []int{2}},
    OpJump:          {"OpJump", []int{2}},
}
```

我很确定你能分辨出二者。`OpJumpNotTruthy` 会让虚拟机在栈顶内容不为真或者为空的时候进行跳转。它的单个操作数是虚拟机应该跳转到的指令的偏移量。`OpJump` 也拥有一个操作数，它会让虚拟机跳转到指令的偏移量处。

两个操作码的操作数都是 16 位宽，与 `OpConstant` 操作数的宽度一样，这意味着不必扩展 code 包中的工具就可以支持它。

现在可以编写第一个测试了。慢慢来，我们先尝试处理一个没有 else 部分的条件语句。以下就是提供单个分支条件语句时，我们希望编译器发出的内容：

```go
// compiler/compiler_test.go

func TestConditionals(t *testing.T) {
    tests := []compilerTestCase{
        {
            input: `
if (true) { 10 }; 3333;
`,
            expectedConstants: []interface{}{10, 3333},
            expectedInstructions: []code.Instructions{
                // 0000
                code.Make(code.OpTrue),
                // 0001
                code.Make(code.OpJumpNotTruthy, 7),
                // 0004
                code.Make(code.OpConstant, 0),
                // 0007
                code.Make(code.OpPop),
                // 0008
                code.Make(code.OpConstant, 1),
                // 0011
                code.Make(code.OpPop),
            },
        },
    }

    runCompilerTests(t, tests)
}
```

进行语法分析之后，input 转换成了带有一个条件和一个结果的*ast.IfExpression，其条件部分是布尔类型字面量 true，而结果部分是整数字面量 10。两者都特意选择了非常简单的 Monkey 表达式，因为我们在测试用例中并不关心表达式本身，真正关注的是编译器发出的跳转指令和正确的操作数。

这就是为什么对 expectedInstructions 进行注释，即标注了 code.Make 生成的指令的偏移量。稍后就不需要这些注释了，但现在，它们写出了预期的跳转指令，这很有帮助，特别是因为我们想要跳转到指令的偏移量基于每条指令占用的字节数。例如，OpPop 指令只有一字节宽，但是 OpConstant 指令有 3 字节宽。

我们期望编译器发出的第一条指令是 OpTrue，让虚拟机将 vm.True 压栈，这是条件语句的条件部分 。随后需要发出一条 OpJumpNotTruthy 指令，让虚拟机跳过结果部分，这部分是将整数 10 加载到栈中的 OpConstant 指令。

但是第一条 OpPop 指令（偏移量是 0007）从何而来？它并不属于结果部分。它的存在主要是因为在 Monkey 中条件语句是表达式——if(true) { 10 }可以进行求值，其结果为 10——而且是一种值未被使用的独立表达式，该值包含在*ast.Expression-Statement 中。编译生成一个附加的 OpPop 指令，主要是用于清理虚拟机的栈。第一条 OpPop 指令是整个条件语句之后的第一条指令，这使得它的偏移量成为 OpJumpNotTruthy 需要跳转到的位置，这足以跳过条件语句的结果部分。

现在你一定好奇 3333;在 Monkey 代码中做了什么。它只是一个参考点，并不强制使用，但是为了确保跳转偏移量是正确的，应该在代码中使用它，这很有帮助。它很容易在结果指令中找到，并且可以用来指示我们**不应该跳转到的地方。当然，用来加载 3333 的 OpConstant 1 指令也跟着一个 OpPop 指令，因为它也是一个表达式语句。

以上对于测试用例的解释足够详细。以下是编译器对它的理解：

```
$ go test ./compiler
--- FAIL: TestConditionals (0.00s)
compiler_test.go:195: testInstructions failed: wrong instructions length.
  want="0000 OpTrue\n0001 OpJumpNotTruthy 7\n0004 OpConstant 0\n0007 OpPop\
    \n0008 OpConstant 1\n0011 OpPop\n"
  got ="0000 OpPop\n0001 OpConstant 0\n0004 OpPop\n"
FAIL
FAIL    monkey/compiler 0.008s
```

条件语句的条件部分和结果部分都没有被编译。实际上，整个*ast.IfExpression 都被编译器跳过了。通过扩展编译器的 Compile 方法可以解决条件语句没有被编译的问题：

```
// compiler/compiler.go

func (c *Compiler) Compile(node ast.Node) error {
    switch node := node.(type) {
    // [...]

    case *ast.IfExpression:
        err := c.Compile(node.Condition)
        if err != nil {
            return err
```

```
    }

  // [...]
  }

  // [...]
}
```

通过以上修改，编译器现在能处理*ast.IfExpression 并且能发出表示 node. Condition 的指令。即使跳过这个指令的结果部分和条件部分仍然缺失，6 条指令中也有 4 条正确了：

```
$ go test ./compiler
--- FAIL: TestConditionals (0.00s)
 compiler_test.go:195: testInstructions failed: wrong instructions length.
  want="0000 OpTrue\n0001 OpJumpNotTruthy 7\n0004 OpConstant 0\n0007 OpPop\n\
    0008 OpConstant 1\n0011 OpPop\n"
  got ="0000 OpTrue\n0001 OpPop\n0002 OpConstant 0\n0005 OpPop\n"
FAIL
FAIL    monkey/compiler 0.009s
```

OpTrue 指令正确生成了，最后 3 条指令也正确生成了：*ast.IfExpression 后面的 OpPop、加载 3333 的 OpConstant 和后面的 OpPop，并且顺序都是正确的。现在剩下要做的就是，发出 OpJumpNotTruthy 指令和发出表示 node.Consequence 的指令。

对于当前剩下的工作，我感觉比较棘手。现在最大的挑战是，在编译 node.Consequence 之前，发出一个偏移量为指向 node.Consequence 指令之后的 OpJumpNotTruthy 指令。

在并不知道需要跳转多远的时候，应该使用什么偏移量呢？答案是非常务实的："先把它当作垃圾一样放在旁边，后面再来处理它。"我很认真，先用一个虚假的偏移量，后面再来修改。

```
// compiler/compiler.go

func (c *Compiler) Compile(node ast.Node) error {
    switch node := node.(type) {
    // [...]

    case *ast.IfExpression:
        err := c.Compile(node.Condition)
        if err != nil {
            return err
        }

        // 发出带有虚假偏移量的 OpJumpNotTruthy
        c.emit(code.OpJumpNotTruthy, 9999)
```

```
        err = c.Compile(node.Consequence)
        if err != nil {
            return err
        }

    // [...]
    }

    // [...]
}
```

尽管大多数程序员在看到代码中的 9999 时就皱起眉头，本能认为这里很可疑，但内联代码注释有助于明确意图，因为在这里我们就是想发出一个带有虚假偏移量的 OpJumpNotTruthy 指令，然后编译 node.Consequence。同样，9999 不是最终会出现在虚拟机中的内容，稍后会处理它。但就目前而言，它有助于在测试中为我们提供更多正确的指令。

实际上只多了一个正确的指令，即 OpJumpNotTruthy 本身：

```
$ go test ./compiler
--- FAIL: TestConditionals (0.00s)
 compiler_test.go:195: testInstructions failed: wrong instructions length.
  want="0000 OpTrue\n0001 OpJumpNotTruthy 7\n0004 OpConstant 0\n0007 OpPop\n\
    0008 OpConstant 1\n0011 OpPop\n"
  got ="0000 OpTrue\n0001 OpJumpNotTruthy 9999\n0004 OpPop\n\
    0005 OpConstant 0\n0008 OpPop\n"
FAIL
FAIL    monkey/compiler 0.008s
```

尽管有了 OpJumpNotTruthy 9999 指令，但是显然我们还没有编译条件语句的结果部分。

这是一个目前编译器还不能处理的*ast.BlockStatement。为了编译它，我们需要扩展 Compile 方法，添加一个新的 case 分支。

```
// compiler/compiler.go

func (c *Compiler) Compile(node ast.Node) error {
    switch node := node.(type) {
    // [...]

    case *ast.BlockStatement:
        for _, s := range node.Statements {
            err := c.Compile(s)
            if err != nil {
                return err
            }
        }
```

```
    // [...]
    }

    // [...]
}
```

这与 *ast.Program 的 case 分支中已有的代码片段完全相同。它起作用了：

```
$ go test ./compiler
--- FAIL: TestConditionals (0.00s)
 compiler_test.go:195: testInstructions failed: wrong instructions length.
  want="0000 OpTrue\n0001 OpJumpNotTruthy 7\n0004 OpConstant 0\n\
    0007 OpPop\n0008 OpConstant 1\n0011 OpPop\n"
  got ="0000 OpTrue\n0001 OpJumpNotTruthy 9999\n0004 OpConstant 0\n\
    0007 OpPop\n0008 OpPop\n0009 OpConstant 1\n0012 OpPop\n"
FAIL
FAIL    monkey/compiler 0.010s
```

我们已经更进一步了。但是，除了虚假的 9999 偏移量之外，输出中还有一个新问题，一个更微妙的问题：在 0007 位置还有一个编译器生成的额外的 OpPop 指令。它由 node.Consequence—— 一个表达式语句——编译生成。

我们需要摆脱这个 OpPop，因为我们希望条件的结果部分和备选部分中，有一个能在栈中保留值。否则，无法完成以下操作：

```
let result = if (5 > 3) { 5 } else { 3 };
```

以上是有效的 Monkey 代码，但是如果在 node.Consequence 的表达式语句之后发出 OpPop，以上代码则不能正确运行。结果部分生成的值会被弹栈，以上表达式则无法进行求值，并且 let 语句=的右侧不会有任何值。

这个问题的棘手之处在于，我们只想删除 node.Consequence 中的**最后一条** OpPop 指令。假设有这样的 Monkey 代码：

```
if (true) {
    3;
    2;
    1;
}
```

我们希望 3 和 2 从栈中弹出，但是 1 留在栈中，所以整个条件语句的求值结果为 1。因此，在为 OpJumpNotTruthy 提供真正的偏移量这个主要挑战之前，需要先摆脱额外的 OpPop 指令，这有一个解决方案。

首先更改编译器，以追踪发出的最后两条指令，包括追踪它们的操作码和它们被发出的位置。为此，需要为编译器准备一个新的类型和两个新的字段：

```go
// compiler/compiler.go

type EmittedInstruction struct {
    Opcode   code.Opcode
    Position int
}

type Compiler struct {
    // [...]

    lastInstruction     EmittedInstruction
    previousInstruction EmittedInstruction
}

func New() *Compiler {
    return &Compiler{
        // [...]
        lastInstruction:     EmittedInstruction{},
        previousInstruction: EmittedInstruction{},
    }
}
```

lastInstruction 是我们发出的最后一条指令，previousInstruction 是倒数第二条指令。我们马上就会知道为什么要同时追踪这两条指令。现在先修改编译器的emit 方法来填充两者的字段：

```go
// compiler/compiler.go

func (c *Compiler) emit(op code.Opcode, operands ...int) int {
    ins := code.Make(op, operands...)
    pos := c.addInstruction(ins)

    c.setLastInstruction(op, pos)

    return pos
}

func (c *Compiler) setLastInstruction(op code.Opcode, pos int) {
    previous := c.lastInstruction
    last := EmittedInstruction{Opcode: op, Position: pos}

    c.previousInstruction = previous
    c.lastInstruction = last
}
```

现在，我们可以采用类型安全的方式检查最后发出的指令的操作码，而不必从字节转换到字节。这也是我们要做的。在编译完*ast.IfExpression 的 node.Consequence后，我们检查最后一条发出的指令是不是 OpPop，如果是，则将其移除：

```go
// compiler/compiler.go

func (c *Compiler) Compile(node ast.Node) error {
    switch node := node.(type) {
    // [...]

    case *ast.IfExpression:
        // [...]
        c.emit(code.OpJumpNotTruthy, 9999)

        err = c.Compile(node.Consequence)
        if err != nil {
            return err
        }

        if c.lastInstructionIsPop() {
            c.removeLastPop()
        }

    // [...]
    }

    // [...]
}
```

这里使用了两个新的辅助方法：lastInstructionIsPop 和 removeLastPop。两者实现起来都很简单：

```go
// compiler/compiler.go

func (c *Compiler) lastInstructionIsPop() bool {
    return c.lastInstruction.Opcode == code.OpPop
}

func (c *Compiler) removeLastPop() {
    c.instructions = c.instructions[:c.lastInstruction.Position]
    c.lastInstruction = c.previousInstruction
}
```

lastInstructionIsPop 用来检查最后一条指令的操作码是不是 OpPop。removeLastPop 用来缩减 c.instructions，将最后一条指令删除。在这之后，c.lastInstruction 被设置为 c.previousInstruction。这就是需要追踪二者的原因。一旦删除最后一条 OpPop 指令，c.lastInstruction 也会保持正确。

```
$ go test ./compiler
--- FAIL: TestConditionals (0.00s)
 compiler_test.go:195: testInstructions failed: wrong instruction at 2.
  want="0000 OpTrue\n0001 OpJumpNotTruthy 7\n0004 OpConstant 0\n\
    0007 OpPop\n 0008 OpConstant 1\n0011 OpPop\n"
  got ="0000 OpTrue\n0001 OpJumpNotTruthy 9999\n0004 OpConstant 0\n\
```

```
    0007 OpPop\n 0008 OpConstant 1\n0011 OpPop\n"
FAIL
FAIL    monkey/compiler 0.008s
```

我们拥有了正确的指令数目和正确的操作码。现在唯一导致错误的是可怕的 9999。是时候解决这个问题了。

处理额外的 OpPop 指令的方式为我们指明了正确的方向：发出的指令不是一成不变的，我们可以**改变**它们。

我们不会删除 c.emit(code.OpJumpNotTruthy, 9999) 调用，而是保持原样，甚至不会改变 9999，而是再次使用 c.lastInstruction 的 Position 字段。这可以使我们回到 OpJumpNotTruthy 指令，并将 9999 修改为正确的操作数。那么何时做这个操作呢？这就是该解决方案的美妙之处。我们会在编译 node.Consequence 之后修改 OpJumpNotTruthy 的操作数。在此时，我们会知道虚拟机需要跳转的距离和替换 9999 的正确偏移量。

这个操作被称为回填，它广泛应用于编译器中。由于只遍历 AST 一次，因此这样的编译器被称为单遍编译器。更高级的编译器会将跳转指令的目标留空，直到它们知道要跳转的距离，然后对 AST（或其他 IR）进行第 2 次遍历并填充目标。

简而言之，我们将继续发出 9999，不过要记住其位置。一旦知道需要跳转到哪里，我们就将返回到 9999 的位置并将其更改为正确的偏移量。其实只要很少的代码就可以实现这一点。

首先，需要用一个小方法来替换 instructions 切片中任意偏移处的指令：

```go
// compiler/compiler.go

func (c *Compiler) replaceInstruction(pos int, newInstruction []byte) {
    for i := 0; i < len(newInstruction); i++ {
        c.instructions[pos+i] = newInstruction[i]
    }
}
```

我们将在另一个允许替换指令操作数的方法中使用 replaceInstruction：

```go
// compiler/compiler.go

func (c *Compiler) changeOperand(opPos int, operand int) {
    op := code.Opcode(c.instructions[opPos])
    newInstruction := code.Make(op, operand)

    c.replaceInstruction(opPos, newInstruction)
}
```

changeOperand 方法并没有真正更改操作数本身（这可能会因多字节操作数而变得混乱），而是使用新操作数重新创建指令，并使用 replaceInstruction 将旧指令替换为新指令——包括操作数。

这里的基本假设是，只替换具有相同非可变长度的相同类型的指令。如果这个假设不再成立，就必须更加小心，并相应地更新 c.lastInstruction 和 c.previous-Instruction。你将看到，一旦编译器及其发出的指令变得更加复杂，另一个类型安全且独立于编码指令字节大小的 IR 是如何派上用场的。

不过，我们的解决方案仍然符合我们的需求，而且代码并不多：两个小方法，即 replaceInstruction 和 changeOperand。剩下要做的就是使用它们，这也不会有太多代码：

```go
// compiler/compiler.go
func (c *Compiler) Compile(node ast.Node) error {
    switch node := node.(type) {
    // [...]

    case *ast.IfExpression:
        err := c.Compile(node.Condition)
        if err != nil {
            return err
        }

        // 发出带有虚假偏移量的 OpJumpNotTruthy
        jumpNotTruthyPos := c.emit(code.OpJumpNotTruthy, 9999)

        err = c.Compile(node.Consequence)
        if err != nil {
            return err
        }

        if c.lastInstructionIsPop() {
            c.removeLastPop()
        }

        afterConsequencePos := len(c.instructions)
        c.changeOperand(jumpNotTruthyPos, afterConsequencePos)

    // [...]
    }

    // [...]
}
```

第一个改变是将 c.emit 的返回值保存到 jumpNotTruthyPos，这是稍后可以找到 OpJumpNotTruthy 指令的位置。"稍后"的意思是确认移除 OpPop 指令之后。在此之后，

len(c.instructions)返回下一个待发出指令的偏移量,也就是当栈顶不为真时,不执行条件的 Consequence 所跳转到的位置。这就是将它保存到 afterConsequencePos 的原因。

随后,使用 changeOperand 将位置在 jumpNotTruthyPos 处的 OpJumpNotTruthy 指令的操作数 9999,替换为 afterConsequencePos。

这里一共只有 3 行代码发生变化:新增两行,修改一行。这就可以使该测试通过:

```
$ go test ./compiler
ok      monkey/compiler 0.008s
```

编译器现在可以正确编译条件语句了。但是需要注意的是,目前只能编译条件语句的**结果部分**,不能编译同时具有结果部分和备选部分的条件语句。

但是我们知道如何写同时具有两者的测试:

```
// compiler/compiler_test.go

func TestConditionals(t *testing.T) {
    tests := []compilerTestCase{
        // [...]
        {
            input: `
            if (true) { 10 } else { 20 }; 3333;
            `,
            expectedConstants: []interface{}{10, 20, 3333},
            expectedInstructions: []code.Instructions{
                // 0000
                code.Make(code.OpTrue),
                // 0001
                code.Make(code.OpJumpNotTruthy, 10),
                    // 0004
                code.Make(code.OpConstant, 0),
                // 0007
                code.Make(code.OpJump, 13),
                // 0010
                code.Make(code.OpConstant, 1),
                // 0013
                code.Make(code.OpPop),
                // 0014
                code.Make(code.OpConstant, 2),
                // 0017
                code.Make(code.OpPop),
            },
        },
    }

    runCompilerTests(t, tests)
}
```

这个测试与前文的测试用例 TestConditionals 非常相似，不同的是，现在 input 不仅包括条件语句的结果部分，还包括备选部分：else { 20 }。

expectedInstructions 清楚地展示了我们期望得到的字节码的样子。第一部分与前文的测试用例完全相同：条件部分被编译为 OpTrue，随后是 OpJumpNotTruthy 指令，让虚拟机**跳过**条件语句的结果部分。

随后，开始变得不同。我们期望下一个操作码是 OpJump，即无条件跳转指令的操作码。它必须存在，因为如果条件为真，虚拟机应该只执行结果部分而**无须**执行备选部分。为此，OpJump 指令可以让虚拟机跳过备选部分。

OpJump 之后应该是组成条件语句备选部分的指令。在我们的测试用例中，它是将 20 加载到栈中的 OpConstant 指令。

然后就是我们熟悉的部分了。OpPop 用于从栈中弹出由条件产生的值，虚假值 3333 的加载就是一个标志。

理解这些跳转比较难，所以我希望图 4-8 能清楚地说明每条指令分别属于条件语句的哪一部分，以及跳转如何将它们联系在一起。

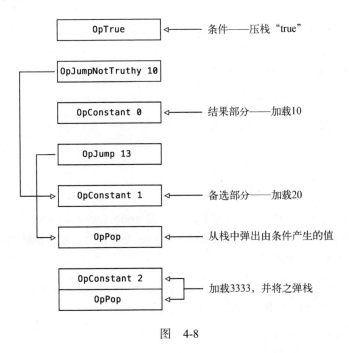

图 4-8

如果这仍然不能帮助你理解，那么尝试运行并修复失败的测试会有所帮助，因为它的输出会显示我们仍然缺少什么：

```
$ go test ./compiler
--- FAIL: TestConditionals (0.00s)
 compiler_test.go:220: testInstructions failed: wrong instructions length.
  want="0000 OpTrue\n0001 OpJumpNotTruthy 10\n0004 OpConstant 0\n\
    0007 OpJump 13\n0010 OpConstant 1\n\
    0013 OpPop\n0014 OpConstant 2\n0017 OpPop\n"
  got ="0000 OpTrue\n0001 OpJumpNotTruthy 7\n0004 OpConstant 0\n\
    0007 OpPop\n0008 OpConstant 1\n0011 OpPop\n"
FAIL
FAIL    monkey/compiler 0.007s
```

目前已有的内容是条件部分，然后是整个条件之后的 OpPop 以及 3333 的压栈和弹栈。缺少的是结果部分末尾的 OpJump 和表示备选部分的指令。好消息是，我们已经拥有了所需的工具，只需要稍微移动并编译备选部分即可。

不过还是要先回填条件部分的 OpJumpNotTruthy 指令：

```go
// compiler/compiler.go

func (c *Compiler) Compile(node ast.Node) error {
    switch node := node.(type) {
    // [...]

    case *ast.IfExpression:
        // [...]

        if node.Alternative == nil {
            afterConsequencePos := len(c.instructions)
            c.changeOperand(jumpNotTruthyPos, afterConsequencePos)
        }

    // [...]
    }

    // [...]
}
```

在 node.Alternative == nil 检查之前，是 node.Consequence 的编译，新添加的块应该这样理解：当且仅当 node.Alternative 不存在时，才能跳转到这里，即当前 c.instructions 中的位置。

但是如果拥有 node.Alternative，就需要发出 OpJump，它会成为结果的一部分，并且 OpJumpNotTruthy 在执行时也必须跳过它：

```go
// compiler/compiler.go

func (c *Compiler) Compile(node ast.Node) error {
```

```
switch node := node.(type) {
// [...]

case *ast.IfExpression:
  // [...]

  if node.Alternative == nil {
    afterConsequencePos := len(c.instructions)
    c.changeOperand(jumpNotTruthyPos, afterConsequencePos)
  } else {
    //发出带有虚假偏移量的 OpJump
    c.emit(code.OpJump, 9999)

    afterConsequencePos := len(c.instructions)
    c.changeOperand(jumpNotTruthyPos, afterConsequencePos)
  }

  // [...]
  }

  // [...]
}
```

不要担心重复，稍后会进行处理。现在重要的是，尽可能表达清楚意图。

OpJump 指令也有一个占位符操作数，这意味着稍后必须回填它，但现在它允许我们将 OpJumpNotTruthy 指令的操作数更改为所需的值，即结果部分和 OpJump 指令之后的位置。

现在已经很清楚为什么这是正确的操作数：如果条件为真，OpJump 应该跳过条件的 else 分支。可以这么说，这是条件语句结果的一部分。如果条件不为真并且需要执行 else 分支，那么就需要使用 OpJumpNotTruthy 跳转到结果部分之后，也就是 OpJump 之后。

测试结果表示，我们解决问题的方向是对的：

```
$ go test ./compiler
--- FAIL: TestConditionals (0.00s)
 compiler_test.go:220: testInstructions failed: wrong instructions length.
  want="0000 OpTrue\n0001 OpJumpNotTruthy 10\n0004 OpConstant 0\n\
    0007 OpJump 13\n0010 OpConstant 1\n\
    0013 OpPop\n0014 OpConstant 2\n0017 OpPop\n"
  got ="0000 OpTrue\n0001 OpJumpNotTruthy 10\n0004 OpConstant 0\n\
    0007 OpJump 9999\n\
    0010 OpPop\n0011 OpConstant 1\n0014 OpPop\n"
FAIL
FAIL    monkey/compiler 0.008s
```

OpJumpNotTruthy 的操作数是正确的，OpJump 也在正确的位置，只有它的操作数是错误的，并且还缺少整个备选部分。现在必须重复之前为结果部分所做的事情：

```go
// compiler/compiler.go

func (c *Compiler) Compile(node ast.Node) error {
    switch node := node.(type) {
    // [...]

    case *ast.IfExpression:
        // [...]

        if node.Alternative == nil {
            afterConsequencePos := len(c.instructions)
            c.changeOperand(jumpNotTruthyPos, afterConsequencePos)
        } else {
            //发出带有虚假偏移量的 OpJump
            jumpPos := c.emit(code.OpJump, 9999)

            afterConsequencePos := len(c.instructions)
            c.changeOperand(jumpNotTruthyPos, afterConsequencePos)

            err := c.Compile(node.Alternative)
            if err != nil {
                return err
            }

            if c.lastInstructionIsPop() {
                c.removeLastPop()
            }

            afterAlternativePos := len(c.instructions)
            c.changeOperand(jumpPos, afterAlternativePos)
        }

    // [...]
    }

    // [...]
}
```

首先将 OpJump 指令的位置保存在 jumpPos 中，以便后续回来更改它的操作数。然后回填之前发出的 OpJumpNotTruthy 指令的操作数，将其修改到 jumpNotTruthyPos 处，以便在 OpJump 之后立即跳转。

随后需要编译 node.Alternative。当然，如果存在 OpPop 则需要执行 c.remove-LastPop()。最后，将 OpJump 指令的操作数更改为下一条需要发出指令的偏移量，即备选部分之后的位置。

通过以上修改，测试正常通过。

```
$ go test ./compiler
ok        monkey/compiler 0.009s
```

虽然测试结果中的 ok 表示"好！好！好！我们成功编译条件语句的跳转指令"，但仍要慎重对待。

现在已经解决了最难的部分。是时候让虚拟机执行跳转了，这比发出跳转指令要容易得多。

4.3 执行跳转

在为条件语句创建编译器测试之前，我们应该仔细考虑这个测试应该是什么样，以及我们期望编译器做什么。这与为虚拟机编写同样的测试不是一回事。我们已经知道 Monkey 中的条件语句如何工作，并且可以在测试用例和断言中清楚表达出来：

```go
// vm/vm_test.go

func TestConditionals(t *testing.T) {
    tests := []vmTestCase{
        {"if (true) { 10 }", 10},
        {"if (true) { 10 } else { 20 }", 10},
        {"if (false) { 10 } else { 20 } ", 20},
        {"if (1) { 10 }", 10},
        {"if (1 < 2) { 10 }", 10},
        {"if (1 < 2) { 10 } else { 20 }", 10},
        {"if (1 > 2) { 10 } else { 20 }", 20},
    }

    runVmTests(t, tests)
}
```

以上测试用例只需一半就足以说明问题。由于它们易于编写、富有表现力、整洁，以及不费吹灰之力就可以完成，因此多编写一些也不会影响我们想要的结果。

这些是为了测试虚拟机是否根据 Monkey 的"真"标准正确评估了布尔表达式，以及是否采用了正确的条件分支。条件语句是可以产生值的表达式，这使得我们可以推断哪个分支是由整个条件语句产生的值执行的。

虽然错误消息与测试一样整洁，但是它们很令人讨厌：

```
$ go test ./vm
--- FAIL: TestConditionals (0.00s)
panic: runtime error: index out of range [recovered]
 panic: runtime error: index out of range
```

```
goroutine 20 [running]:
testing.tRunner.func1(0xc4200bc2d0)
 /usr/local/go/src/testing/testing.go:742 +0x29d
panic(0x11190e0, 0x11f1fd0)
 /usr/local/go/src/runtime/panic.go:502 +0x229
monkey/vm.(*VM).Run(0xc420050e38, 0x800, 0x800)
 /Users/mrnugget/code/04/src/monkey/vm/vm.go:46 +0x30c
monkey/vm.runVmTests(0xc4200bc2d0, 0xc420079eb8, 0x7, 0x7)
 /Users/mrnugget/code/04/src/monkey/vm/vm_test.go:101 +0x35a
monkey/vm.TestConditionals(0xc4200bc2d0)
 /Users/mrnugget/code/04/src/monkey/vm/vm_test.go:80 +0x114
testing.tRunner(0xc4200bc2d0, 0x1149b40)
 /usr/local/go/src/testing/testing.go:777 +0xd0
created by testing.(*T).Run
 /usr/local/go/src/testing/testing.go:824 +0x2e0
FAIL    monkey/vm    0.011s
```

这错误简直令人崩溃。

在你深入分析代码并尝试找出错误根源之前，我需要解释一下：虚拟机被字节码牵绊，因为它包含虚拟机不能解码的操作码。这本身不是问题，因为未知的操作码可以被跳过，但是操作数不能。操作数是整数，可能与被解码的操作码有相同的值，这将导致虚拟机错误地将它们识别为操作码。这当然不行。下面开始在虚拟机中加入跳转指令。

从 OpJump 指令开始，因为它是最直接的跳转指令。它拥有 16 位宽的操作数，用来指示虚拟机需要跳转到的指令的偏移量，就这么简单：

```
// vm/vm.go

func (vm *VM) Run() error {
    // [...]
        switch op {
        // [...]

        case code.OpJump:
            pos := int(code.ReadUint16(vm.instructions[ip+1:]))
            ip = pos - 1

        // [...]
        }
    // [...]
}
```

第一步，利用 code.ReadUint16 来对操作码之后的操作数进行解码。第二步，将指令指针 ip 设置到跳转指令的目标处。在这里会遇到一个有趣的实现细节：由于此时是在循环中，因此需要在每一次迭代时把 ip 设置到它需要跳转到指令的索引处。这有助于让循环完成它的工作，同时 ip 会被设置为我们在下一个循环中想要的值。

　　然而，仅仅实现 OpJump 并不够，因为 OpJumpNotTruthy 是条件实现不可或缺的一部分。为 code.OpJumpNotTruthy 添加一个新的 case 分支确实需要更多代码，但是并不复杂：

```go
// vm/vm.go

func (vm *VM) Run() error {
    for ip := 0; ip < len(vm.instructions); ip++ {
        op := code.Opcode(vm.instructions[ip])

        switch op {
        // [...]

        case code.OpJumpNotTruthy:
            pos := int(code.ReadUint16(vm.instructions[ip+1:]))
            ip += 2

            condition := vm.pop()
            if !isTruthy(condition) {
                ip = pos - 1
            }

        // [...]

        }
    }
    // [...]
}

func isTruthy(obj object.Object) bool {
    switch obj := obj.(type) {

    case *object.Boolean:
        return obj.Value

    default:
        return true
    }
}
```

　　我们再次使用了 code.ReadUint16 读取并解码操作数。随后，我们手动将 ip 增加 2，以便在下一个循环中正确地跳过操作数的两字节。这不是新内容，之前在执行 OpConstant 指令时也采用了类似的处理方式。

　　其余的内容是新内容。我们将栈顶元素弹出并借助 isTruthy 辅助函数检查它是否为真。如果不为真，则进行跳转，这意味着需要将 ip 设置到目标指令之前的索引位置，执行 for 循环。

　　如果值为真，则无须进行任何操作，直接进入主循环的下一次迭代。结果则是执行条件语句结果部分的值，即执行 **OpJumpNotTruthy** 之后的指令部分。

通过以上修改，测试通过：

```
$ go test ./vm
ok          monkey/vm    0.009s
```

我们做到了！字节码编译器和虚拟机现在可以编译和执行 Monkey 条件语句了！

```
$ go build -o monkey . && ./monkey
Hello mrnugget! This is the Monkey programming language!
Feel free to type in commands
>> if (10 > 5) { 10; } else { 12; }
10
>> if (5 > 10) { 10; } else { 12; }
12
>>
```

我们从"好吧，这难道不是一个玩具吗？"走到了"哇，我们又实现了一些功能！"栈式算术运算是一个里程碑，跳转指令又是一个里程碑。我们实现的功能越来越多。但是……

```
>> if (false) { 10; }
panic: runtime error: index out of range

goroutine 1 [running]:
monkey/vm.(*VM).pop(...)
 /Users/mrnugget/code/04/src/monkey/vm/vm.go:117
monkey/vm.(*VM).Run(0xc42005be48, 0x800, 0x800)
 /Users/mrnugget/code/04/src/monkey/vm/vm.go:60 +0x40e
monkey/repl.Start(0x10f1080, 0xc42000e010, 0x10f10a0, 0xc42000e018)
 /Users/mrnugget/code/04/src/monkey/repl/repl.go:43 +0x47a
main.main()
 /Users/mrnugget/code/04/src/monkey/main.go:18 +0x107
```

我们仍然遗漏了一些情况没有处理。

4.4 欢迎回来，Null 值

在本章的开端，我们回顾了《用 Go 语言自制解释器》中条件语句的实现。到目前为止，本章已经实现了条件语句的绝大部分功能，仍然缺失的一部分是：如果条件语句的条件不为真，但是条件语句并没有备选部分，会怎样？在《用 Go 语言自制解释器》中，答案是返回 Monkey 的 null 值——*Object.Null。

这听起来很合理，因为条件语句从定义到生成的值都是表达式。那么表达式在无法求值的时候返回的是什么呢？答案是 Null。

　　我也不确定这样做是好是坏，这或许会成为饱受诟病的内容，但是我知道，很多语言中有求值结果为空的内容，而且"空"必须有一种表现形式。在 Monkey 系统中，带有 false 条件并且没有备选部分的条件语句就属于这类情况，"空"在这里就被表示为 *object.Null。总而言之，是时候将 *object.Null 引入编译器和虚拟机中了，从而使条件语句出现前述情况时能正常运行。

　　首先需要在虚拟机中定义 *object.Null。考虑到它的值为常量，可以将其定义为全局变量，就像前文定义 vm.True 和 vm.False 一样：

```go
// vm/vm.go

var Null = &object.Null{}
```

　　这里的定义跟 vm.True 和 vm.False 一样，因为在进行 Monkey 对象比较时，也会节省不少工作。检查一个 object.Object 是不是 *object.Null，只需检查它是否等于 vm.Null，无须展开查看它实际的值。

　　通常操作到这里就应该有虚拟机测试用例，这是我们常规的做法。但这次之所以在任何编译器测试前先定义 vm.Null，是因为想先编写一个虚拟机测试。虚拟机测试允许以如此简单的方式表达我们的期望：

```go
// vm/vm_test.go

func TestConditionals(t *testing.T) {
    tests := []vmTestCase{
        // [...]
        {"if (1 > 2) { 10 }", Null},
        {"if (false) { 10 }", Null},
    }

    runVmTests(t, tests)
}

func testExpectedObject(
    t *testing.T,
    expected interface{},
    actual object.Object,
){
    t.Helper()

    switch expected := expected.(type) {
    // [...]
    case *object.Null:
        if actual != Null {
            t.Errorf("object is not Null: %T (%+v)", actual, actual)
        }
    }
}
```

TestConditionals 函数中有两个测试用例，在测试条件语句的条件不为真时，强制对备选部分进行求值。但是由于备选部分为空，因此栈中将为 Null。为了让测试顺利进行，我们在 testExpectedObject 函数中新加了 case 分支，用于处理 *object.Null。

我表达得很清楚，不是吗？好吧，错误消息并不简洁。

```
$ go test ./vm
--- FAIL: TestConditionals (0.00s)
panic: runtime error: index out of range [recovered]
 panic: runtime error: index out of range

goroutine 7 [running]:
testing.tRunner.func1(0xc4200a82d0)
 /usr/local/go/src/testing/testing.go:742 +0x29d
panic(0x1119420, 0x11f1fe0)
 /usr/local/go/src/runtime/panic.go:502 +0x229
monkey/vm.(*VM).pop(...)
 /Users/mrnugget/code/04/src/monkey/vm/vm.go:121
monkey/vm.(*VM).Run(0xc420054df8, 0x800, 0x800)
 /Users/mrnugget/code/04/src/monkey/vm/vm.go:53 +0x418
monkey/vm.runVmTests(0xc4200a82d0, 0xc420073e78, 0x9, 0x9)
 /Users/mrnugget/code/04/src/monkey/vm/vm_test.go:103 +0x35a
monkey/vm.TestConditionals(0xc4200a82d0)
 /Users/mrnugget/code/04/src/monkey/vm/vm_test.go:82 +0x149
testing.tRunner(0xc4200a82d0, 0x1149f40)
 /usr/local/go/src/testing/testing.go:777 +0xd0
created by testing.(*T).Run
 /usr/local/go/src/testing/testing.go:824 +0x2e0
FAIL    monkey/vm    0.012s
```

导致当前崩溃的原因是条件语句之后发出的 OpPop 指令。由于这些指令并没产生任何值，因此当虚拟机强制从栈中弹出数据的时候就会崩溃。现在是时候将 vm.Null 压栈，改变这一情况了。

我们将做两件事来完成这一目标：第一，定义一个操作码，让虚拟机将 vm.Null 压栈；第二，修改编译器，当条件部分为空时强制插入一个备选部分，该部分仅包含将 vm.Null 压栈的新操作码。

先定义操作码，以便用于更新后的编译器测试。

```
// code/code.go

const (
    // [...]

    OpNull
)
```

```go
var definitions = map[Opcode]*Definition{
    // [...]

    OpNull:  {"OpNull", []int{}},
}
```

这里也类似于布尔值对应的部分, 即 OpTrue 和 OpFalse。OpNull 没有任何操作数, 仅用于指示虚拟机将某些值压栈。

与其重新编写一个新的编译器测试, 倒不如更新 TestConditionals 中的现有测试用例, 并期望在生成的指令中找到 OpNull。注意, 需要修改的是第一个条件语句测试, 该条件语句没有备选部分, 另一个测试用例无须修改:

```go
// compiler/compiler_test.go

func TestConditionals(t *testing.T) {
    tests := []compilerTestCase{
        {
            input: `
if (true) { 10 }; 3333;
`,
            expectedConstants: []interface{}{10, 3333},
            expectedInstructions: []code.Instructions{
                // 0000
                code.Make(code.OpTrue),
                // 0001
                code.Make(code.OpJumpNotTruthy, 10),
                // 0004
                code.Make(code.OpConstant, 0),
                // 0007
                code.Make(code.OpJump, 11),
                // 0010
                code.Make(code.OpNull),
                // 0011
                code.Make(code.OpPop),
                // 0012
                code.Make(code.OpConstant, 1),
                // 0015
                code.Make(code.OpPop),
            },
        },
        // [...]
    }

    runCompilerTests(t, tests)
}
```

新修改的地方是中间的两条指令: OpJump 和 OpNull。OpJump 用于跳过备选部分, 而此处的备选部分为 OpNull。这两条新增的指令改变了已有指令的索引, 例如

OpJumpNotTruthy 的操作数从 7 变成了 10。其余部分均未修改。

运行更新后的测试，编译器还不能自动插入条件的备选部分：

```
$ go test ./compiler
--- FAIL: TestConditionals (0.00s)
 compiler_test.go:288: testInstructions failed: wrong instructions length.
  want="0000 OpTrue\n0001 OpJumpNotTruthy 10\n0004 OpConstant 0\n\
    0007 OpJump 11\n0010 OpNull\n\
    0011 OpPop\n0012 OpConstant 1\n0015 OpPop\n"
  got ="0000 OpTrue\n0001 OpJumpNotTruthy 7\n0004 OpConstant 0\n\
    0007 OpPop\n0008 OpConstant 1\n0011 OpPop\n"
FAIL
FAIL    monkey/compiler 0.008s
```

最好的解决方法是，让编译器中的代码更加简单和易于理解，所以不再检查是否发出 OpJump（这是我们一直想做的）。有时候希望跳过一个真正的备选部分，而有时候只是希望跳过一条 OpNull 指令，这样比较复杂。以下就是 Compile 方法中更新过的 *ast.IfExpression：

```go
// compiler/compiler.go

func (c *Compiler) Compile(node ast.Node) error {
    switch node := node.(type) {
    // [...]

    case *ast.IfExpression:
        err := c.Compile(node.Condition)
        if err != nil {
            return err
        }

        // 发出带有虚假偏移量的 OpJumpNotTruthy
        jumpNotTruthyPos := c.emit(code.OpJumpNotTruthy, 9999)

        err = c.Compile(node.Consequence)
        if err != nil {
            return err
        }

        if c.lastInstructionIsPop() {
            c.removeLastPop()
        }

        // 发出带有虚假偏移量的 OpJump
        jumpPos := c.emit(code.OpJump, 9999)

        afterConsequencePos := len(c.instructions)
        c.changeOperand(jumpNotTruthyPos, afterConsequencePos)

        if node.Alternative == nil {
```

```
            c.emit(code.OpNull)
        } else {
            err := c.Compile(node.Alternative)
            if err != nil {
                return err
            }

            if c.lastInstructionIsPop() {
                c.removeLastPop()
            }
        }

        afterAlternativePos := len(c.instructions)
        c.changeOperand(jumpPos, afterAlternativePos)

    // [...]
    }

    // [...]
}
```

以上是一个完整的分支，但是后半部分发生了变化：OpJumpNotTruthy 重复的回填工作不见了，取而代之的是一个更可能存在的 node.Alternative，这个新节点的可读性更强。

不管是否存在 node.Alternative，我们均以发出 OpJump 指令和更新 OpJumpNotTruthy 指令的操作数作为开始。后续会检查 node.Alternative 是否为空。如果为空，则发出一个新的 OpNull 操作码。如果不为空，则像往常一样：编译 node.Alternative 并去掉 OpPop 指令（如果有）。

随后，更改 OpJump 指令的操作数，用来跳过新编译的备选部分，无论这部分是 OpNull 还是其他内容。

代码不仅更加整洁，测试也正常通过：

```
$ go test ./compiler
ok      monkey/compiler 0.009s
```

继续转向虚拟机，由于尚未实现新的 OpNull 操作码，因此测试用例仍然失败：

```
// vm/vm.go

func (vm *VM) Run() error {
    // [...]
        switch op {
        // [...]

        case code.OpNull:
            err := vm.push(Null)
```

```
        if err != nil {
            return err
        }

    // [...]
    }
// [...]
}
```

添加以上代码后，测试通过：

```
$ go test ./vm
ok      monkey/vm    0.009s
```

这意味着我们成功构建了当条件不为真时的条件语句，并最终将 Null 保留在栈中。至此，我们已经完全实现《用 Go 语言自制解释器》中描述的条件语句的相关行为。

比较可惜的是，我们仍然遗留了一些工作。在最后一个通过的测试用例中，我们打开了新世界的大门。由于条件语句是表达式，而表达式在使用时是可交换的，因此任何表达式在虚拟机中都可能产生 Null。这真是一个令人毛骨悚然的新世界。

对于我们来说，这个改变带来的实际意义是，需要处理表达式可能带来的每一个 Null。幸好，像 vm.executeBinaryOperation 一样，虚拟机在遇到非期待的值时往往会抛出错误。但是需要有显式处理 Null 的函数和方法。

首当其冲的便是 vm.executeBangOperator。我们可以添加一个新的测试，用以确认它在处理 Null 时不会发生崩溃：

```
// vm/vm_test.go

func TestBooleanExpressions(t *testing.T) {
    tests := []vmTestCase{
        // [...]
        {"!(if (false) { 5; })", true},
    }

    runVmTests(t, tests)
}
```

上述测试确认了，一个条件为非真值且缺少备选部分的条件语句可以进行否定操作；而这个返回的 Null 的否定，通过使用!运算符转换为 True。当然，这需要修改 vm.executeBangOperator 才可以使测试通过：

```
// vm/vm.go

func (vm *VM) executeBangOperator() error {
    operand := vm.pop()
```

```
switch operand {
case True:
    return vm.push(False)
case False:
    return vm.push(True)
case Null:
    return vm.push(True)
default:
    return vm.push(False)
}
}
```

结果完全与《用 Go 语言自制解释器》所描述的一致，Null 的否定为 True。现在测试通过了：

```
$ go test ./vm
ok      monkey/vm    0.009s
```

奇怪的部分来了。条件语句是一个表达式，条件部分也是一个表达式，这意味着可以把条件语句当作另一个条件语句的条件部分。我确信你在代码里面不会这么写，我也不会，但是确实可能有这种情况。即使内嵌层的条件语句产生 Null，虚拟机也必须处理这种情况。

```
// vm/vm_test.go

func TestConditionals(t *testing.T) {
    tests := []vmTestCase{
        // [...]
        {"if ((if (false) { 10 })) { 10 } else { 20 }", 20},
    }

    runVmTests(t, tests)
}
```

这看起来一团糟，修改起来很麻烦，但是由于我们的代码非常干净且维护良好，因此只有一个地方需要更改。很明显，虚拟机需要区分*object.Null 和 isTruthy：

```
// vm/vm.go

func isTruthy(obj object.Object) bool {
    switch obj := obj.(type) {

    case *object.Boolean:
        return obj.Value
    case *object.Null:
        return false

    default:
        return true
    }
}
```

仅此两行修改就可以使测试通过：

```
$ go test ./vm
ok      monkey/vm    0.011s
```

到此，条件语句的相关工作**全部结束**。我们可以编译功能完整的条件语句，并且有一个能够处理 Null 的虚拟机：

```
$ go build -o monkey . && ./monkey
Hello mrnugget! This is the Monkey programming language!
Feel free to type in commands
>> if (false) { 10 }
null
```

我们彻底地解决了所有问题，一切顺利！

第5章

追踪名称

到目前为止，在 Monkey 代码中有布尔类型和整数字面量两种引用类型。这即将改变。在本章中，我们将通过支持 let 语句和标识符表达式来实现**绑定**。学完本章后，我们将能够把任意值绑定到任意名称上，也能通过解析该名称得到对应的值。

作为准备，这里简要回顾一下 Monkey 中的 let 语句：

```
let x = 5 * 5;
```

如你所见，Monkey 中的 let 语句以 let 关键字开始，紧随其后的是一个标识符。标识符就是用来绑定值的名称，在本例中为 x。=右侧是一个表达式，它的求值结果会绑定到左侧的标识符上。由于这是一条**语句**，因此最终以分号结尾。let 语句就是让名称等于表达式的求值结果的意思。

就 AST 而言，标识符 x 是表达式，而表达式在使用时是可互换的，因此引用 x 绑定的值是一件容易的事情。x 可以在任意有效表达式内部使用：

```
x * 5 * x * 5;
if (x < 10) { x * 2 } else { x / 2 };
let y = x + 5;
```

无论是在顶层还是在块语句内，let 语句都是有效的，就像条件语句的分支和函数体一样。在本章中，我们仅支持顶层和非函数体块语句这两种形式的 let 语句。在实现函数和闭包时，我们将处理局部变量，这是函数内部的 let 语句产生的。

本章的目标是，将以下代码编译为字节码并使虚拟机执行它：

```
let x = 5 * 5;

if (x > 10) {
  let y = x * 2;
  y;
}
```

当然，这里必须得到正确的结果，即 50。

5.1 计划

如何实现呢？显然，需要将 let 语句和标识符表达式编译成字节码指令，并且使虚拟机支持这些指令。需要添加的新操作码足够清楚（新操作码到底需要几个也毋庸置疑）：一个操作码用于告诉虚拟机将标识符绑定到值上，另一个操作码用来检索之前绑定到标识符的值。那么这些新指令是什么样的呢？

实现绑定的主要步骤是，将标识符正确解析到其之前绑定的值。如果你可以在执行代码时传递标识符——就像在求值器中那样——那这就不会是一个太大的挑战。例如，将标识符用作映射的键，这样就可以存储和检索值。但我们不能这么做。

我们现在并不在求值器中，而是正在学习使用字节码。我们也不能在字节码中传递标识符，因为操作码的操作数是整数。如何才能在新指令中表示标识符？又该如何引用标识符需要绑定的值？

第二个问题的答案仅包含一个字，所以我们从这里开始。答案是栈。就是它，我们也只需要它。因为有栈，所以不必显式地引用绑定的值，只需要将值压栈并告知虚拟机：“将栈顶元素绑定给**那个**标识符。”这能与指令集的其余部分完美契合。

至于第一个问题，答案其实很简单：用数字表示标识符。用一小段 Monkey 代码解释一下：

```
let x = 33;
let y = 66;
let z = x + y;
```

在编译这段代码时，每遇到一个标识符，都会单独赋予它一个新的数字。如果标识符是已经遇见过的，就复用之前赋予的数字。如何生成一个新的数字来表示标识符呢？很简单，从 0 开始递增数字。在这个例子中，赋予 x 的数字为 0，y 的为 1，z 的为 2。

新定义两个操作码，分别为 OpSetGlobal 和 OpGetGlobal。每一个都有 16 位宽的操作数，用来保存之前赋予该标识符的唯一的数字。当编译 let 语句时，我们需要发出 OpSetGlobal 指令，用以生成一个绑定。当编译标识符时，我们需要发出 OpGetGlobal 指令，用以获取绑定的值。（16 位宽的操作数意味着我们最多能有 65 536 个绑定，这对 Monkey 程序来说已经足够了。）

以上 3 条 let 语句在字节码中的表示如图 5-1 所示。

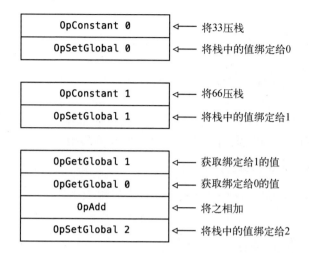

图 5-1

以上只是编译器所做的工作。在虚拟机中，我们使用切片完成全局绑定的创建和检索。这个切片被称为"全局存储"，而且我们将使用 OpSetGlobal 指令和 OpGetGlobal 指令的操作数作为索引。

在执行 OpSetGlobal 指令时，我们需要读取操作数，将栈顶元素弹出并将其保存到以操作数为索引的全局存储中。在执行 OpGetGlobal 指令时，我们需要以操作数为索引从全局存储中读取值并将其压栈。

这两个新的操作码（OpGetGlobal 和 OpSetGlobal）在编译时将标识符与数字关联起来，在虚拟机中则作为全局存储。这样分解，听起来或许可行？

当引入函数和局部变量时，事情会更加复杂。这是我们实现绑定需要翻过的一座山。让我们从编译器开始。

5.2 编译绑定

第一步，定义两个操作码，即 OpSetGlobal 和 OpGetGlobal：

```go
// code/code.go

const (
    // [...]
    OpGetGlobal
    OpSetGlobal
)
```

```
var definitions = map[Opcode]*Definition{
    // [...]

    OpGetGlobal: {"OpGetGlobal", []int{2}},
    OpSetGlobal: {"OpSetGlobal", []int{2}},
}
```

就像我们讨论的，每一个操作码都仅有一个双字节宽的操作数用来保存全局绑定。我们可以用这两个新的操作码来编写第一个编译器测试：

```
// compiler/compiler_test.go

func TestGlobalLetStatements(t *testing.T) {
    tests := []compilerTestCase{
        {
            input: `
            let one = 1;
            let two = 2;
            `,
            expectedConstants: []interface{}{1, 2},
            expectedInstructions: []code.Instructions{
                code.Make(code.OpConstant, 0),
                code.Make(code.OpSetGlobal, 0),
                code.Make(code.OpConstant, 1),
                code.Make(code.OpSetGlobal, 1),
            },
        },
        {
            input: `
            let one = 1;
            one;
            `,
            expectedConstants: []interface{}{1},
            expectedInstructions: []code.Instructions{
                code.Make(code.OpConstant, 0),
                code.Make(code.OpSetGlobal, 0),
                code.Make(code.OpGetGlobal, 0),
                code.Make(code.OpPop),
            },
        },
        {
            input: `
            let one = 1;
            let two = one;
            two;
            `,
            expectedConstants: []interface{}{1},
            expectedInstructions: []code.Instructions{
                code.Make(code.OpConstant, 0),
                code.Make(code.OpSetGlobal, 0),
                code.Make(code.OpGetGlobal, 0),
```

```
                code.Make(code.OpSetGlobal, 1),
                code.Make(code.OpGetGlobal, 1),
                code.Make(code.OpPop),
            },
        },
    }

    runCompilerTests(t, tests)
}
```

测试设置与之前相同，这里的重点是 3 个测试的**内容**。第一个测试用以确认 let 语句可以产生并发出正确的 `OpSetGlobal` 指令；第二个测试期望 `OpGetGlobal` 指令能将标识符解析为之前绑定的值；第三个测试用以混合全局绑定的设置和获取。这里最重要的是指令的操作数必须匹配。

我们从第一个测试开始，逐步解决这 3 个测试用例中不能正常运行的代码：

```
$ go test ./compiler
--- FAIL: TestGlobalLetStatements (0.00s)
 compiler_test.go:361: testInstructions failed: wrong instructions length.
  want="0000 OpConstant 0\n0003 OpSetGlobal 0\n0006 OpConstant 1\n\
    0009 OpSetGlobal 1\n"
  got =""
FAIL
FAIL    monkey/compiler 0.009s
```

看起来我们离成功还很远。结果为空的原因是，Monkey 代码仅由 let 语句组成，而编译器目前跳过了它们。通过在 `Compile` 方法中新增一个 case 分支，我们可以得到更好的测试反馈：

```go
// compiler/compiler.go

func (c *Compiler) Compile(node ast.Node) error {
    switch node := node.(type) {
    // [...]

    case *ast.LetStatement:
        err := c.Compile(node.Value)
        if err != nil {
            return err
        }

    // [...]
    }

    // [...]
}
```

当遇到 let 语句时，首要任务是编译等号右边的表达式。这个表达式是需要绑定到标识符的值，编译这个表达式意味着让虚拟机将这个值压栈：

```
$ go test ./compiler
--- FAIL: TestGlobalLetStatements (0.00s)
 compiler_test.go:361: testInstructions failed: wrong instructions length.
  want="0000 OpConstant 0\n0003 OpSetGlobal 0\n0006 OpConstant 1\n\
    0009 OpSetGlobal 1\n"
  got ="0000 OpConstant 0\n0003 OpConstant 1\n"
FAIL
FAIL    monkey/compiler 0.009s
```

现在我们可以将它绑定到名称。这意味着需要发出一条 `OpSetGlobal` 指令来让虚拟机创建绑定。为标识符选择哪个数字呢？符号表会给出答案。接下来，我们就把这个新组件添加到编译器中。

5.2.1 添加符号表

符号表是解释器和编译器中用于将标识符与信息相关联的数据结构。它可以用在从词法分析到代码生成的所有阶段，作用是存储和检索有关标识符（也被称为符号）的信息，比如标识符的位置、所在作用域、是否已经被定义、绑定值的类型，以及解释过程和编译过程中的有用信息。

我们将使用符号表来关联标识符与作用域和特定的数字。现在，它必须完成两件事：

❑ 将全局范围内的标识符与特定的数字相关联；
❑ 获取已与给定标识符相关联的数字。

以上两件事在符号表中分别称为"定义"和"解析"。在已知作用域内"定义"一个标识符并为其关联部分信息，随后将这个标识符"解析"成之前关联的信息。我们将这些信息称为"符号"。标识符与包含信息的符号相关。

执行代码有助于理解这些概念。以下是符号表的类型定义：

```go
// compiler/symbol_table.go

package compiler

type SymbolScope string

const (
    GlobalScope SymbolScope = "GLOBAL"
)

type Symbol struct {
```

```
        Name string
        Scope SymbolScope
        Index int
}

type SymbolTable struct {
    store          map[string]Symbol
    numDefinitions int
}

func NewSymbolTable() *SymbolTable {
    s := make(map[string]Symbol)
    return &SymbolTable{store: s}
}
```

这里的第一个定义是 string 类型的别名 SymbolScope。SymbolScope 本身的值并不重要，重要的是它的值是唯一的，因为我们需要区分不同的作用域。使用 string 类型的别名（例如，此处没有使用整数），目的是获得更好的调试体验。

我们随后定义了第一个作用域 GlobalScope。后续章节会添加更多作用域。

下一个定义是 Symbol。Symbol 是一个结构体，它包含 Monkey 代码中有关符号的所有信息：Name、Scope、Index。这很容易理解。

SymbolTable 在其 store 中将 string 和 Symbol 相关联，并追踪它拥有的 num-Definitions。string 就是 Monkey 代码中的标识符。

如果之前没有使用过符号表，那么这些类型和字段会让你感到陌生，但是不要担心，我们正在构建一个将字符串与其相关的信息关联在一起的 map。这里没有复杂的内容，比较容易理解。SymbolTable 还缺少 Define 函数和 Resolve 函数，测试能够更清楚地展示我们期望做什么：

```
// compiler/symbol_table_test.go

package compiler

import "testing"

func TestDefine(t *testing.T) {
    expected := map[string]Symbol{
        "a": Symbol{Name: "a", Scope: GlobalScope, Index: 0},
        "b": Symbol{Name: "b", Scope: GlobalScope, Index: 1},
    }

    global := NewSymbolTable()

    a := global.Define("a")
    if a != expected["a"] {
```

```
            t.Errorf("expected a=%+v, got=%+v", expected["a"], a)
        }

        b := global.Define("b")
        if b != expected["b"] {
            t.Errorf("expected b=%+v, got=%+v", expected["b"], b)
        }
    }

func TestResolveGlobal(t *testing.T) {
    global := NewSymbolTable()
    global.Define("a")
    global.Define("b")

    expected := []Symbol{
        Symbol{Name: "a", Scope: GlobalScope, Index: 0},
        Symbol{Name: "b", Scope: GlobalScope, Index: 1},
    }

    for _, sym := range expected {
        result, ok := global.Resolve(sym.Name)
        if !ok {
            t.Errorf("name %s not resolvable", sym.Name)
            continue
        }
        if result != sym {
            t.Errorf("expected %s to resolve to %+v, got=%+v",
                sym.Name, sym, result)
        }
    }
}
```

TestDefine 主要为 Define 函数设置了断言：将标识符作为参数，创建定义并返回 Symbol。注意，不必指定创建定义的作用域，符号表会自动追踪。只要调用 Define("a")，符号表就会将标识符 a 与一个包含 Name、Scope、Index 的 Symbol 建立联系。Index 是我们之后要处理的特殊数字。

TestResolveGlobal 函数则做着完全相反的事：将一个先前定义的标识符交给符号表，并期望它返回关联的 Symbol。这里唯一的参数是标识符：Resolve("a")。如果标识符未定义，那么 Resolve 函数的第二个返回值为 false。

测试并未被编译，因为这两种方法都尚未定义。为了在逐步添加方法定义时不必重复阅读运行测试的结果，以下给出了完整的 Define 函数定义：

```
// compiler/symbol_table.go

func (s *SymbolTable) Define(name string) Symbol {
    symbol := Symbol{Name: name, Index: s.numDefinitions, Scope: GlobalScope}
    s.store[name] = symbol
```

```
    s.numDefinitions++
    return symbol
}
```

我说过，不用担心。这里创建的带有额外功能的 map 就是证明。创建一个新的 Symbol，并将其与 store 内的名称关联起来，递增 numDefinitions 计数器，最后返回新构建的 Symbol。这就是 Define 函数的全部内容。

Resolve 函数更简单:

```
// compiler/symbol_table.go

func (s *SymbolTable) Resolve(name string) (Symbol, bool) {
    obj, ok := s.store[name]
    return obj, ok
}
```

这个方法并不会一直如此精简。后续随着作用域的增加，Resolve 函数的内容也会增加。但目前来说，这些代码足以让两个测试通过。

```
$ go test -run TestDefine ./compiler
ok      monkey/compiler 0.008s
$ go test -run TestResolveGlobal ./compiler
ok      monkey/compiler 0.011s
```

5.2.2 在编译器中使用符号

我们必须有选择地运行函数 TestDefine 和 TestResolveGlobal 以获得 ok，因为编译器测试目前仍然失败。现在，有了符号表，它就可以通过！首先需要将符号表添加到编译器中:

```
// compiler/compiler.go

type Compiler struct {
    // [...]

    symbolTable *SymbolTable
}

func New() *Compiler {
    return &Compiler{
        // [...]
        symbolTable:  NewSymbolTable(),
    }
}
```

这允许我们在*ast.LetStatement 中定义标识符:

```
// compiler/compiler.go

func (c *Compiler) Compile(node ast.Node) error {
    switch node := node.(type) {
    // [...]

    case *ast.LetStatement:
        err := c.Compile(node.Value)
        if err != nil {
            return err
        }
        symbol := c.symbolTable.Define(node.Name.Value)

    // [...]
    }

    // [...]
}
```

node.Name 是 let 语句等号左边的 *ast.Identifier。node.Name.Value 则保存了该标识符的字符串表示。将其传递给符号表的 Define 函数并在 GlobalScope 中定义它，那么返回的 symbol 不仅包含 Name 和 Scope，更重要的是还包含 Index。

现在可以将该 Index 作为 OpSetGlobal 指令的操作数并发出：

```
// compiler/compiler.go

func (c *Compiler) Compile(node ast.Node) error {
    switch node := node.(type) {
    // [...]

    case *ast.LetStatement:
        err := c.Compile(node.Value)
        if err != nil {
            return err
        }
        symbol := c.symbolTable.Define(node.Name.Value)
        c.emit(code.OpSetGlobal, symbol.Index)

    // [...]
    }

    // [...]
}
```

这样，我们就朝着目标迈了一大步：

```
$ go test ./compiler
--- FAIL: TestGlobalLetStatements (0.00s)
 compiler_test.go:361: testInstructions failed: wrong instructions length.
  want="0000 OpConstant 0\n0003 OpSetGlobal 0\n0006 OpGetGlobal 0\n\
```

```
      0009 OpPop\n"
    got ="0000 OpConstant 0\n0003 OpSetGlobal 0\n0006 OpPop\n"
FAIL
FAIL    monkey/compiler 0.011s
```

测试还不能通过？当然不是。第一个测试已经通过，但是**第二个测试仍然是失败**的。现在失败的测试是**解析全局绑定**的测试。

现在不需要定义标识符并发出 OpSetGlobal 指令，而是要反其道而行之。当遇到 *ast.Identifier 时，检查符号表，看看该标识符是否已经存在，如果存在，则需要发出带有正确操作数的 OpGetGlobal 指令。"正确"的意思是，操作数的数字与之前发出 OpSetGlobal 指令时使用的数字相同。

首先需要给编译器添加有关 *ast.Identifier 的信息，以便利用符号表解析标识符：

```go
// compiler/compiler.go

func (c *Compiler) Compile(node ast.Node) error {
    switch node := node.(type) {
    // [...]

    case *ast.Identifier:
        symbol, ok := c.symbolTable.Resolve(node.Value)
        if !ok {
            return fmt.Errorf("undefined variable %s", node.Value)
        }

    // [...]
    }

    // [...]
}
```

我们获取了 *ast.Identifier 的值并尝试在符号表中解析它。如果不能解析，就返回错误。这和 Go 中其他的 map 访问很像，但是注意，这是**编译时错误**。之前在求值器**运行时**，我们只能（执行 Monkey 程序时）判断是否定义了某个变量。现在，我们可以在将字节码传递给虚拟机之前就抛出错误。很棒吧？

如果标识符可以解析为 symbol，则可以用 symbol 发出 OpGetGlobal 指令：

```go
// compiler/compiler.go

func (c *Compiler) Compile(node ast.Node) error {
    switch node := node.(type) {
    // [...]
```

```
case *ast.Identifier:
    symbol, ok := c.symbolTable.Resolve(node.Value)
    if !ok {
        return fmt.Errorf("undefined variable %s", node.Value)
    }

    c.emit(code.OpGetGlobal, symbol.Index)

// [...]
}

// [...]
}
```

操作数与 OpSetGlobal 指令中使用的操作数相匹配，即与 symbol 相关联的 Index 匹配。这一点是符号表处理的。这意味着虚拟机根本不必担心标识符执行错误，而可以专注于使用 Index 存储和检索值。换言之，测试通过：

```
$ go test ./compiler
ok      monkey/compiler 0.008s
```

我们做到了！现在的编译器可以使用 let 语句将值绑定给标识符，并通过标识符获取这个绑定的值。

5.3 在虚拟机中支持全局变量

坦率地说，最困难的部分已经结束。我们在编译器中添加了对指令 OpSetGlobal 和 OpGetGlobal 的支持，也让虚拟机支持了这两条指令，只是工作量少得多。不过这很有趣，为虚拟机编写测试并使它们通过本就是一件很有趣的事情：

```
// vm/vm_test.go

func TestGlobalLetStatements(t *testing.T) {
    tests := []vmTestCase{
        {"let one = 1; one", 1},
        {"let one = 1; let two = 2; one + two", 3},
        {"let one = 1; let two = one + one; one + two", 3},
    }

    runVmTests(t, tests)
}
```

在这些测试用例中，我们创建了几个全局绑定，然后尝试将先前绑定的标识符解析为它们绑定的值。将结果存放在栈中，以便测试。可是，测试完全失败了：

```
$ go test ./vm
--- FAIL: TestGlobalLetStatements (0.00s)
panic: runtime error: index out of range [recovered]
 panic: runtime error: index out of range

goroutine 21 [running]:
testing.tRunner.func1(0xc4200c83c0)
 /usr/local/go/src/testing/testing.go:742 +0x29d
panic(0x111a5a0, 0x11f3fe0)
 /usr/local/go/src/runtime/panic.go:502 +0x229
monkey/vm.(*VM).Run(0xc420050eb8, 0x800, 0x800)
 /Users/mrnugget/code/05/src/monkey/vm/vm.go:47 +0x47c
monkey/vm.runVmTests(0xc4200c83c0, 0xc420073f38, 0x3, 0x3)
 /Users/mrnugget/code/05/src/monkey/vm/vm_test.go:115 +0x3c1
monkey/vm.TestGlobalLetStatements(0xc4200c83c0)
 /Users/mrnugget/code/05/src/monkey/vm/vm_test.go:94 +0xb5
testing.tRunner(0xc4200c83c0, 0x114b5b8)
 /usr/local/go/src/testing/testing.go:777 +0xd0
created by testing.(*T).Run
 /usr/local/go/src/testing/testing.go:824 +0x2e0
FAIL    monkey/vm    0.011s
```

这种情况之前遇到过，虚拟机不能处理新的操作码，所以跳过了它们。由于并不知道需要跳过多少才能完全跳过操作数，因此虚拟机最终将操作数误认为操作码，并进行了解析。这就导致了测试失败。

要解决这些问题，需要合理解析和执行 OpSetGlobal 和 OpGetGlobal 这两条指令。不过在这之前，我们需要一个存储全局变量的地方。

由于这两个操作码的操作数都是 16 位宽，因此虚拟机支持的全局绑定数量有一个上限。这有一个好处，限制使得我们可以一次性地提前分配所有将使用的内存：

```go
// vm/vm.go

const GlobalsSize = 65536

type VM struct {
// [...]

    globals []object.Object
}

func New(bytecode *compiler.Bytecode) *VM {
    return &VM{
// [...]

        globals: make([]object.Object, GlobalsSize),
    }
}
```

这个新的 globals 字段就是虚拟机的"全局存储"。它的底层数据结构可以使用切片，因为它可以在没有任何开销的情况下直接基于索引访问单个元素。

现在可以实现 OpSetGlobal：

```
// vm/vm.go

func (vm *VM) Run() error {
    // [...]
        switch op {
        // [...]

        case code.OpSetGlobal:
            globalIndex := code.ReadUint16(vm.instructions[ip+1:])
            ip += 2

            vm.globals[globalIndex] = vm.pop()

        // [...]
        }
    // [...]
}
```

这里先解析了操作数 globalIndex，并将虚拟机的指令指针 ip 以 2 字节递增。随后将栈顶元素弹出，这是应该绑定到名称的值，并将其保存到指定索引下的 globals 存储中。当再次压栈时，它就很容易被检索到：

```
// vm/vm.go

func (vm *VM) Run() error {
    // [...]
        switch op {
        // [...]

        case code.OpGetGlobal:
            globalIndex := code.ReadUint16(vm.instructions[ip+1:])
            ip += 2

            err := vm.push(vm.globals[globalIndex])
            if err != nil {
                return err
            }

        // [...]
        }
    // [...]
}
```

这里仍然解析操作数 globalIndex，并递增 ip，随后从 vm.globals 中取出值并将其压栈。ok 出现了：

```
$ go test ./vm
ok      monkey/vm    0.030s
```

测试通过，编译器和虚拟机能够处理全局的 let 语句了。但是还有疑问：

```
$ go build -o monkey . && ./monkey
Hello mrnugget! This is the Monkey programming language!
Feel free to type in commands
>> let a = 1;
1
>> let b = 2;
2
>> let c = a + b;
Woops! Compilation failed:
 undefined variable a
>>
```

为什么在 REPL 中会失败呢？这不是已经解决的问题吗？在 REPL 中，**主循环的每一次迭代都会创建新的编译器和新的虚拟机**。这意味着每写一行代码，我们就构建了新的符号表和新的全局存储。这也容易解决。

我们需要做的是，为编译器和虚拟机构造一个新函数，以便在 REPL 中保持全局状态：

```
// compiler/compiler.go

func NewWithState(s *SymbolTable, constants []object.Object) *Compiler {
    compiler := New()
    compiler.symbolTable = s
    compiler.constants = constants
    return compiler
}
```

Compiler 新构造的这个函数 NewWithState 接受一个 *SymbolTable 和一个 []object.Object 切片，其中包含先前编译的常量。为了摆脱当前的困境，只需要 *SymbolTable 即可，但很快就会遇到错误消息，其中刚刚输入到 REPL 中的代码行需要访问先前输入的常量，因此需要 []object.Object 切片。这是正确且面向未来的解决方法。

我们创建了重复的分配。先在这个新的构造函数中调用 New()，然后通过覆盖它们来丢弃符号表和所分配的常量切片。特别是对于我们的用例 REPL 来说，这是可行的。对于 Go 的 GC 来说，这也不是问题，与在没有这些分配的情况下实现它所需的工作相比，这是更高效的方法。

以下是虚拟机的新构造函数：

```
// vm/vm.go

func NewWithGlobalsStore(bytecode *compiler.Bytecode, s []object.Object) *VM {
    vm := New(bytecode)
    vm.globals = s
    return vm
}
```

现在需要修改 REPL 的主循环，让其一直保持全局状态，包括全局存储、符号表、常量池，并将其传递给新的编译器和新的虚拟机：

```
// repl/repl.go

import (
    // [...]
    "monkey/object"
    // [...]
)

func Start(in io.Reader, out io.Writer) {
    scanner := bufio.NewScanner(in)

    constants := []object.Object{}
    globals := make([]object.Object, vm.GlobalsSize)
    symbolTable := compiler.NewSymbolTable()

    for {
        // [...]

        comp := compiler.NewWithState(symbolTable, constants)
        err := comp.Compile(program)
        if err != nil {
            fmt.Fprintf(out, "Woops! Compilation failed:\n %s\n", err)
            continue
        }

        code := comp.Bytecode()
        constants = code.Constants

        machine := vm.NewWithGlobalsStore(code, globals)
        // [...]
    }
}
```

这里为 constants、globals 存储和 symbolTable 分配了切片。在后续循环迭代中，将 constants 和 symbolTable 传递给编译器，它就能**继续**工作，而不是创建一个新的编译器。编译器处理完成之后，需要更新 constants 的引用。这是必要的，因为编译器内部使用 append，这会导致之前分配的常量切片与后续的不一致。由于常量包含在字节码中，因此不必显式将其传递给虚拟机构造函数，只传递给 globals 即可。

现在，REPL 拥有了全局状态。这使我们能够将输入的每一行都视为程序的一部分，即使每次都启动编译和执行过程。问题解决了，现在可以在 REPL 中测试全局绑定了：

```
$ go build -o monkey . && ./monkey
Hello mrnugget! This is the Monkey programming language!
Feel free to type in commands
>> let a = 1;
1
>> let b = 2;
2
>> let c = a + b;
3
>> c
3
```

放松一下！在第 6 章中，我们会把前文所有的知识结合起来，事情会变得越来越神奇！

第 6 章

字符串、数组和哈希表

截至目前，编译器和虚拟机仅支持 Monkey 的 3 种数据类型：整型、布尔型和空值。但 Monkey 还有 3 种数据类型：字符串、数组和哈希表。我们在《用 Go 语言自制解释器》中实现了它们，现在是时候在 Monkey 的新实现里添加它们。

这并不意味需要把《用 Go 语言自制解释器》的工作重新做一遍。数据类型的对象系统表示仍然存在，如 object.String、object.Array 和 object.Hash，我们也可以重复使用。这让我们能够专注于要添加的新实现。

本章的目标是将字符串、数组和哈希表数据类型添加到编译器和虚拟机中，最终执行以下 Monkey 代码：

```
[1, 2, 3][1]
// => 2

{"one": 1, "two": 2, "three": 3}["o" + "ne"]
// => 1
```

除了添加对字面量和数据类型本身的支持，我们还需要实现字符串连接、数组的索引运算符，以及哈希表的索引运算符，此代码段才能正常工作。

我们从支持 object.String 开始。

6.1 字符串

由于字符串字面量的值从编译到运行时都不会发生改变，因此我们将其视为常量表达式。与整数字面量的实现类似，我们可以在编译器中将其转化为 *object.String 并在 compiler.Bytecode 中将其添加到常量池中。

通过整数字面量的实现可知，此操作在编译器中仅需几行代码。那么为什么不让事情变得更具挑战性呢？除了实现字符串字面量之外，实现字符串连接也会是本节的目标，这样我们就能使用+运算符连接两个字符串。

以下是本章的第一个编译器测试：

```go
// compiler/compiler_test.go

func TestStringExpressions(t *testing.T) {
    tests := []compilerTestCase{
        {
            input:                 `"monkey"`,
            expectedConstants: []interface{}{"monkey"},
            expectedInstructions: []code.Instructions{
                code.Make(code.OpConstant, 0),
                code.Make(code.OpPop),
            },
        },
        {
            input:                 `"mon" + "key"`,
            expectedConstants: []interface{}{"mon", "key"},
            expectedInstructions: []code.Instructions{
                code.Make(code.OpConstant, 0),
                code.Make(code.OpConstant, 1),
                code.Make(code.OpAdd),
                code.Make(code.OpPop),
            },
        },
    }

    runCompilerTests(t, tests)
}
```

第一个测试用以确认编译器能将字符串字面量当成常量处理，第二个测试用以确认能用中缀运算符+连接两个字符串。

值得注意的是，这里没有添加任何新的操作码。我们已经拥有所需要的：一个用来将常量表达式加载到栈中的操作码 OpConstant，以及一个使两个字符串相加的操作码 OpAdd。

它们的用法没有改变。OpConstant 的操作数仍然是常量在常量池内的索引，而 OpAdd 依然预期应该相加的两个元素位于栈顶，元素的类型是*object.Integer 还是 *object.String 并没有太大区别。

不同的是，现在常量池内的是字符串。这意味着需要测试 bytecode.Constants 是否包含正确的*object.String。为了达到这一目的，需要向 testConstants 函数添加另一个 case 分支：

```go
// compiler/compiler_test.go

func testConstants(
```

```go
    t *testing.T,
    expected []interface{},
    actual []object.Object,
) error {
    // [...]

    for i, constant := range expected {
        switch constant := constant.(type) {
        // [...]

        case string:
            err := testStringObject(constant, actual[i])
            if err != nil {
                return fmt.Errorf("constant %d - testStringObject failed: %s",
                    i, err)
            }
        }
    }

    return nil
}

func testStringObject(expected string, actual object.Object) error {
    result, ok := actual.(*object.String)
    if !ok {
        return fmt.Errorf("object is not String. got=%T (%+v)",
            actual, actual)
    }

    if result.Value != expected {
        return fmt.Errorf("object has wrong value. got=%q, want=%q",
            result.Value, expected)
    }

    return nil
}
```

testConstants 中的新 case string 分支与新的 testStringObject 函数一起使用，后者与已有的 testIntegerObject 类似，用于确认常量是我们期望的字符串。

运行测试时，我们发现预期的常量并不是导致测试失败的原因，指令才是：

```
  $ go test ./compiler
--- FAIL: TestStringExpressions (0.00s)
 compiler_test.go:410: testInstructions failed: wrong instructions length.
  want="0000 OpConstant 0\n0003 OpPop\n"
  got ="0000 OpPop\n"
FAIL
FAIL    monkey/compiler 0.009s
```

对此我们有所准备。要在编译字符串字面量时发出 OpConstant 指令，就必须更改编译器的 Compile 方法，以处理 *ast.StringLiterals 并创建*object.String：

```go
// compiler/compiler.go

func (c *Compiler) Compile(node ast.Node) error {
    switch node := node.(type) {
    // [...]

    case *ast.StringLiteral:
        str := &object.String{Value: node.Value}
        c.emit(code.OpConstant, c.addConstant(str))

    // [...]
    }

    // [...]
}
```

除了一个变量名字和一个标识符，这个 case 分支简直就是*ast.IntegerLiterals 的翻版。这里的行为是：从 AST 节点中取出值，创建一个对象，然后将其添加到常量池中。

这么做是对的：

```
$ go test ./compiler
ok      monkey/compiler 0.009s
```

很棒，两个测试都通过。请注意，无须任何特殊操作即可发出 OpAdd 指令以完成字符串连接工作。编译器已经编译了*ast.InfixExpressions 的左节点和右节点。在这个测试用例中，它们是 *ast.StringLiterals，现在已经成功编译。

下一步，需要为虚拟机写一个测试，以确保同样的 Monkey 代码在编译为字节码指令后，虚拟机可以执行：

```go
// vm/vm_test.go

func TestStringExpressions(t *testing.T) {
    tests := []vmTestCase{
        {`"monkey"`, "monkey"},
        {`"mon" + "key"`, "monkey"},
        {`"mon" + "key" + "banana"`, "monkeybanana"},
    }

    runVmTests(t, tests)
}
```

这些测试用例与编译器的基本相同，只是字符串连接测试中多了一个大于两个字符串连接的测试用例。

这里，同样需要一个新的 testStringObject 测试辅助函数，用以确认最终出现在虚拟机栈中的是*object.String。这仍然可以通过复制 testIntegerObject 的相关部分得到。需要确保的是，虚拟机生成的字符串是我们期望的字符串：

```go
// vm/vm_test.go

func testExpectedObject(
    t *testing.T,
    expected interface{},
    actual object.Object,
){
    t.Helper()

    switch expected := expected.(type) {
    // [...]

    case string:
        err := testStringObject(expected, actual)
        if err != nil {
            t.Errorf("testStringObject failed: %s", err)
        }

    }
}

func testStringObject(expected string, actual object.Object) error {
    result, ok := actual.(*object.String)
    if !ok {
        return fmt.Errorf("object is not String. got=%T (%+v)",
            actual, actual)
    }
    if result.Value != expected {
        return fmt.Errorf("object has wrong value. got=%q, want=%q",
            result.Value, expected)
    }

    return nil
}
```

测试结果显示，将字符串压栈的代码已经正常运行，但是字符串连接的代码并没有：

```
$ go test ./vm
--- FAIL: TestStringExpressions (0.00s)
  vm_test.go:222: vm error:\
    unsupported types for binary operation: STRING STRING
FAIL
FAIL    monkey/vm    0.029s
```

从技术上讲，这本可以在我们不做任何事情的情况下正常运行。因为我们本可以让之前在虚拟机中实现的 OpAdd 变得更加通用，使得它可以在任何具有 Add 方法的 object.Object 中使用。但是我们并没有这么做，而是添加了类型检查以明确我们支持哪些数据类型，不支持哪些。现在必须扩展检查：

```go
// vm/vm.go

func (vm *VM) executeBinaryOperation(op code.Opcode) error {
    right := vm.pop()
    left := vm.pop()

    leftType := left.Type()
    rightType := right.Type()

    switch {
    case leftType == object.INTEGER_OBJ && rightType == object.INTEGER_OBJ:
        return vm.executeBinaryIntegerOperation(op, left, right)
    case leftType == object.STRING_OBJ && rightType == object.STRING_OBJ:
        return vm.executeBinaryStringOperation(op, left, right)
    default:
        return fmt.Errorf("unsupported types for binary operation: %s %s",
            leftType, rightType)
    }
}

func (vm *VM) executeBinaryStringOperation(
    op code.Opcode,
    left, right object.Object,
) error {
    if op != code.OpAdd {
        return fmt.Errorf("unknown string operator: %d", op)
    }

    leftValue := left.(*object.String).Value
    rightValue := right.(*object.String).Value

    return vm.push(&object.String{Value: leftValue + rightValue})
}
```

在 executeBinaryOperation 中，条件语句已更改为带有新字符串 case 分支的 switch 语句。我们将这两个字符串的实际添加委托给 executeBinaryStringOperation。它能够解析*object.String、连接底层的 String 并将结果压栈。

```
$ go test ./vm
ok      monkey/vm       0.028s
```

Monkey 字符串现已完全实现，包括字符串连接也实现了。下一步来处理数组。

6.2 数组

数组是添加到 Monkey 实现中的第一个**复合数据类型**。简单地说，这意味着数组是由其他数据类型**组成**的。最直接的影响是，不能将数组字面量视为常量表达式。

由于数组由多个元素组成，而数组字面量由产生这些元素的多个表达式组成，因此数组字面量本身的值可能会在编译和运行时发生变化。例如：

```
[1 + 2, 3 + 4, 5 + 6]
```

不要为这些整数表达式分心。它们非常简单，优化编译器可以预先计算它们，但重点是，它们可以是**任何类型**的表达式——整数字面量、字符串连接、函数字面量、函数调用等。只有在运行时，我们才能确定它们的求值结果。

与整数字面量和字符串字面量有所不同，对数组的实现需要有些改变。现在不需要在编译阶段构建数组并将其传递给虚拟机，而是要让虚拟机自己构建数组。

为此，我们定义了一个名为 OpArray 的新操作码，其包含一个操作数：数组字面量中的元素个数。当编译*ast.ArrayLiteral 时，我们先编译它的所有元素。由于这些元素是 ast.Expressions，因此编译它们会生成一条在虚拟机栈中留下 N 个值的指令，其中 N 是数组字面量中的元素个数。然后发出 OpArray 指令，其操作数为 N，即元素的数量。至此，编译完成。

当虚拟机执行 OpArray 指令时，它从栈中弹出 N 个元素，构建一个*object.Array，然后将其压栈。至此，虚拟机就能够构建数组了。

将上述理论付诸实践。以下便是 OpArray 的定义：

```go
// code/code.go

const (
    // [...]

    OpArray
)

var definitions = map[Opcode]*Definition{
    // [...]

    OpArray: {"OpArray", []int{2}},
}
```

这里唯一的操作数有两字节宽，因此数组字面量中最多只能有 65 535 个元素。这对于 Monkey 程序来说，已经足够。

在将这个新操作码翻译成编译器代码之前，我们需要像往常一样编写一个测试：

```
// compiler/compiler_test.go

func TestArrayLiterals(t *testing.T) {
    tests := []compilerTestCase{
        {
            input:            "[]",
            expectedConstants: []interface{}{},
            expectedInstructions: []code.Instructions{
                code.Make(code.OpArray, 0),
                code.Make(code.OpPop),
            },
        },
        {
            input:            "[1, 2, 3]",
            expectedConstants: []interface{}{1, 2, 3},
            expectedInstructions: []code.Instructions{
                code.Make(code.OpConstant, 0),
                code.Make(code.OpConstant, 1),
                code.Make(code.OpConstant, 2),
                code.Make(code.OpArray, 3),
                code.Make(code.OpPop),
            },
        },
        {
            input:            "[1 + 2, 3 - 4, 5 * 6]",
            expectedConstants: []interface{}{1, 2, 3, 4, 5, 6},
            expectedInstructions: []code.Instructions{
                code.Make(code.OpConstant, 0),
                code.Make(code.OpConstant, 1),
                code.Make(code.OpAdd),
                code.Make(code.OpConstant, 2),
                code.Make(code.OpConstant, 3),
                code.Make(code.OpSub),
                code.Make(code.OpConstant, 4),
                code.Make(code.OpConstant, 5),
                code.Make(code.OpMul),
                code.Make(code.OpArray, 3),
                code.Make(code.OpPop),
            },
        },
    }

    runCompilerTests(t, tests)
}
```

这也是对前文理论的一种诠释，只不过它是在断言中表达的，而不是在工作代码中。我们期望编译器将数组字面量中的元素编译成将值留在栈中的指令，并且期望它发出一条 OpArray 指令，该指令的操作数是数组字面量中的元素个数。

不幸的是，事与愿违：

```
$ go test ./compiler
--- FAIL: TestArrayLiterals (0.00s)
 compiler_test.go:477: testInstructions failed: wrong instructions length.
  want="0000 OpArray 0\n0003 OpPop\n"
  got ="0000 OpPop\n"
FAIL
FAIL    monkey/compiler   0.009s
```

幸运的是，修复这个错误比解释它还要简单：

```go
// compiler/compiler.go

func (c *Compiler) Compile(node ast.Node) error {
    switch node := node.(type) {
    // [...]

    case *ast.ArrayLiteral:
        for _, el := range node.Elements {
            err := c.Compile(el)
            if err != nil {
                return err
            }
        }

        c.emit(code.OpArray, len(node.Elements))

    // [...]
    }

    // [...]
}
```

事情进展顺利：

```
$ go test ./compiler
ok      monkey/compiler 0.011s
```

下一部分需要在虚拟机中实现 OpArray。从以下测试开始：

```go
// vm/vm_test.go

func TestArrayLiterals(t *testing.T) {
    tests := []vmTestCase{
        {"[]", []int{}},
        {"[1, 2, 3]", []int{1, 2, 3}},
        {"[1 + 2, 3 * 4, 5 + 6]", []int{3, 12, 11}},
    }

    runVmTests(t, tests)
}
```

```
func testExpectedObject(
    t *testing.T,
    expected interface{},
    actual object.Object,
) {
    t.Helper()

    switch expected := expected.(type) {
    // [...]

    case []int:
        array, ok := actual.(*object.Array)
        if !ok {
            t.Errorf("object not Array: %T (%+v)", actual, actual)
            return
        }

        if len(array.Elements) != len(expected) {
            t.Errorf("wrong num of elements. want=%d, got=%d",
                len(expected), len(array.Elements))
            return
        }

        for i, expectedElem := range expected {
            err := testIntegerObject(int64(expectedElem), array.Elements[i])
            if err != nil {
                t.Errorf("testIntegerObject failed: %s", err)
            }
        }
    }
}
```

以上测试用例中的 Monkey 代码与编译器测试中的完全相同。但是在这里，确保一个空的数组字面量可以正常工作更加重要，因为在虚拟机中比编译器中更容易遇到差一错误。

为了确保*object.Array 最终出现在虚拟机的栈中，我们使用新的 case []int 分支扩展了 testExpectedObject，以将我们预期的[]int 切片转换成预期的 *object.Array。

坏消息是，如果运行测试，我们得到的错误消息并没有什么用，而是一团糟——这里省去了这些信息。虚拟机崩溃的原因是它还不能处理 OpArray 及其操作数，而是将操作数当成另一条指令进行解释了。

但很明显，无论从失败的测试中得到的错误消息是混乱的还是可读的，我们都必须在虚拟机中实现 OpArray。解码操作数，从栈中取出指定数量的元素，构造一个 *object.Array，将其压栈。所有这些都可以用一个 case 分支和一个方法来完成：

```
// vm/vm.go

func (vm *VM) Run() error {
    // [...]
        switch op {
        // [...]

        case code.OpArray:
            numElements := int(code.ReadUint16(vm.instructions[ip+1:]))
            ip += 2

            array := vm.buildArray(vm.sp-numElements, vm.sp)
            vm.sp = vm.sp - numElements

            err := vm.push(array)
            if err != nil {
                return err
            }

        // [...]
        }
    // [...]
}

func (vm *VM) buildArray(startIndex, endIndex int) object.Object {
    elements := make([]object.Object, endIndex-startIndex)

    for i := startIndex; i < endIndex; i++ {
        elements[i-startIndex] = vm.stack[i]
    }

    return &object.Array{Elements: elements}
}
```

code.OpArray 的 case 分支负责解码操作数，递增 ip 并让新的 buildArray 方法找到栈中的数组元素。

随后 buildArray 遍历栈中指定部分的元素，将每个元素添加到新构建的 *object.Array 中。最后将这个新构建的数组压栈——在移除所有元素之后，这很重要。最终得到的是，栈中有一个包含指定数量元素的 *object.Array：

```
$ go test ./vm
ok      monkey/vm    0.031s
```

谢天谢地，我们终于拥有了另一项技能：完全实现数组字面量。

6.3 哈希表

为了在 Monkey 中实现哈希数据结构，我们仍然需要构建一个新的操作码。像数组一样，哈希表的最终值无法在编译时确定。实际上，Monkey 中的哈希表不是有 N 个元素，而是有 N 个键和 N 个值，并且所有这些都由表达式构成：

```
{1 + 1: 2 * 2, 3 + 3: 4 * 4}
```

这等价于以下哈希字面量：

```
{2: 4, 6: 16}
```

当然，写代码的时候并不会写成上述的第一个版本，但我们还是需要让它能正常工作。为了实现这一点，我们还使用数组字面量的处理方法：让虚拟机自己构建哈希字面量。

第一步仍然是构建一个新的操作码：OpHash。它同样拥有一个操作数：

```go
// code/code.go

const (
    // [...]

    OpHash
)
var definitions = map[Opcode]*Definition{
    // [...]

    OpHash:  {"OpHash", []int{2}},
}
```

操作数用于指定栈中的键和值的数量。使用键-值对的数量同样可行，但是那就必须在虚拟机中将其翻倍以获得位于栈中值的数量。如果可以在编译器中预先计算，为什么不呢？

通过操作数，虚拟机可以从栈中取出正确数量的元素，创建 object.HashPairs 并构建一个*object.Hash，然后将其压栈。同样，这是用于实现 Monkey 数组的策略，不过构建*object.Hash 稍微复杂一些。

在开始之前，我们需要先编写一个测试来确保编译器可以输出 OpHash 指令：

```go
// compiler/compiler_test.go

func TestHashLiterals(t *testing.T) {
    tests := []compilerTestCase{
        {
            input:             "{}",
            expectedConstants: []interface{}{},
            expectedInstructions: []code.Instructions{
                code.Make(code.OpHash, 0),
                code.Make(code.OpPop),
```

```
            },
        },
        {
            input:              "{1: 2, 3: 4, 5: 6}",
            expectedConstants: []interface{}{1, 2, 3, 4, 5, 6},
            expectedInstructions: []code.Instructions{
                code.Make(code.OpConstant, 0),
                code.Make(code.OpConstant, 1),
                code.Make(code.OpConstant, 2),
                code.Make(code.OpConstant, 3),
                code.Make(code.OpConstant, 4),
                code.Make(code.OpConstant, 5),
                code.Make(code.OpHash, 6),
                code.Make(code.OpPop),
            },
        },
        {
            input:              "{1: 2 + 3, 4: 5 * 6}",
            expectedConstants: []interface{}{1, 2, 3, 4, 5, 6},
            expectedInstructions: []code.Instructions{
                code.Make(code.OpConstant, 0),
                code.Make(code.OpConstant, 1),
                code.Make(code.OpConstant, 2),
                code.Make(code.OpAdd),
                code.Make(code.OpConstant, 3),
                code.Make(code.OpConstant, 4),
                code.Make(code.OpConstant, 5),
                code.Make(code.OpMul),
                code.Make(code.OpHash, 4),
                code.Make(code.OpPop),
            },
        },
    }

    runCompilerTests(t, tests)
}
```

这看起来会生成很多字节码，但这主要是由哈希字面量的表达式造成的。我们期望，以上代码正确编译后，生成的指令会在栈中留下一个值，随后得到一条 OpHash 指令，其操作数能够指定栈中的键和值的数量。

测试失败。错误消息显示缺少 OpHash 指令：

```
$ go test ./compiler
--- FAIL: TestHashLiterals (0.00s)
 compiler_test.go:336: testInstructions failed: wrong instructions length.
  want="0000 OpHash 0\n0003 OpPop\n"
  got ="0000 OpPop\n"
FAIL
FAIL    monkey/compiler 0.009s
```

前文提到，在虚拟机中构建*object.Hash 比构建*object.Array 稍微复杂一些，编译它们也需要一些小技巧才能使其正常工作：

```go
// compiler/compiler.go

import (
    // [...]
    "sort"
)

func (c *Compiler) Compile(node ast.Node) error {
    switch node := node.(type) {
    // [...]

    case *ast.HashLiteral:
        keys := []ast.Expression{}
        for k := range node.Pairs {
            keys = append(keys, k)
        }
        sort.Slice(keys, func(i, j int) bool {
            return keys[i].String() < keys[j].String()
        })

        for _, k := range keys {
            err := c.Compile(k)
            if err != nil {
                return err
            }
            err = c.Compile(node.Pairs[k])
            if err != nil {
                return err
            }
        }

        c.emit(code.OpHash, len(node.Pairs)*2)
    // [...]
    }

    // [...]
}
```

由于 node.Pairs 是一个 map[ast.Expression]ast.Expression，并且 Go 在遍历映射的键和值时不能保证一致的顺序，因此需要在编译之前手动对键进行排序。如果不这样做，发出的指令将按随机顺序排列。

这本身不是问题，事实上，编译器和虚拟机可以在没有排序的情况下正常工作。但是，随机顺序会导致测试随机中断，因为测试以一定的顺序对常量进行断言，所以手动排序不仅仅是出于顺序上的考虑。

为了防止测试的成功率依赖于随机性，我们需要先对键排序，以保证元素的特定排列。我们并不真正关心确切的顺序到底是什么，只要有，我们就能按照它的 String 表示对它们进行排序。

随后，遍历键并编译它们，从 node.Pairs 获取键对应的值并编译它们。先键后值的顺序很重要，因为我们需要在虚拟机中重建它。

这个 case 分支的最后一步是，发出一条 OpHash 指令。它的操作数是键和值的数量。

再次运行测试：

```
$ go test ./compiler
ok      monkey/compiler 0.009s
```

成功通过。我们可以继续完成虚拟机中的对应部分了。

在虚拟机中构建*object.Hash 并不难，但需要做一些特殊的工作，并且有测试依赖更好：

```go
// vm/vm_test.go

func TestHashLiterals(t *testing.T) {
    tests := []vmTestCase{
        {
            "{}", map[object.HashKey]int64{},
        },
        {
            "{1: 2, 2: 3}",
            map[object.HashKey]int64{
                (&object.Integer{Value: 1}).HashKey(): 2,
                (&object.Integer{Value: 2}).HashKey(): 3,
            },
        },
        {
            "{1 + 1: 2 * 2, 3 + 3: 4 * 4}",
            map[object.HashKey]int64{
                (&object.Integer{Value: 2}).HashKey(): 4,
                (&object.Integer{Value: 6}).HashKey(): 16,
            },
        },
    }

    runVmTests(t, tests)
}

func testExpectedObject(
    t *testing.T,
```

```go
        expected interface{},
        actual object.Object,
    ){
        t.Helper()

        switch expected := expected.(type) {
        // [...]

        case map[object.HashKey]int64:
            hash, ok := actual.(*object.Hash)
            if !ok {
                t.Errorf("object is not Hash. got=%T (%+v)", actual, actual)
                return
            }

            if len(hash.Pairs) != len(expected) {
                t.Errorf("hash has wrong number of Pairs. want=%d, got=%d",
                    len(expected), len(hash.Pairs))
                return
            }

        for expectedKey, expectedValue := range expected {
            pair, ok := hash.Pairs[expectedKey]
            if !ok {
                t.Errorf("no pair for given key in Pairs")
            }

            err := testIntegerObject(expectedValue, pair.Value)
            if err != nil {
                t.Errorf("testIntegerObject failed: %s", err)
            }
        }

    }
}
```

这个测试及其 testExpectedObject 中的新 case 分支不仅确保了虚拟机能构建 *object.Hash，而且帮助我们重新了解了*object.Hash 的工作原理。

*object.Hash 有一个 Pairs 字段，其中包含一个 map[HashKey]HashPair。HashKey 可以通过调用 object.Hashable 的 HashKey 方法来创建，而*object.String、 *object.Boolean 和*object.Integer 都实现了该接口。HashPair 包含一个 Key 字段 和一个 Value 字段，两者都包含一个 object.Object。这是真正存储键和值的位置。 但是 HashKey 需要包含 Monkey 对象的哈希表。研究 object 包中的 HashKey 方法， 可以更详细地了解其工作原理。

我们期望虚拟机能在正确的 HashKey 下存储正确的 HashPair。我们并不关心真 正存储了**什么**，而只关心**如何存储**，这就是为什么使用整数，以及为什么每个测试用例中期望的哈希表是一个 map[object.HashKey]int64。这样就可以专注于在正确的哈希键下找到正确的哈希值。

现在运行测试，我们会遇到之前第一次运行数组测试时同样遇到的问题：崩溃。这里省去了失败测试的错误消息，但确定的是，导致测试失败的原因还是虚拟机不能处理 OpHash 及其操作数。我们来解决这个问题：

```
// vm/vm.go

func (vm *VM) Run() error {
    // [...]
        switch op {
        // [...]

        case code.OpHash:
            numElements := int(code.ReadUint16(vm.instructions[ip+1:]))
            ip += 2

            hash, err := vm.buildHash(vm.sp-numElements, vm.sp)
            if err != nil {
                return err
            }
            vm.sp = vm.sp - numElements

            err = vm.push(hash)
            if err != nil {
                return err
            }

        // [...]
        }
    // [...]
}
```

这也非常接近 OpArray 的 case 分支，只是现在是使用新的 buildHash 来构建一个哈希表，而不是构建数组。buildHash 可能会返回错误：

```
// vm/vm.go

func (vm *VM) buildHash(startIndex, endIndex int) (object.Object, error) {
    hashedPairs := make(map[object.HashKey]object.HashPair)

    for i := startIndex; i < endIndex; i += 2 {
        key := vm.stack[i]
        value := vm.stack[i+1]

        pair := object.HashPair{Key: key, Value: value}

        hashKey, ok := key.(object.Hashable)
        if !ok {
```

```
            return nil, fmt.Errorf("unusable as hash key: %s", key.Type())
        }

        hashedPairs[hashKey.HashKey()] = pair
    }

    return &object.Hash{Pairs: hashedPairs}, nil
}
```

同样与 buildArray 类似，buildHash 也接受栈中元素的 startIndex 和 endIndex，然后以键-值对的形式对它们进行迭代，为每个键-值对创建一个 object.HashPair。对于每一个键-值对，buildHash 都会为其生成一个 object.HashKey 并将其添加到 hashedPairs 中。最后，buildHash 会构建一个*object.Hash 并返回。

在 vm.Run 的 code.OpHash 分支下，移除全部元素后，这个新构建的*object.Hash 会被压栈。

以上就是虚拟机如何构建哈希表。测试通过：

```
$ go test ./vm
ok      monkey/vm    0.033s
```

看，我们已经实现了哈希表！这样就完成了一个 Monkey 数据类型的实现。唯一的问题是我们还不能真正对它进行任何操作。

6.4 索引运算符

正如本章开头所说，我们的目标是让这段 Monkey 代码顺利执行：

```
[1, 2, 3][1]
{"one": 1, "two": 2, "three": 3}["o" + "ne"]
```

目标几乎已经达成：目前我们实现了对数组字面量、哈希字面量，以及字符串连接的支持，只是还没有索引运算符。它用于从数组或哈希表中检索单个元素。

索引运算符的有趣之处在于它非常通用。虽然我们只想将它与数组和哈希表一起使用，但它的语法形式适用于更多情况：

<表达式>[<表达式>]

被索引的数据结构和索引本身可以由任何表达式生成。而 Monkey 表达式可以生成任何 Monkey 对象。这意味着在语义级别上，索引运算符可以将任何 object.Object 作为索引。

这正是我们要实现它的方式。我们将在编译器和虚拟机中构建通用索引运算符，而不是将索引运算符与特定数据结构相组合。通常，第一步是定义一个新的操作码。

新的操作码 OpIndex 没有操作数。为了使 OpIndex 正常工作，栈顶需要有两个值：被索引的对象和作为索引的对象。当虚拟机执行 OpIndex 时，它应该将两者都从栈中取出，执行索引操作，并将结果放回原处。

由于使用了栈，因此将数组和哈希表作为索引数据结构是非常常见且易于实现的。

以下是 OpIndex 的定义：

```go
// code/code.go

const (
    // [...]

    OpIndex
)

var definitions = map[Opcode]*Definition{
    // [...]
    OpIndex: {"OpIndex", []int{}},
}
```

下面的编译器测试用例用来判断 OpIndex 指令是否正确生成：

```go
// compiler/compiler_test.go

func TestIndexExpressions(t *testing.T) {
    tests := []compilerTestCase{
        {
            input:             "[1, 2, 3][1 + 1]",
            expectedConstants: []interface{}{1, 2, 3, 1, 1},
            expectedInstructions: []code.Instructions{
                code.Make(code.OpConstant, 0),
                code.Make(code.OpConstant, 1),
                code.Make(code.OpConstant, 2),
                code.Make(code.OpArray, 3),
                code.Make(code.OpConstant, 3),
                code.Make(code.OpConstant, 4),
                code.Make(code.OpAdd),
                code.Make(code.OpIndex),
                code.Make(code.OpPop),
            },
        },
        {
            input:             "{1: 2}[2 - 1]",
            expectedConstants: []interface{}{1, 2, 2, 1},
            expectedInstructions: []code.Instructions{
                code.Make(code.OpConstant, 0),
```

```
                code.Make(code.OpConstant, 1),
                code.Make(code.OpHash, 2),
                code.Make(code.OpConstant, 2),
                code.Make(code.OpConstant, 3),
                code.Make(code.OpSub),
                code.Make(code.OpIndex),
                code.Make(code.OpPop),
            },
        },
    }

    runCompilerTests(t, tests)
}
```

在这里要确保的是，可以将数组字面量和哈希字面量编译为索引运算符表达式的一部分，并且索引本身可以是任何表达式。

重点是，编译器不必在意正在索引的内容、索引是什么或者整个操作是否有效。这些是虚拟机的工作，这也是编译器没有关于空数组或不存在索引的测试用例的原因。编译器需要进行的就是，编译两个表达式并发出 OpIndex 指令：

```
// compiler/compiler.go

func (c *Compiler) Compile(node ast.Node) error {
    switch node := node.(type) {
    // [...]

    case *ast.IndexExpression:
        err := c.Compile(node.Left)
        if err != nil {
            return err
        }

        err = c.Compile(node.Index)
        if err != nil {
            return err
        }

        c.emit(code.OpIndex)

    // [...]
    }

    // [...]
}
```

这里先编译了被索引的对象，即 node.Left，随后编译了 node.Index。两者都是 ast.Expressions，这意味着不必在意它们到底是什么，因为 Compile 的其他部分已经处理了这些：

```
$ go test ./compiler
ok      monkey/compiler 0.009s
```

现在可以考虑边缘情况了，因为我们转移到了虚拟机。编写的测试如下：

```
// vm/vm_test.go

func TestIndexExpressions(t *testing.T) {
    tests := []vmTestCase{
        {"[1, 2, 3][1]", 2},
        {"[1, 2, 3][0 + 2]", 3},
        {"[[1, 1, 1]][0][0]", 1},
        {"[][0]", Null},
        {"[1, 2, 3][99]", Null},
        {"[1][-1]", Null},
        {"{1: 1, 2: 2}[1]", 1},
        {"{1: 1, 2: 2}[2]", 2},
        {"{1: 1}[0]", Null},
        {"{}[0]", Null},
    }

    runVmTests(t, tests)
}
```

在这里可以找到编译器测试中没有出现的所有情况：有效索引、无效索引、数组中的数组、空哈希表、空数组——它们全都需要能正常工作。

处理这些情况的基本思想是，对于有效的索引，应该将相应的元素压栈，对于无效的索引，应该替之以 vm.Null：

```
$ go test ./vm
--- FAIL: TestIndexExpressions (0.00s)
 vm_test.go:400: testIntegerObject failed: object has wrong value.\
   got=1, want=2
 vm_test.go:400: testIntegerObject failed: object has wrong value.\
   got=2, want=3
 vm_test.go:400: testIntegerObject failed: object has wrong value.\
   got=0, want=1
 vm_test.go:404: object is not Null: *object.Integer (&{Value:0})
 vm_test.go:404: object is not Null: *object.Integer (&{Value:99})
 vm_test.go:404: object is not Null: *object.Integer (&{Value:-1})
 vm_test.go:404: object is not Null: *object.Integer (&{Value:0})
 vm_test.go:404: object is not Null: *object.Integer (&{Value:0})
FAIL
FAIL    monkey/vm   0.036s
```

虽然错误消息很整齐，但这不是我们的最终目的。我们期望的是让虚拟机解码并执行 OpIndex 指令：

```
// vm/vm.go
```

```
func (vm *VM) Run() error {
    // [...]
        switch op {
        // [...]

        case code.OpIndex:
            index := vm.pop()
            left := vm.pop()

            err := vm.executeIndexExpression(left, index)
            if err != nil {
                return err
            }

        // [...]
        }
    // [...]
}
```

栈顶元素应该是 index，所以先把它弹栈，随后弹出索引运算符左侧部分 left，即被索引的对象。这时，需要确保执行顺序与编译器中使用的顺序相匹配——你简直不能想象打乱顺序会发生什么。

一旦有了 index 和 left，并且准备好了进行索引运算，那么其余的都委托给 executeIndexExpression：

```
// vm/vm.go

func (vm *VM) executeIndexExpression(left, index object.Object) error {
    switch {
    case left.Type() == object.ARRAY_OBJ && index.Type() == object.INTEGER_OBJ:
        return vm.executeArrayIndex(left, index)
    case left.Type() == object.HASH_OBJ:
        return vm.executeHashIndex(left, index)
    default:
        return fmt.Errorf("index operator not supported: %s", left.Type())
    }
}
```

这与已有的 executeBinaryOperation 方法很接近。它执行了 left 和 index 的类型检查，也将实际索引操作委托给了其他方法。第一个方法是 executeArrayIndex，其作用如下所示：

```
// vm/vm.go

func (vm *VM) executeArrayIndex(array, index object.Object) error {
    arrayObject := array.(*object.Array)
    i := index.(*object.Integer).Value
```

```
    max := int64(len(arrayObject.Elements) - 1)

    if i < 0 || i > max {
        return vm.push(Null)
    }

    return vm.push(arrayObject.Elements[i])
}
```

如果不是为了边界检查，这个方法会更短。但是我们确实想检查索引是否在被索引的数组的范围内——这就是该测试的作用。如果索引与数组中的元素不匹配，就将 Null 压栈。如果相匹配，则将相应元素压栈。

在 executeHashIndex 中不必做边界检查，但必须检查给定索引是否可以用作 object.HashKey：

```
// vm/vm.go

func (vm *VM) executeHashIndex(hash, index object.Object) error {
    hashObject := hash.(*object.Hash)

    key, ok := index.(object.Hashable)
    if !ok {
        return fmt.Errorf("unusable as hash key: %s", index.Type())
    }

    pair, ok := hashObject.Pairs[key.HashKey()]
    if !ok {
        return vm.push(Null)
    }

    return vm.push(pair.Value)
}
```

如果给定索引可以转变成 object.Hashable，则尝试从 hashObject.Pairs 中获取匹配的元素。如果成功，则将元素压栈，如果失败，则将 vm.Null 压栈。这也符合我们的测试预期。

现在来看测试结果：

```
$ go test ./vm
ok      monkey/vm    0.036s
```

这意味着，我们成功了！我们已经实现既定目标。现在可以成功地执行我们要实现的内容：

```
$ go build -o monkey . && ./monkey
Hello mrnugget! This is the Monkey programming language!
Feel free to type in commands
```

```
>> [1, 2, 3][1]
2
>> {"one": 1, "two": 2, "three": 3}["o" + "ne"]
1
>>
```

又到了章节尾声。现在我们构建了字符串、数组、哈希表、连接字符串，以及复合数据类型，但遗憾的是，也只是构建了这些类型而已。

在《用 Go 语言自制解释器》中，我们用额外的内置函数来对数据结构执行操作：访问第一个和最后一个元素，获取元素的数量，等等。这些操作非常有用，所以 Monkey 编译器和虚拟机也将实现它们。但是在可以添加内置函数之前，我们需要实现函数。

第 7 章

函　　数

本章是最能体现本书技能的一章。在本章中，我们将实现函数和函数调用，完成局部绑定并支持函数调用参数。要实现这些目标，我们必须脑力全开，做出许多看似无关紧要但对 Monkey 实现影响巨大的修改。展望未来，我们会遇到不止一个挑战。在函数的实现过程中，更是如此。

第一个问题是如何表示函数。简单地说，函数是一系列指令。但是在 Monkey 中，所有函数都是头等函数，可以在其他函数中传递和返回。那么如何表示一系列可以传递的指令？

除了这个问题之外，还有控制流的问题。如何让虚拟机执行一个函数的指令？如果能做到这一点，那又如何让它返回到之前执行的指令上？即使这也做到了，又如何给函数传递参数呢？

一个问题之后，接着无数个无法忽视的小问题。我们会逐一解答，只是没法一蹴而就。我们将通过深思熟虑的小步骤，将许多不同的部分编织成一个连贯的整体，这也是本章有着极大乐趣的原因。

7.1　一个简单的函数

本节的目标是"只"编译和执行这段看上去很简单的 Monkey 代码：

```
let fivePlusTen = fn() { 5 + 10 };
fivePlusTen();
```

这个函数没有参数，没有局部绑定，没有参数调用且没有对全局绑定的访问。目前高度复杂的 Monkey 程序很少，但这绝对是最简单的程序之一。尽管如此，它还是给我们带来了重重挑战。

7.1.1　函数表示

在编译或执行这个函数之前，需要直面第一个挑战：如何表示函数？

函数由 Monkey 代码组成，而 Monkey 代码必须编译为 Monkey 字节码。因此，编译器应该**至少**将函数转换为一系列 Monkey 字节码指令。那么问题来了，这一系列指令存储在哪里，又如何将其传递给虚拟机呢？

我们已经将主程序的指令传递给虚拟机，但不能将它们与函数的指令混合在一起。如果这样做，我们将不得不在虚拟机中再次拆开它们，以便一一执行。因此最好从一开始就将它们分开。

问题的关键在于，Monkey 函数也是一种 Monkey 值。它们可以绑定给名称、从其他函数返回、作为参数传递给其他函数，等等——就像任何其他 Monkey 值一样，它们也是由表达式产生的。

这样的表达式是函数字面量，即 Monkey 代码中的函数**字面**表示。在上述例子中，函数字面量是以下部分：

```
fn() { 5 + 10 }
```

函数字面量的奇怪之处是，它产生的值永远不会发生改变。这些值是常量。这是我们所需的最后一条线索。

我们将函数字面量与其他产生常量的字面量同等对待，将其作为常量传递给虚拟机。我们会将它们编译成指令序列，并添加到编译器的常量池中。像其他值一样，`OpConstant` 指令负责将编译后的函数压栈。

剩下的问题是如何准确地表示这些指令序列，以便将它们添加到常量池中并压栈。

我们在《用 Go 语言自制解释器》中定义了 `object.Function`，它是一个 Monkey 对象，用来表示求值后函数的字面量，当然，它自身也能被求值。现在我们需要一个不同的版本：一个用来保存字节码而不是 AST 节点的函数对象。

为此，需要在 `object` 包中引入新的 `object.CompiledFunction`：

```
// object/object.go

import (
    // [...]
    "monkey/code"
    // [...]
)
```

```
const (
    // [...]

    COMPILED_FUNCTION_OBJ = "COMPILED_FUNCTION_OBJ"
)

type CompiledFunction struct {
    Instructions code.Instructions
}

func (cf *CompiledFunction) Type() ObjectType { return COMPILED_FUNCTION_OBJ }
func (cf *CompiledFunction) Inspect() string {
    return fmt.Sprintf("CompiledFunction[%p]", cf)
}
```

object.CompiledFunction 就是我们所需要的：它可以保存从函数字面量编译中获得的 code.Instructions。它是一个 object.Object，这意味着可以将它作为常量添加到 compiler.Bytecode 并将其加载到虚拟机中。

如何表示函数的问题已经解决，下面思考编译的问题。

7.1.2 执行函数的操作码

这里我们面对的第一个问题是，是否需要新的操作码来实现编译和执行 Monkey 代码片段。

我们从**不需要**新操作码的部分开始：函数字面量操作码。由于我们决定将它们编译为*object.CompiledFunction 并将它们视为常量，因此可以使用现有的 OpConstant 指令将它们加载到虚拟机栈中。

就操作码而言，我们已经解决以下代码的第一行：

```
let fivePlusTen = fn() { 5 + 10 };
fivePlusTen();
```

一旦将函数字面量编译为*object.CompiledFunction，就能将其绑定给 fivePlusTen，因为已有的全局绑定适用于任何 object.Object。

但是我们确实需要为第二行代码 fivePlusTen() 新建操作码。这是一个调用表达式，在 AST 中由*ast.CallExpression 表示。它必须编译成一条指令，让虚拟机执行相关函数。

由于没有适合这种需求的操作码，因此现在需要定义一个新的操作码：OpCall。它没有任何操作数：

```
// code/code.go

const (
    // [...]

    OpCall
)

var definitions = map[Opcode]*Definition{
    // [...]

    OpCall: {"OpCall", []int{}},
}
```

以下是 OpCall 的使用方式。首先，使用 OpConstant 指令将想调用的函数压栈。随后发出 OpCall 指令，让虚拟机执行栈顶的函数。

这个精简的 OpCall 指令规范就是所谓的**调用约定**。一旦添加对函数调用参数的支持，它就必须改变，但现在，这只有两步：将想调用的函数压栈，以及发出 OpCall 指令。

定义了 OpCall 后，理论上我们就能够将一个函数放到虚拟机的栈中并调用它。现在需要一种方法来让虚拟机从所调用的函数返回。

具体地说，我们需要区分虚拟机从函数返回的两种情况。第一种情况是一个函数确实隐式或显式地返回了**一些内容**；第二种情况是函数执行结束时没有返回任何内容，例如该函数有一个空的函数体。

先说第一种情况。Monkey 同时支持这两种情况：

```
let explicitReturn = fn() { return 5 + 10; };
let implicitReturn = fn() { 5 + 10; };
```

显式返回的值由 return 语句产生。该语句会阻止执行函数的剩余部分，其返回的是 return 关键字后面表达式产生的值。在上面的例子中，会返回中缀表达式 5 + 10。

如果没有 return 语句，函数调用的求值结果是函数内部产生的最后一个值。这就是所谓的**隐式返回**。

在《用 Go 语言自制解释器》构建的求值器中，默认情况就是隐式返回。显式的 return 语句是必须构建的附加功能。

不过在本书中，隐式返回将通过略微改变显式返回来实现。换言之，以下两行代码将编译为相同的字节码：

```
fn() { 5 + 10 }
fn() { return 5 + 10 }
```

这意味着隐式返回和显式返回的本质是相同的，但也意味着我们必须实现两种机制才能编译和运行之前的 fivePlusTen 函数。即使只使用隐式返回，这些工作也没有捷径。不过现在在编译器上的努力将促使后面虚拟机中的工作更加简单。

由于它们会编译为相同的字节码，因此隐式返回和显式返回也将由相同的操作码表示。这个操作码是 OpReturnValue，用于让虚拟机从函数**返回一个值**：

```
// code/code.go

const (
    // [...]

    OpReturnValue
)

var definitions = map[Opcode]*Definition{
    // [...]

    OpReturnValue: {"OpReturnValue", []int{}},
}
```

该操作码没有任何参数，因此要返回的值必须位于栈顶。

在显式返回的情况下，何时以及如何发出此操作码是不言自明的。编译 return 语句，返回值就会压栈，然后发出 OpReturnValue。这很清楚，一如预期。

实现隐式返回值则需要做更多的工作，因为这意味着需要返回表达式语句产生的值——如果它由函数体中最后执行的语句产生。但前文提到，为确保表达式语句不会在栈中留下任何值，我们显式地发出 OpPop 指令清理栈。如果现在想返回值，就需要找到一种方法，将清理空栈的需求与对隐式返回的需求结合起来。我们后续会解决这个问题。

现在我们来谈谈函数返回的第二种情况，也是更为罕见的情况：函数不返回任何内容。由于 Monkey 中几乎所有内容都是产生值的表达式，因此很少能找出这样的函数，但它们确实存在。下面就是一个例子：

```
fn() { }
```

这是一个空函数体。编译它会产生一个有效的*object.CompiledFunction。它可以被调用，只是函数体没有任何指令。另一个例子，后面讨论局部绑定时会再次遇到：

```
fn() { let a = 1; }
```

当然，一个不返回任何内容的函数并不常见。第一本书中甚至没有处理它。但现在它摆在我们面前，伴随着一个悬而未决的问题：这类函数应该产生什么？函数调用是一个表达式，并且会产生值，为了保持一致，这类函数也应该产生一个值。

我们可以让这类函数返回*object.Null。由于在 Monkey 中*object.Null 表示没有值，因此对于不产生返回值的函数，返回它确实有意义。

这意味着，如果函数末尾没有 OpReturnValue 指令，需要让虚拟机从函数返回 vm.Null。我们通过引入另一个操作码来实现这一点。

先前定义的 OpReturnValue 用于让虚拟机返回位于栈顶的值。新的操作码，OpReturn，也会让虚拟机从当前函数返回一些信息，只是这次，栈中没有任何内容，没有返回值。它只是用来回到调用这个函数之前的逻辑。

以下是它的定义：

```go
// code/code.go

const (
    // [...]

    OpReturn
)

var definitions = map[Opcode]*Definition{
    // [...]

    OpReturn: {"OpReturn", []int{}},
}
```

目前已经定义了 3 个新的操作码，是时候开始与编译器相关的工作了。

7.1.3 编译函数字面量

在打开 compiler/compiler_test.go 文件之前，先做一下简单的盘点。

❑ object.CompiledFunction 用来保存编译函数的指令，并将它们以常量的形式作为字节码的一部分从编译器传递给虚拟机。

❑ code.OpCall 用来让虚拟机开始执行位于栈顶部的*object.CompiledFunction。

❑ code.OpReturnValue 用来让虚拟机将栈顶的值返回到调用上下文并在此恢复执行。

❑ code.OpReturn，与 code.OpReturnValue 类似，不同之处在于没有显式返回值，而是隐式返回 vm.Null。

这些足以让我们开始编译。但是，在开始编译**函数调用**之前，要确保可以编译所调用的函数。

第一个任务很明确：编译函数字面量。我们的初始目标是编译以下代码：

```
fn() { return 5 + 10 }
```

这是一个没有参数的函数，函数体中包含整数算术表达式和一个**显式的 return 语句**。这个 return 语句很重要。我们需要将函数字面量转换为*object.CompiledFunction，并在它的 Instructions 字段中使用图 7-1 所示的指令。

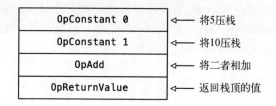

OpConstant 0	←── 将5压栈
OpConstant 1	←── 将10压栈
OpAdd	←── 将二者相加
OpReturnValue	←── 返回栈顶的值

图　7-1

如此一来，在包含于 Bytecode.Instructions 的主程序中，需要一条 OpConstant 指令将该函数加载到栈中，而且后面需要有 OpPop，因为返回的值是未使用的。

我们可以按照这个建议写一个测试：

```go
// compiler/compiler_test.go

func TestFunctions(t *testing.T) {
    tests := []compilerTestCase{
        {
            input: `fn() { return 5 + 10 }`,
            expectedConstants: []interface{}{
                5,
                10,
                []code.Instructions{
                    code.Make(code.OpConstant, 0),
                    code.Make(code.OpConstant, 1),
                    code.Make(code.OpAdd),
                    code.Make(code.OpReturnValue),
                },
            },
            expectedInstructions: []code.Instructions{
                code.Make(code.OpConstant, 2),
                code.Make(code.OpPop),
            },
```

```
        },
    }

    runCompilerTests(t, tests)
}
```

乍一看，这个测试并没有什么新内容，不过现在 expectedConstants 也包含
[]code.Instructions。

这些指令是我们期望在*object.CompiledFunction 的 Instructions 字段中看到
的，它作为索引为 2 的常量进行传递。我们本可以将*object.CompiledFunction 直
接放入 expectedConstants，但由于我们只对指令感兴趣，因此会跳过外层，使测试
更具可读性。

尽管如此，工具仍然需要更新，以便它现在可以对 expectedConstants 中的
[]code.Instructions 进行断言：

```go
// compiler/compiler_test.go

func testConstants(
    t *testing.T,
    expected []interface{},
    actual []object.Object,
) error {
    // [...]

    for i, constant := range expected {
        switch constant := constant.(type) {
        // [...]

        case []code.Instructions:
            fn, ok := actual[i].(*object.CompiledFunction)
            if !ok {
                return fmt.Errorf("constant %d - not a function: %T",
                    i, actual[i])
            }

            err := testInstructions(constant, fn.Instructions)
            if err != nil {
                return fmt.Errorf("constant %d - testInstructions failed: %s",
                    i, err)
            }
        }
    }

    return nil
}
```

在[]code.Instructions 的新 case 分支中，使用已有的 testInstructions 来确保常量池中的*object.CompiledFunction 包含正确的指令。

这就是函数编译的第一个测试。现在运行它，会看到它运行失败：

```
$ go test ./compiler
--- FAIL: TestFunctions (0.00s)
 compiler_test.go:296: testInstructions failed: wrong instructions length.
  want="0000 OpConstant 2\n0003 OpPop\n"
  got ="0000 OpPop\n"
FAIL
FAIL    monkey/compiler 0.008s
```

测试还没有检查编译函数的指令，因为主程序中缺少将函数加载到栈中的指令，而这是因为编译器无法编译*ast.FunctionLiteral。

*ast.FunctionLiteral 的主体是一个*ast.BlockStatement，其中包含一系列的 ast.Statement。由于已经能够通过编译*ast.IfExpression 来编译*ast.BlockStatement，因此编译函数体中的语句应该不是问题。

但是，如果直接用已有的*ast.FunctionLiteral 的主体调用编译器的 Compile 方法，最终会一团糟：结果指令最终会与主程序的指令纠缠在一起。解决方案是在编译器中引入作用域。

1. 添加作用域

这听起来很复杂，实际上做起来很简单。这意味着我们不再使用切片和两个单独的字段 lastInstruction 和 previousInstruction 追踪已发出的指令，而是将它们捆绑在一个**编译作用域**中，并使用该作用域的栈：

```
// compiler/compiler.go

type CompilationScope struct {
    instructions        code.Instructions
    lastInstruction     EmittedInstruction
    previousInstruction EmittedInstruction
}

type Compiler struct {
    // [...]

    scopes     []CompilationScope
    scopeIndex int
}
```

在开始编译函数体（进入一个新的作用域）之前，我们将一个新的 CompilationScope

推送到 scopes 的栈中。在此作用域内编译时，编译器的 emit 方法只会修改当前
CompilationScope 的字段。一旦完成了函数的编译，我们就会将它从 scopes 的栈中
弹出并将指令放入一个新的*object.CompiledFunction，从而离开作用域。

这些讲解比实际复杂很多，以下测试将展示这一点：

```go
// compiler/compiler_test.go

func TestCompilerScopes(t *testing.T) {
    compiler := New()
    if compiler.scopeIndex != 0 {
        t.Errorf("scopeIndex wrong. got=%d, want=%d", compiler.scopeIndex, 0)
    }

    compiler.emit(code.OpMul)

    compiler.enterScope()
    if compiler.scopeIndex != 1 {
        t.Errorf("scopeIndex wrong. got=%d, want=%d", compiler.scopeIndex, 1)
    }

    compiler.emit(code.OpSub)

    if len(compiler.scopes[compiler.scopeIndex].instructions) != 1 {
        t.Errorf("instructions length wrong. got=%d",
            len(compiler.scopes[compiler.scopeIndex].instructions))
    }

    last := compiler.scopes[compiler.scopeIndex].lastInstruction
    if last.Opcode != code.OpSub {
        t.Errorf("lastInstruction.Opcode wrong. got=%d, want=%d",
            last.Opcode, code.OpSub)
    }

    compiler.leaveScope()
    if compiler.scopeIndex != 0 {
        t.Errorf("scopeIndex wrong. got=%d, want=%d",
            compiler.scopeIndex, 0)
    }

    compiler.emit(code.OpAdd)

    if len(compiler.scopes[compiler.scopeIndex].instructions) != 2 {
        t.Errorf("instructions length wrong. got=%d",
            len(compiler.scopes[compiler.scopeIndex].instructions))
    }

    last = compiler.scopes[compiler.scopeIndex].lastInstruction
    if last.Opcode != code.OpAdd {
        t.Errorf("lastInstruction.Opcode wrong. got=%d, want=%d",
            last.Opcode, code.OpAdd)
```

```
    }

    previous := compiler.scopes[compiler.scopeIndex].previousInstruction
    if previous.Opcode != code.OpMul {
        t.Errorf("previousInstruction.Opcode wrong. got=%d, want=%d",
            previous.Opcode, code.OpMul)
    }
}
```

这里在编译器上测试了两个新方法：enterScope 和 leaveScope。它们的功能跟名字描述一致，即通过在新的 scopes 栈中压入和弹出 CompilationScope 指令来改变 emit 的行为。此测试背后的主要思想是，在一个作用域内发出的指令不应对另一作用域内的指令产生影响。

由于这两个方法还不存在，因此测试失败了。此处省略了失败的结果输出。让测试通过是一件很简单的事情，因为这些都归结于对栈的使用。我们现在已经很擅长处理这个问题。

首先必须从编译器中删除 instructions、lastInstruction、previousInstruction 这 3 个字段，并在初始化新的 *Compiler 时将这 3 个字段替换为 CompilationScope：

```go
// compiler/compiler.go

type Compiler struct {
    constants []object.Object

    symbolTable *SymbolTable

    scopes      []CompilationScope
    scopeIndex  int
}

func New() *Compiler {
    mainScope := CompilationScope{
        instructions:        code.Instructions{},
        lastInstruction:     EmittedInstruction{},
        previousInstruction: EmittedInstruction{},
    }

    return &Compiler{
        constants:   []object.Object{},
        symbolTable: NewSymbolTable(),
        scopes:      []CompilationScope{mainScope},
        scopeIndex:  0,
    }
}
```

现在需要更新对已删除字段的每个引用，并将它们更改为使用当前作用域。为了解决这个问题，我们添加了一个名为 currentInstructions 的新方法：

```
// compiler/compiler.go

func (c *Compiler) currentInstructions() code.Instructions {
    return c.scopes[c.scopeIndex].instructions
}
```

现在可以在 addInstruction 中使用该方法：

```
// compiler/compiler.go

func (c *Compiler) addInstruction(ins []byte) int {
    posNewInstruction := len(c.currentInstructions())
    updatedInstructions := append(c.currentInstructions(), ins...)

    c.scopes[c.scopeIndex].instructions = updatedInstructions

    return posNewInstruction
}
```

这里先用 c.currentInstructions 获取了当前的指令切片，然后为了改变它们，在栈中替换了它们。

在编译器的其他辅助方法中，还需要对栈进行遍历：

```
// compiler/compiler.go

func (c *Compiler) setLastInstruction(op code.Opcode, pos int) {
    previous := c.scopes[c.scopeIndex].lastInstruction
    last := EmittedInstruction{Opcode: op, Position: pos}

    c.scopes[c.scopeIndex].previousInstruction = previous
    c.scopes[c.scopeIndex].lastInstruction = last
}

func (c *Compiler) lastInstructionIsPop() bool {
    return c.scopes[c.scopeIndex].lastInstruction.Opcode == code.OpPop
}

func (c *Compiler) removeLastPop() {
    last := c.scopes[c.scopeIndex].lastInstruction
    previous := c.scopes[c.scopeIndex].previousInstruction

    old := c.currentInstructions()
    new := old[:last.Position]
    c.scopes[c.scopeIndex].instructions = new
    c.scopes[c.scopeIndex].lastInstruction = previous
}

func (c *Compiler) replaceInstruction(pos int, newInstruction []byte) {
```

```
    ins := c.currentInstructions()

    for i := 0; i < len(newInstruction); i++ {
        ins[pos+i] = newInstruction[i]
    }
}

func (c *Compiler) changeOperand(opPos int, operand int) {
    op := code.Opcode(c.currentInstructions()[opPos])
    newInstruction := code.Make(op, operand)

    c.replaceInstruction(opPos, newInstruction)
}
```

随后需要在 Compile 方法的核心逻辑上做一些更细微的改变：之前访问的 c.instructions 现在需要切换为 c.currentInstructions 调用：

```
// compiler/compiler.go

func (c *Compiler) Compile(node ast.Node) error {
    switch node := node.(type) {
    // [...]
    case *ast.IfExpression:
        // [...]

        afterConsequencePos := len(c.currentInstructions())
        c.changeOperand(jumpNotTruthyPos, afterConsequencePos)

        // [...]

        afterAlternativePos := len(c.currentInstructions())
        c.changeOperand(jumpPos, afterAlternativePos)

    // [...]
    }

    // [...]
}
```

当需要返回编译器生成的字节码时，还需要返回当前指令：

```
// compiler/compiler.go

func (c *Compiler) Bytecode() *Bytecode {
    return &Bytecode{
        Instructions: c.currentInstructions(),
        Constants:    c.constants,
    }
}
```

最后，我们准备添加新的 enterScope 方法和 leaveScope 方法：

```
// compiler/compiler.go

func (c *Compiler) enterScope() {
    scope := CompilationScope{
        instructions:        code.Instructions{},
        lastInstruction:     EmittedInstruction{},
        previousInstruction: EmittedInstruction{},
    }
    c.scopes = append(c.scopes, scope)
    c.scopeIndex++
}

func (c *Compiler) leaveScope() code.Instructions {
    instructions := c.currentInstructions()

    c.scopes = c.scopes[:len(c.scopes)-1]
    c.scopeIndex--

    return instructions
}
```

这里没有深入解释，因为我们在之前实现的其他栈中看到过这些内容，只不过现在它是完整的压栈和弹栈的 code.Instructions。

测试通过：

```
$ go test -run TestCompilerScopes ./compiler
ok      monkey/compiler 0.008s
```

不过只有 **TestCompilerScopes** 函数运行正常。函数编译仍然失败：

```
$ go test ./compiler
--- FAIL: TestFunctions (0.00s)
 compiler_test.go:396: testInstructions failed: wrong instructions length.
  want="0000 OpConstant 2\n0003 OpPop\n"
  got ="0000 OpPop\n"
FAIL
FAIL    monkey/compiler 0.008s
```

是时候修复它了。

2. 编译作用域

编译器能够处理作用域，我们也知道如何使用作用域，现在可以编译*ast.Function-Literal 了：

```
// compiler/compiler.go

func (c *Compiler) Compile(node ast.Node) error {
    switch node := node.(type) {
```

```
    // [...]

    case *ast.FunctionLiteral:
        c.enterScope()
        err := c.Compile(node.Body)
        if err != nil {
            return err
        }

        instructions := c.leaveScope()

        compiledFn := &object.CompiledFunction{Instructions: instructions}
        c.emit(code.OpConstant, c.addConstant(compiledFn))

    // [...]
    }

    // [...]
}
```

这段代码的中心思想是：在编译函数时更改发出指令的存储位置。

因此，当遇到*ast.FunctionLiteral 时，要做的第一件事就是通过调用 c.enterScope 进入一个新的作用域。然后编译 node.Body，即构成函数主体的 AST 节点。之后，通过调用 c.leaveScope 从 CompilationScope 的栈中取出刚刚填充的指令切片，创建一个新的 *object.CompiledFunction 来保存这些指令，并将该函数添加到常量池中。

这样就完成了函数编译：

```
  $ go test ./compiler
--- FAIL: TestFunctions (0.00s)
 compiler_test.go:654: testInstructions failed: wrong instruction at 2.
  want="0000 OpConstant 2\n0003 OpPop\n"
  got ="0000 OpConstant 0\n0003 OpPop\n"
FAIL
FAIL    monkey/compiler 0.008s
```

事实证明，编译器能编译函数字面量，但不能编译*ast.ReturnStatement。由于测试中的函数体只是一个 return 语句，因此编译器不编译该函数的任何内容，只创建了一个 *object.CompiledFunction 常量，没有任何指令。

现在的测试基础结构还不够高级，无法通过准确的错误消息指出问题的根源。不过我已经做了一些挖掘工作。

后面的重点工作是编译*ast.ReturnStatement。既然已经制订了计划，就应该猜到编译后发出的操作码是 OpReturnValue：

```go
// compiler/compiler.go

func (c *Compiler) Compile(node ast.Node) error {
    switch node := node.(type) {
    // [...]

    case *ast.ReturnStatement:
        err := c.Compile(node.ReturnValue)
        if err != nil {
            return err
        }

        c.emit(code.OpReturnValue)
    // [...]
    }

    // [...]
}
```

先将返回值表达式编译为将值留在栈中的指令，随后发出 OpReturnValue 指令。

现在，再次执行测试：

```
$ go test ./compiler
ok      monkey/compiler 0.009s
```

我们已经成功将函数体编译成一系列指令。

但在正式庆祝之前，还需要处理最后一件事。虽然也不是一件大事，因为我们已经实现了它的一个变体，但需要确保隐式返回与显式返回产生相同的字节码。

为此编写测试用例只需要复制前一个用例，并从 Monkey 代码中删除 return 关键字：

```go
// compiler/compiler_test.go

func TestFunctions(t *testing.T) {
    tests := []compilerTestCase{
        // [...]
        {
            input: `fn() { 5 + 10 }`,
            expectedConstants: []interface{}{
                5,
                10,
                []code.Instructions{
                    code.Make(code.OpConstant, 0),
                    code.Make(code.OpConstant, 1),
                    code.Make(code.OpAdd),
                    code.Make(code.OpReturnValue),
                },
```

```
            },
            expectedInstructions: []code.Instructions{
                code.Make(code.OpConstant, 2),
                code.Make(code.OpPop),
            },
        },
    }

    runCompilerTests(t, tests)
}
```

解决这个问题需要用到 OpPop 指令，因为这个测试用例需要编译器摆脱 OpPop（这个指令是在函数体的最后一个表达式语句之后发出的），以便隐式返回值不会被弹栈。但是在其他情况下，仍然需要 OpPop 指令。也就是在删除 OpPop 之前，需要确保它们保持在原来的位置，然后添加另一个测试用例：

```go
// compiler/compiler_test.go

func TestFunctions(t *testing.T) {
    tests := []compilerTestCase{
        // [...]
        {
            input: `fn() { 1; 2 }`,
            expectedConstants: []interface{}{
                1,
                2,
                []code.Instructions{
                    code.Make(code.OpConstant, 0),
                    code.Make(code.OpPop),
                    code.Make(code.OpConstant, 1),
                    code.Make(code.OpReturnValue),
                },
            },
            expectedInstructions: []code.Instructions{
                code.Make(code.OpConstant, 2),
                code.Make(code.OpPop),
            },
        },
    }

    runCompilerTests(t, tests)
}
```

这个测试用例简洁地解释了我们将来想用 OpPop 做什么。第一个表达式语句，即字面量 1，后面应该像之前一样跟一条 OpPop 指令。但是第二个表达式语句，2，是隐式返回值，OpPop 指令必须替换为 OpReturnValue 指令。

现在有两个失败的测试用例需要修复。测试输出实际上非常有用：

```
$ go test ./compiler
--- FAIL: TestFunctions (0.00s)
 compiler_test.go:693: testConstants failed: constant 2 -\
   testInstructions failed: wrong instruction at 7.
  want="0000 OpConstant 0\n0003 OpConstant 1\n0006 OpAdd\n0007 OpReturnValue\n"
  got ="0000 OpConstant 0\n0003 OpConstant 1\n0006 OpAdd\n0007 OpPop\n"
FAIL
FAIL    monkey/compiler 0.009s
```

正如预期的那样，函数中的最后一个表达式语句并没有变成隐式返回值，但其后仍然跟着 OpPop 指令。

解决这个问题的恰当时间是在函数体编译之后和离开作用域之前。那时，我们仍然可以访问刚刚发出的指令，进而可以检查最后一条指令是否是 OpPop 指令，并在必要时将其转换为 OpReturnValue。

为了使修改更容易，我们将现有的 lastInstructionIsPop 方法重构并更改为更通用的 lastInstructionIs，并添加了防御性检查：

```go
// compiler/compiler.go

func (c *Compiler) lastInstructionIs(op code.Opcode) bool {
    if len(c.currentInstructions()) == 0 {
        return false
    }

    return c.scopes[c.scopeIndex].lastInstruction.Opcode == op
}
```

这就需要修改之前调用 lastInstructionIsPop 的位置：

```go
// compiler/compiler.go

func (c *Compiler) Compile(node ast.Node) error {
    switch node := node.(type) {
    // [...]
    case *ast.IfExpression:
        // [...]

        if c.lastInstructionIs(code.OpPop) {
            c.removeLastPop()
        }

        // [...]

        if node.Alternative == nil {
            // [...]
        } else {
            // [...]
            if c.lastInstructionIs(code.OpPop) {
```

```
                    c.removeLastPop()
                }
                // [...]
            }

        // [...]
        }

    // [...]
    }
```

现在可以将 Compile 方法中的 *ast.FunctionLiteral 分支替换为 c.lastInstruc-tionIs：

```
// compiler/compiler.go
func (c *Compiler) Compile(node ast.Node) error {
    switch node := node.(type) {
    // [...]

    case *ast.FunctionLiteral:
        c.enterScope()

        err := c.Compile(node.Body)
        if err != nil {
            return err
        }

        if c.lastInstructionIs(code.OpPop) {
            c.replaceLastPopWithReturn()
        }

        instructions := c.leaveScope()

        compiledFn := &object.CompiledFunction{Instructions: instructions}
        c.emit(code.OpConstant, c.addConstant(compiledFn))
    // [...]
    }

    // [...]
}

func (c *Compiler) replaceLastPopWithReturn() {
    lastPos := c.scopes[c.scopeIndex].lastInstruction.Position
    c.replaceInstruction(lastPos, code.Make(code.OpReturnValue))

    c.scopes[c.scopeIndex].lastInstruction.Opcode = code.OpReturnValue
}
```

编译函数体后，需要检查最后发出的指令是否是 OpPop。如果是，则将其替换为 OpReturnValue。一个简单的更改操作使得这两个新的测试用例通过了：

```
$ go test ./compiler
ok      monkey/compiler 0.008s
```

但是，如果只检查是否发出 OpPop，为什么要将 lastInstructionIsPop 重构为 lastInstructionIs 并添加额外的安全检查？这是因为还没有彻底完成，仍然存在令人讨厌的边缘情况：没有主体的函数。不过，我们非常接近终点了。

编译器还需要能将一个空函数体转换为单条 OpReturn 指令：

```go
// compiler/compiler_test.go

func TestFunctionsWithoutReturnValue(t *testing.T) {
    tests := []compilerTestCase{
        {
            input: `fn() { }`,
            expectedConstants: []interface{}{
                []code.Instructions{
                    code.Make(code.OpReturn),
                },
            },
            expectedInstructions: []code.Instructions{
                code.Make(code.OpConstant, 0),
                code.Make(code.OpPop),
            },
        },
    }

    runCompilerTests(t, tests)
}
```

测试失败了，但在意料之中：

```
$ go test ./compiler
--- FAIL: TestFunctionsWithoutReturnValue (0.00s)
 compiler_test.go:772: testConstants failed: constant 0 -\
  testInstructions failed: wrong instructions length.
  want="0000 OpReturn\n"
  got =""
FAIL
FAIL    monkey/compiler 0.009s
```

预期是得到一条 OpReturn 指令，但实际什么都没有。错误消息很明了。解决这个问题也非常简单：

```go
// compiler/compiler.go

func (c *Compiler) Compile(node ast.Node) error {
    switch node := node.(type) {
    // [...]
```

```
case *ast.FunctionLiteral:
    // [...]

    if c.lastInstructionIs(code.OpPop) {
        c.replaceLastPopWithReturn()
    }
    if !c.lastInstructionIs(code.OpReturnValue) {
        c.emit(code.OpReturn)
    }
    // [...]

// [...]
}

// [...]
}
```

对于检查是否需要用 OpReturnValue 替换 OpPop，这点已经实现了。测试会将函数体中的最后一条语句都转换为 OpReturnValue。原因是，它已经是一个显式的 *ast.ReturnStatement，或者我们已经转换了它。

但如果不能转换（很少见），这意味着要么在函数体中没有任何语句，要么只有不能转换成 OpReturnValue 指令的语句。目前，先专注于前者，稍后会谈论后者。在这两种情况下，我们都先发出 OpReturn。

随着这个边缘情况也得到修复，我们终于可以庆祝了：

```
$ go test ./compiler
ok      monkey/compiler 0.009s
```

现在正确编译了函数字面量！这真的是一件值得庆祝的事情。

我们能够将函数字面量转换为 *object.CompiledFunction，处理函数体中的隐式返回和显式返回，并发出 OpConstant 指令以将函数加载到虚拟机的栈中。

关于函数编译的旅程，我们已经走了一半，剩下的就是**函数调用**的编译了。

7.1.4　编译函数调用

在打开 compiler_test.go 敲测试用例之前，让我们退一步仔细思考一下。要实现函数调用，就需要发出表示 Monkey 字节码调用约定的指令，因为这就是在 Monkey 字节码中调用函数的方式。

本章伊始，我们就确定了函数调用约定，那就是将想调用的函数压栈。我们已经知道如何做到这一点。如果是正在调用的函数字面量，就使用 OpConstant 指令：

```
fn() { 1 + 2 }()
```

如果函数之前绑定给了一个名称，就使用 OpGetGlobal 指令：

```
let onePlusTwo = fn() { 1 + 2 };
onePlusTwo();
```

这两种情况最终都会使我们期望调用的*object.CompiledFunction 位于栈中。现在为了能够执行指令，需要发出一条 OpCall 指令。

虚拟机随后会执行该函数的指令，当执行结束时，如果有返回值，则将函数弹栈并用返回值替换它，如果没有返回值，则只将函数弹栈。

函数调用约定的整个部分，即虚拟机在函数执行结束后所做的事情，是隐式的：不需要发出 OpPop 指令来使函数弹栈。这是函数约定的一部分，我们会直接将其构建到虚拟机中。

在你开始努力地理解这些内容之前，请记住，一旦向函数调用引入参数，约定就会改变。这就是还没有提到它们的原因。

不过就目前而言，我们非常确定需要做什么。当编译器遇到*ast.CallExpression时，它应该这样做：

```go
// compiler/compiler_test.go

func TestFunctionCalls(t *testing.T) {
    tests := []compilerTestCase{
        {
            input: `fn() { 24 }();`,
            expectedConstants: []interface{}{
                24,
                []code.Instructions{
                    code.Make(code.OpConstant, 0), // 字面量"24"
                    code.Make(code.OpReturnValue),
                },
            },
            expectedInstructions: []code.Instructions{
                code.Make(code.OpConstant, 1), //被编译的函数
                code.Make(code.OpCall),
                code.Make(code.OpPop),
            },
        },
        {
            input: `
let noArg = fn() { 24 };
noArg();
`,
            expectedConstants: []interface{}{
```

```
                24,
                []code.Instructions{
                    code.Make(code.OpConstant, 0), // 字面量"24"
                    code.Make(code.OpReturnValue),
                },
            },
            expectedInstructions: []code.Instructions{
                code.Make(code.OpConstant, 1), // 被编译的函数
                code.Make(code.OpSetGlobal, 0),
                code.Make(code.OpGetGlobal, 0),
                code.Make(code.OpCall),
                code.Make(code.OpPop),
            },
        },
    }

    runCompilerTests(t, tests)
}
```

在这两个测试用例中，所调用的函数都故意写得很简单，因为这里的重点是 OpCall 指令，并且它的前面是 OpGetGlobal 指令或 OpConstant 指令。

测试失败，原因是编译器并不能识别*ast.CallExpression：

```
$ go test ./compiler
--- FAIL: TestFunctionCalls (0.00s)
 compiler_test.go:833: testInstructions failed: wrong instructions length.
  want="0000 OpConstant 1\n0003 OpCall\n0004 OpPop\n"
  got ="0000 OpPop\n"
FAIL
FAIL    monkey/compiler 0.008s
```

这些测试容易修复的原因是，从编译器的角度来看，所调用的函数是被绑定给名称还是字面量并不重要。这两者我们都能够处理。

我们要做的就是让编译器在遇到*ast.CallExpression 时，编译所调用的函数并发出 OpCall 指令：

```
// compiler/compiler.go

func (c *Compiler) Compile(node ast.Node) error {
    switch node := node.(type) {
    // [...]

    case *ast.CallExpression:
        err := c.Compile(node.Function)
        if err != nil {
            return err
        }

        c.emit(code.OpCall)
```

```
    // [...]
    }

    // [...]
}
```

在前文说已经完成一半并且下半部分是实现函数调用时，我撒谎了，其实所剩内容不到一半。现在，我们已经越过编译器的终点。

```
$ go test ./compiler
ok       monkey/compiler 0.009s
```

是的，这意味着我们可以正确编译函数字面量和函数调用。我们现在**真的**处于中间点，因为编译器部分已经全部完成，可以转到虚拟机，并确保它能处理函数、两个返回指令和 OpCall。

7.1.5 虚拟机中的函数

字节码的 Constant 字段现在可以包含 *object.CompiledFunction。当遇到 OpCall 指令时，需要执行位于栈顶的 *object.CompiledFunction 指令，而遇到 OpReturnValue 或 OpReturn 时则不同。如果遇到 OpReturnValue，需要保留栈顶的值，即返回值。然后，必须从栈中删除刚刚执行的 *object.CompiledFunction 并用保存的返回值（如果有）替换它。

以上是本节的目标。弹栈和压栈不会成为阻碍，我们甚至称得上是这方面的专家。问题是如何执行函数的指令？

现在，执行指令意味着虚拟机的主循环通过递增指令指针 ip 来遍历 vm.instructions 切片，并用它作为索引从 vm.instructions 获取下一个操作码。它还会从同一个切片中读取操作数。当遇到分支指令时，例如 OpJump，它会更改 ip 的值。

执行函数时，我们并不想改变这个机制，唯一要改变的是所使用的**数据**：指令和指令指针。如果可以在虚拟机运行时修改它们，我们就可以执行函数。

修改切片和整数？这并不难，但这并不是要做的全部事情。我们仍然需要将它们**修改回来**。当函数执行结束时，需要恢复旧的指令和 ip，并且不止一次。我们还需要处理函数的嵌套执行。考虑以下情况：

```
let one = fn() { 5 };
let two = fn() { one() };
let three = fn() { two() };
three();
```

当函数 three 被调用时，指令和指令指针都必须进行修改。当函数 two 被调用时，指令和指令指针也需要修改。函数 one 在函数 two 内部被调用时，指令和指令指针需要再次进行修改。函数 one 执行后，需要恢复指令和指令指针，随后在 two 执行后也需要做同样的事情，three 执行后同理。

如果你能理解"栈"中发生的这个过程，那你的思路就是对的。

1. 添加栈帧

目前知道的是：函数调用是嵌套的，与执行相关的数据——指令和指令指针——以后进先出 (LIFO) 方式被访问。我们很熟悉栈，这是很重要的一点。但是处理两个独立的数据片段从来都不是一件轻松的事情。解决方案是将它们捆绑在一起，这就是"帧"。

帧是**调用帧**或者**栈帧**的简称，指保存与执行相关的信息的数据结构。在编译器或解释器术语中，这有时也称为**活动记录**。

在物理机上，帧并不独立于栈存在，而是**栈**的特定部分。它是存储返回地址、当前函数的参数及其局部变量的地方。由于它在栈中，因此帧在函数执行结束后很容易被弹栈。正如在第 1 章中看到的，使用**栈**来保存调用帧能将其转换为**调用栈**。

在虚拟机上，不必使用栈来存储帧，因为此处不受标准化调用约定或其他真实的内容约束，比如**真实的内存地址**和位置。使用 Go 而不是汇编语言构建的**虚拟机**比真实的物理机有更多的选择，可以将帧存储在任何地方。实际上，任何与执行相关的数据都可以。

对于栈中保存的内容，因虚拟机不同而不同。有些虚拟机会将所有内容都保存在栈中，有些只保存返回地址，还有些只保存局部变量和函数调用的参数。对于这些方式来说，没有最佳选择或者唯一选择的说法。一切都取决于所实现的语言、对于并发性和性能的要求、宿主语言，等等。

我们的目的是学习，因此选择了最简单的构建方式，以便理解、扩展，以及探索它可能会有怎样的改变和实现。

我们已经使用部分虚拟机的栈作为调用栈：在栈中保存了要调用的函数及其返回值。但是我们并不打算将帧保存在此，因为我们会为它们构建属于它们自己的栈。

在构建之前，先看看 Monkey 虚拟机中构成帧的代码：

```go
// vm/frame.go

package vm

import (
    "monkey/code"
    "monkey/object"
)

type Frame struct {
    fn *object.CompiledFunction
    ip int
}

func NewFrame(fn *object.CompiledFunction) *Frame {
    return &Frame{fn: fn, ip: -1}
}

func (f *Frame) Instructions() code.Instructions {
    return f.fn.Instructions
}
```

每个帧有两个字段：fn 和 ip。fn 指向帧引用的已编译函数，ip 则表示**该帧**的指令指针。这两个字段可以将虚拟机主循环中使用的所有数据集中在一起。当前正在执行的帧是位于调用栈顶部的帧。

这很简单，即使此处不为 NewFrame 函数和 Instructions 方法编写测试，你也可以理解。

定义 Frame 后，我们就有了两种选择：一种是将虚拟机更改为仅在调用和执行函数时使用帧；另一种选择更高效流畅，即更改虚拟机，不仅将帧用于函数，而且将主程序 bytecode.Instructions 视为函数。

我们当然选择第二种。

比构建流畅而高效的帧更好的消息是，不必编写测试，因为这是"实现细节"中另一个主要的例子：当将其更改为使用帧时，虚拟机的可见行为不应该有任何变化。这只是一个内部的更改。而且为了保证虚拟机保持现有的工作方式，我们已经拥有测试套件。

为帧构建的栈结构如下：

```go
// vm/vm.go

type VM struct {
    // [...]
```

```
    frames      []*Frame
    framesIndex int
}

func (vm *VM) currentFrame() *Frame {
    return vm.frames[vm.framesIndex-1]
}

func (vm *VM) pushFrame(f *Frame) {
    vm.frames[vm.framesIndex] = f
    vm.framesIndex++
}

func (vm *VM) popFrame() *Frame {
    vm.framesIndex--
    return vm.frames[vm.framesIndex]
}
```

所有的测试都能顺利通过，只不过现在有了一个用于帧的栈。与其他栈类似，这里采用切片作为底层数据结构并使用整数作为索引。由于要追求极致性能，因此这里的实现与编译器中的作用域栈稍有不同。这里不是采用附加扩展切片的方式，而是采用预先分配的方式使用切片。

现在只需要使用它。第一任务是分配切片并将最外层的“主栈帧”推送到它上面：

```
// vm/vm.go

const MaxFrames = 1024

func New(bytecode *compiler.Bytecode) *VM {
    mainFn := &object.CompiledFunction{Instructions: bytecode.Instructions}
    mainFrame := NewFrame(mainFn)

    frames := make([]*Frame, MaxFrames)
    frames[0] = mainFrame

    return &VM{
        constants: bytecode.Constants,

        stack: make([]object.Object, StackSize),
        sp:    0,

        globals: make([]object.Object, GlobalsSize),

        frames:      frames,
        framesIndex: 1,
    }
}
```

这里的新内容是为初始化新的虚拟机做好准备。

首先，创建了一个 mainFn。它是虚构并包含 bytecode.Instructions 的主栈帧，这些指令构成了整个 Monkey 程序。然后为栈帧分配了最大数量的 MaxFrames 个插槽。1024 这个值是随意写的，但只要不嵌套太多的函数调用，就足够用了。这个新的栈帧中的第一帧是 mainFrame。随后，根据已经知道的字段，我们将 frames 和 framesIndex 为 1 加入到新创建的虚拟机中。

与此同时，我们删除了这个 New 函数中 instructions 字段的初始化代码，所以也需要将它从虚拟机的定义中删除：

```go
// vm/vm.go

type VM struct {
    constants []object.Object

    stack []object.Object
    sp    int

    globals []object.Object

    frames      []*Frame
    framesIndex int
}
```

删除 instructions 切片后，现在需要改变访问指令和虚拟机内部指令指针的方式，并确保我们总是通过当前帧来访问它们。

第一个更改在虚拟机的主循环中。ip 不能继续在循环中初始化，只能递增，我们需要将之前实现的 for 循环改为 Go 版本的 while 循环，其中只有一个条件，并且需要在循环体中手动递增 ip：

```go
// vm/vm.go

func (vm *VM) Run() error {
    var ip int
    var ins code.Instructions
    var op code.Opcode

    for vm.currentFrame().ip < len(vm.currentFrame().Instructions())-1 {
        vm.currentFrame().ip++

        ip = vm.currentFrame().ip
        ins = vm.currentFrame().Instructions()
        op = code.Opcode(ins[ip])

        switch op {
        // [...]
        }
```

```
    }

    return nil
}
```

我们在 Run 方法的顶部添加了 3 个辅助变量 ip、ins 和 op，因此其余部分不会因为调用 currentFrame()而过于拥挤。特别是现在需要更新 Run 中读取操作数和访问或修改指令指针的每个位置：

```
// vm/vm.go

func (vm *VM) Run() error {
    // [...]
    switch op {
    case code.OpConstant:
        constIndex := code.ReadUint16(ins[ip+1:])
        vm.currentFrame().ip += 2
    // [...]

    case code.OpJump:
        pos := int(code.ReadUint16(ins[ip+1:]))
        vm.currentFrame().ip = pos - 1
    // [...]

    case code.OpJumpNotTruthy:
        pos := int(code.ReadUint16(ins[ip+1:]))
        vm.currentFrame().ip += 2

        condition := vm.pop()
        if !isTruthy(condition) {
            vm.currentFrame().ip = pos - 1
        }
    // [...]

    case code.OpSetGlobal:
        globalIndex := code.ReadUint16(ins[ip+1:])
        vm.currentFrame().ip += 2
    // [...]

    case code.OpGetGlobal:
        globalIndex := code.ReadUint16(ins[ip+1:])
        vm.currentFrame().ip += 2
    // [...]

    case code.OpArray:
        numElements := int(code.ReadUint16(ins[ip+1:]))
        vm.currentFrame().ip += 2
    // [...]

    case code.OpHash:
        numElements := int(code.ReadUint16(ins[ip+1:]))
```

```
            vm.currentFrame().ip += 2
        // [...]

        }

    // [...]
}
```

现在虚拟机可以完全对栈帧进行转换。重要的是，所有的测试仍然可以顺利通过：

```
$ go test ./vm
ok      monkey/vm     0.036s
```

下面开始添加函数调用。

2. 执行函数调用

现在是时候添加函数调用了，因为我们确切知道想要什么：

```
// vm/vm_test.go

func TestCallingFunctionsWithoutArguments(t *testing.T) {
    tests := []vmTestCase{
        {
            input: `
        let fivePlusTen = fn() { 5 + 10; };
        fivePlusTen();
        `,
            expected: 15,
        },
    }

    runVmTests(t, tests)
}
```

这就是我们所追求的，也是本节的目标。问题是，它可以工作吗？

```
$ go test ./vm
--- FAIL: TestCallingFunctionsWithoutArguments (0.00s)
 vm_test.go:443: testIntegerObject failed: object is not Integer.\
  got=*object.CompiledFunction (&{Instructions:\
 0000 OpConstant 0
 0003 OpConstant 1
 0006 OpAdd
 0007 OpReturnValue
 })
FAIL
FAIL    monkey/vm     0.036s
```

好吧，又是经常遇到的情况。

我们需要的大部分内容已经就位：知道如何处理全局绑定，知道如何处理整数表达式，知道如何加载能编译函数的常量，也知道如何执行帧。我们还没有实现的是 OpCall 操作码。

但是当遇到 OpCall 时，我们很清楚该怎么做：

```go
// vm/vm.go

func (vm *VM) Run() error {
    // [...]
        switch op {
        // [...]

        case code.OpCall:
            fn, ok := vm.stack[vm.sp-1].(*object.CompiledFunction)
            if !ok {
                return fmt.Errorf("calling non-function")
            }
            frame := NewFrame(fn)
            vm.pushFrame(frame)

        // [...]
        }
    // [...]
}
```

从栈中取出已编译的函数并检查它是否确实是 *object.CompiledFunction。如果不是，则报错。如果是，则创建一个包含对这个函数的引用的新栈帧，并将其推送到栈中。因此，虚拟机主循环的下一次迭代将从 *object.CompiledFunction 中获取下一条指令。

运行 go test ./vm 的结果如下：

```
$ go test ./vm
 --- FAIL: TestCallingFunctionsWithoutArguments (0.00s)
  vm_test.go:169: testIntegerObject failed: object has wrong value.\
    got=10, want=15
 FAIL
 FAIL    monkey/vm    0.034s
```

我们希望返回的是 15，结果得到了 10。当遇到 OpAdd 指令时，不是应该返回 10 吗？为什么还是不对？我们一直在检测**最后一个弹栈的元素**，但是始终没有等到 15 从栈中弹出。

试想一下：怎么可能会等到期待的值呢？虚拟机甚至无法处理 OpReturnValue 指令。

```
// vm/vm.go

func (vm *VM) Run() error {
    // [...]
        switch op {
        // [...]

        case code.OpReturnValue:
            returnValue := vm.pop()

            vm.popFrame()
            vm.pop()

            err := vm.push(returnValue)
            if err != nil {
                return err
            }

        // [...]
        }

    // [...]
}
```

先将返回值弹栈并将其放置一边。这是调用约定的第一部分：对于 OpReturnValue 指令，其返回值位于栈顶。然后从帧的栈中弹出刚刚执行的帧，以便虚拟机主循环的下一次迭代继续在调用者上下文中执行。

然后使用另一个 vm.pop() 调用，将刚刚调用的*object.CompiledFunction 从栈中取出。还记得我们说过将执行的函数从栈中取出是虚拟机的隐式任务吗？说的就是这个。

结果是：

```
$ go test ./vm
ok      monkey/vm    0.035s
```

刚刚调用和执行了一个函数。记住这个时刻！这是开发字节码虚拟机的里程碑。虚拟机已经能够正常工作，甚至可以执行多个函数——依次执行或执行嵌套函数：

```
// vm/vm_test.go

func TestCallingFunctionsWithoutArguments(t *testing.T) {
    tests := []vmTestCase{
        // [...]
        {
            input: `
        let one = fn() { 1; };
        let two = fn() { 2; };
```

```
    one() + two()
    `,
        expected: 3,
    },
    {
        input: `
let a = fn() { 1 };
let b = fn() { a() + 1 };
let c = fn() { b() + 1 };
c();
    `,
        expected: 3,
    },
}

runVmTests(t, tests)
}
```

测试有条不紊地运行：

```
$ go test ./vm
ok      monkey/vm    0.039s
```

更可喜的是，可以为显式返回语句添加一个测试。我们已经知道以上代码会编译为刚刚成功执行的相同指令，但是如果将来出现问题，添加这个测试会给我们更详细的反馈：

```
// vm/vm_test.go

func TestFunctionsWithReturnStatement(t *testing.T) {
    tests := []vmTestCase{
        {
            input: `
let earlyExit = fn() { return 99; 100; };
earlyExit();
    `,
            expected: 99,
        },
        {
            input: `
let earlyExit = fn() { return 99; return 100; };
earlyExit();
    `,
            expected: 99,
        },
    }

    runVmTests(t, tests)
}
```

运行没有任何问题：

```
$ go test ./vm
ok      monkey/vm    0.032s
```

神奇的操作码！我们将**函数调用**编译为**字节码**，并在**字节码虚拟机**中创建自己的调用栈，而且测试通过了！

既然到了这里，让我们再往下走一步。

3. 它只是 Null

在继续之前，需要处理 `OpReturn` 操作码。编译器已经能够确保空函数编译为单个操作码：`OpReturn`。同时，调用这些函数时应该将 `vm.Null` 放在虚拟机的栈中。现在是时候实现它了。

值得庆幸的是，上一段是对所需行为的直接定义，它可以重写为以下测试：

```
// vm/vm_test.go

func TestFunctionsWithoutReturnValue(t *testing.T) {
    tests := []vmTestCase{
        {
            input: `
        let noReturn = fn() { };
        noReturn();
        `,
            expected: Null,
        },
        {
            input: `
        let noReturn = fn() { };
        let noReturnTwo = fn() { noReturn(); };
        noReturn();
        noReturnTwo();
        `,
            expected: Null,
        },
    }

    runVmTests(t, tests)
}
```

由于虚拟机是关于 `OpReturn` 的，因此它没有将 `vm.Null` 放在栈中：

```
$ go test ./vm
--- FAIL: TestFunctionsWithoutReturnValue (0.00s)
 vm_test.go:546: object is not Null: <nil> (<nil>)
 vm_test.go:546: object is not Null: <nil> (<nil>)
FAIL
FAIL    monkey/vm    0.037s
```

做些什么才能修复这些测试用例？我们已经知道如何从函数返回内容，甚至知道如何**返回一个值**。现在需要做的就比较少了：

```go
// vm/vm.go

func (vm *VM) Run() error {
    // [...]
        switch op {
        // [...]

        case code.OpReturn:
            vm.popFrame()
            vm.pop()

            err := vm.push(Null)
            if err != nil {
                return err
            }

        // [...]
        }
    // [...]
}
```

将帧弹栈，将调用函数弹栈，将 Null 压栈，这就足够了。

```
$ go test ./vm
ok      monkey/vm      0.038s
```

7.1.6　一点奖励

在本节中，我们所做的不仅仅是抵达了编译和执行前文代码段的里程碑。在没有确定目标，甚至没有思考的情况下，我们实现了自 REPL 和快速单元测试以来最优秀的内容：头等函数。是的，编译器和虚拟机已经能够编译和执行以下 Monkey 代码：

```
let returnsOne = fn() { 1; };
let returnsOneReturner = fn() { returnsOne; };
returnsOneReturner()();
```

还不敢相信？我们准备为以上代码添加一个测试：

```go
// vm/vm_test.go

func TestFirstClassFunctions(t *testing.T) {
    tests := []vmTestCase{
        {
            input: `
        let returnsOne = fn() { 1; };
        let returnsOneReturner = fn() { returnsOne; };
```

```
        returnsOneReturner()();
        `,
            expected: 1,
        },
    }

    runVmTests(t, tests)
}
```

这是无意中取得的成就：

```
$ go test ./vm
ok      monkey/vm    0.038s
```

以这种方式结束本节内容，真棒！

7.2 局部绑定

当前实现的函数和函数调用并不支持局部绑定。虽然虚拟机已经支持绑定，但仅仅支持全局绑定。局部绑定在一些关键细节上有所不同，因为它**对于函数来说是局部的**。这意味着它只在函数内部某个作用域内可见和可访问。这个细节很重要，因为它将局部绑定的实现与函数的实现联系起来。我们在后者的实现上已经做得很好，现在着力实现前者。

在本节末尾，我们希望以下 Monkey 代码可以顺利运行：

```
let globalSeed = 50;
let minusOne = fn() {
  let num = 1;
  globalSeed - num;
}
let minusTwo = fn() {
  let num = 2;
  globalSeed - num;
}
minusOne() + minusTwo()
```

这段代码里混合了全局绑定和局部绑定。globalSeed 是一个全局绑定，可以在嵌套的作用域中访问，如函数 minusOne 和 minusTwo。num 是局部绑定，存在于以上两个函数中。num 的重要之处在于，它不能在这些函数之外访问，并且每个函数中局部绑定的 num 都是唯一的，不会相互覆盖。

为了编译和执行这段代码，需要做几件事情。

首先，定义操作码，让虚拟机创建局部绑定并检索它们。

然后，扩展编译器，以便它可以正确发出新的操作码。这意味着它需要区分局部绑定和全局绑定，以及不同函数中同名的局部绑定。

最后，在虚拟机中实现这些新指令和局部绑定。我们已经知道如何存储和访问全局绑定，这些知识不会浪费，因为绑定背后的主要机制不会改变。对于局部绑定而言，只要再加一个新的**存储**即可。

与往常一样，我们将逐步实现这些功能。

7.2.1　局部绑定操作码

我们已经有两个为全局绑定设置的操作码：`OpSetGlobal` 和 `OpGetGlobal`。现在需要创建对应的局部绑定操作码 `OpSetLocal` 和 `OpGetLocal`。它们与全局绑定的操作码一样，都拥有一个操作数，即局部绑定的唯一索引。

新的命名并不会有很大影响，因为名称本质上只是字节而已。重要的是，这些操作码与全局操作码不同。它们会让虚拟机识别某绑定是当前正在执行的函数局部绑定，并且不要对全局绑定施加任何影响。局部绑定不应该覆盖全局绑定，也不应该被覆盖。

定义操作码是一项相当乏味的工作，我们尽可能把它弄得花哨一些：局部绑定的操作码将使用一字节的操作数，而不是像全局绑定那样使用两字节的操作数。每个函数的 256 个局部绑定对于普通的 Monkey 程序来说肯定足够了，不是吗？

以下便是它们的定义：

```go
// code/code.go

const (
    // [...]

    OpGetLocal
    OpSetLocal
)

var definitions = map[Opcode]*Definition{
    // [...]

    OpGetLocal: {"OpGetLocal", []int{1}},
    OpSetLocal: {"OpSetLocal", []int{1}},
}
```

这里并没有太大的不同，唯一新颖的地方是单字节操作数。这意味着我们需要确保现有的工具可以处理它们：

```
// code/code_test.go

func TestMake(t *testing.T) {
    tests := []struct {
        op       Opcode
        operands []int
        expected []byte
    }{
        // [...]
        {OpGetLocal, []int{255}, []byte{byte(OpGetLocal), 255}},
    }

    // [...]
}
```

Make 因为单字节的出现运行失败，这很正常：

```
$ go test ./code
--- FAIL: TestMake (0.00s)
 code_test.go:26: wrong byte at pos 1. want=255, got=0
FAIL
FAIL    monkey/code 0.007s
```

要让 Make 正常运行，就要扩展其 switch 语句。刚完成语句的时候我就说过会进行扩展：

```
// code/code.go

func Make(op Opcode, operands ...int) []byte {
    // [...]

    offset := 1
    for i, o := range operands {
        width := def.OperandWidths[i]
        switch width {
        case 2:
            binary.BigEndian.PutUint16(instruction[offset:], uint16(o))
        case 1:
            instruction[offset] = byte(o)
        }
        offset += width
    }

    return instruction
}
```

添加的 case 1 分支足以让 Make 正常运行，由于单字节的排序方法只有一种，因此它的实现与 case 2 有所不同：

```
$ go test ./code
ok      monkey/code 0.007s
```

Make 正常运行后，就可以生成单字节操作数指令，但目前无法对它们进行解码。为此，我们需要更新 ReadOperands 函数和 Instructions 上的调试方法 String( )：

```go
// code/code_test.go

func TestReadOperands(t *testing.T) {
    tests := []struct {
        op          Opcode
        operands []int
        bytesRead int
    }{
        // [...]
        {OpGetLocal, []int{255}, 1},
    }

    // [...]
}

func TestInstructionsString(t *testing.T) {
    instructions := []Instructions{
        Make(OpAdd),
        Make(OpGetLocal, 1),
        Make(OpConstant, 2),
        Make(OpConstant, 65535),
    }

    expected := `0000 OpAdd
0001 OpGetLocal 1
0003 OpConstant 2
0006 OpConstant 65535
`

    // [...]
}
```

两个测试函数都失败了，因为它们本质上都依赖于同一个函数：

```
$ go test ./code
--- FAIL: TestInstructionsString (0.00s)
 code_test.go:53: instructions wrongly formatted.
  want="0000 OpAdd\n0001 OpGetLocal 1\n0003 OpConstant 2\n\
    0006 OpConstant 65535\n"
  got="0000 OpAdd\n0001 OpGetLocal 0\n0003 OpConstant 2\n\
    0006 OpConstant 65535\n"
--- FAIL: TestReadOperands (0.00s)
 code_test.go:83: operand wrong. want=255, got=0
FAIL
FAIL monkey/code 0.006s
```

为了修复这些测试，我们创建了一个 ReadUint8 函数并在 ReadOperands 中使用它：

```
// code/code.go

func ReadOperands(def *Definition, ins Instructions) ([]int, int) {
    operands := make([]int, len(def.OperandWidths))
    offset := 0

    for i, width := range def.OperandWidths {
        switch width {
        case 2:
            operands[i] = int(ReadUint16(ins[offset:]))
        case 1:
            operands[i] = int(ReadUint8(ins[offset:]))
        }

        offset += width
    }

    return operands, offset
}

func ReadUint8(ins Instructions) uint8 { return uint8(ins[0]) }
```

读取一字节并将其转换为 uint8 无非就是让编译器从现在开始，以这种方式处理单字节操作数：

```
$ go test ./code
ok      monkey/code 0.008s
```

现在，我们的框架已经支持新操作码 OPSetLocal 和 OPGetLocal，而且两者都拥有单字节操作数。下一步工作转向编译器。

7.2.2　编译局部绑定

我们已经知道在哪以及如何为绑定发出正确的指令，因为我们已经为全局绑定做了相关的工作。对于局部绑定而言，"在哪"以及"如何"与全局绑定一样，只是作用域会发生改变。这也是编译局部绑定的主要挑战：确定是为全局绑定还是为局部绑定发出指令。

从外部看来，我们很清楚想要的是什么，转换成测试用例也很容易：

```
// compiler/compiler_test.go

func TestLetStatementScopes(t *testing.T) {
    tests := []compilerTestCase{
        {
            input: `
            let num = 55;
            fn() { num }
```

```
            `,
        expectedConstants: []interface{}{
            55,
            []code.Instructions{
                code.Make(code.OpGetGlobal, 0),
                code.Make(code.OpReturnValue),
            },
        },
        expectedInstructions: []code.Instructions{
            code.Make(code.OpConstant, 0),
            code.Make(code.OpSetGlobal, 0),
            code.Make(code.OpConstant, 1),
            code.Make(code.OpPop),
        },
    },
    {
        input: `
fn() {
    let num = 55;
    num
}
        `,
        expectedConstants: []interface{}{
            55,
            []code.Instructions{
                code.Make(code.OpConstant, 0),
                code.Make(code.OpSetLocal, 0),
                code.Make(code.OpGetLocal, 0),
                code.Make(code.OpReturnValue),
            },
        },
        expectedInstructions: []code.Instructions{
            code.Make(code.OpConstant, 1),
            code.Make(code.OpPop),
        },
    },
    {
        input: `
fn() {
    let a = 55;
    let b = 77;
    a+b
}
        `,
        expectedConstants: []interface{}{
            55,
            77,
            []code.Instructions{
                code.Make(code.OpConstant, 0),
                code.Make(code.OpSetLocal, 0),
                code.Make(code.OpConstant, 1),
                code.Make(code.OpSetLocal, 1),
```

```
                    code.Make(code.OpGetLocal, 0),
                    code.Make(code.OpGetLocal, 1),
                    code.Make(code.OpAdd),
                    code.Make(code.OpReturnValue),
                },
            },
            expectedInstructions: []code.Instructions{
                code.Make(code.OpConstant, 2),
                code.Make(code.OpPop),
            },
        },
    }

    runCompilerTests(t, tests)
}
```

不要被测试代码的行数所震慑，这里主要包括 3 个测试用例的相关内容。第一个测试用例断言了在函数中访问全局绑定会产生 OpGetGlobal 指令。第二个用例期望创建和访问局部绑定可以产生 OpSetLocal 和 OpGetLocal。而第三个用例确保了同一作用域内的多个局部绑定能同时工作。

与预期的一样，测试失败了：

```
$ go test ./compiler
--- FAIL: TestLetStatementScopes (0.00s)
 compiler_test.go:935: testConstants failed:\
   constant 1 - testInstructions failed: wrong instructions length.
  want="0000 OpConstant 0\n0003 OpSetLocal 0\n0005 OpGetLocal 0\n\
    0007 OpReturnValue\n"
  got ="0000 OpConstant 0\n0003 OpSetGlobal 0\n0006 OpGetGlobal 0\n\
    0009 OpReturnValue\n"
FAIL
FAIL    monkey/compiler 0.009s
```

如你所见，编译器将 let 语句创建的每个绑定都视为全局绑定。为了解决这个问题，必须扩展符号表。

1. 扩展符号表

当前，符号表仅能识别全局作用域。现在需要扩展它，以便区分不同的作用域，同时区分给定符号是在哪个作用域中定义的。

更具体地说，我们想要的是在进入或离开编译器作用域时，符号表应该追踪我们所在的作用域并将其附加到我们在该作用域中定义的每个符号。随后，当需要解析符号时，符号表应该向我们反馈先前定义的符号所具有的唯一索引以及它是在哪个作用域内定义的。

一旦使 SymbolTable 实现递归，实现这个功能就不需要很多代码。在操作之前，先看一下需求列表的代码：

```go
// compiler/symbol_table_test.go
func TestResolveLocal(t *testing.T) {
    global := NewSymbolTable()
    global.Define("a")
    global.Define("b")

    local := NewEnclosedSymbolTable(global)
    local.Define("c")
    local.Define("d")

    expected := []Symbol{
        Symbol{Name: "a", Scope: GlobalScope, Index: 0},
        Symbol{Name: "b", Scope: GlobalScope, Index: 1},
        Symbol{Name: "c", Scope: LocalScope, Index: 0},
        Symbol{Name: "d", Scope: LocalScope, Index: 1},
    }

    for _, sym := range expected {
        result, ok := local.Resolve(sym.Name)
        if !ok {
            t.Errorf("name %s not resolvable", sym.Name)
            continue
        }
        if result != sym {
            t.Errorf("expected %s to resolve to %+v, got=%+v",
                sym.Name, sym, result)
        }
    }
}
```

就像之前一样，TestResolveLocal 的第一行通过调用 NewSymbolTable 创建了一个新的符号表 global。随后全局符号表中创建了两个符号：a 和 b。然后，通过调用一个新的函数 NewEnclosedSymbolTable 创建了另一个叫作 local 的符号表，它包含在 global 中。local 中也定义了两个新的符号：c 和 d。

这样就设置完成了。我们的期望是，在 local 上调用 Resolve 函数解析这 4 个符号时，返回的结果是这些符号的正确作用域和索引。

不止如此，我们还需要确保 SymbolTable 可以处理任意嵌套和封闭的符号表：

```go
// compiler/symbol_table_test.go

func TestResolveNestedLocal(t *testing.T) {
    global := NewSymbolTable()
    global.Define("a")
```

```go
global.Define("b")

firstLocal := NewEnclosedSymbolTable(global)
firstLocal.Define("c")
firstLocal.Define("d")

secondLocal := NewEnclosedSymbolTable(firstLocal)
secondLocal.Define("e")
secondLocal.Define("f")

tests := []struct {
    table           *SymbolTable
    expectedSymbols []Symbol
}{
    {
        firstLocal,
        []Symbol{
            Symbol{Name: "a", Scope: GlobalScope, Index: 0},
            Symbol{Name: "b", Scope: GlobalScope, Index: 1},
            Symbol{Name: "c", Scope: LocalScope, Index: 0},
            Symbol{Name: "d", Scope: LocalScope, Index: 1},
        },
    },
    {
        secondLocal,
        []Symbol{
            Symbol{Name: "a", Scope: GlobalScope, Index: 0},
            Symbol{Name: "b", Scope: GlobalScope, Index: 1},
            Symbol{Name: "e", Scope: LocalScope, Index: 0},
            Symbol{Name: "f", Scope: LocalScope, Index: 1},
        },
    },
}

for _, tt := range tests {
    for _, sym := range tt.expectedSymbols {
        result, ok := tt.table.Resolve(sym.Name)
        if !ok {
            t.Errorf("name %s not resolvable", sym.Name)
            continue
        }
        if result != sym {
            t.Errorf("expected %s to resolve to %+v, got=%+v",
                sym.Name, sym, result)
        }
    }
}
}
```

这里可以更进一步，创建第三个符号表 secondLocal。它包含在 firstLocal 内，当然也包含在 global 内。global 中再次定义了 a 和 b。两个局部的符号表中也分别

定义了两个符号，分别是在 firstLocal 中定义 c 和 d，以及在 secondLocal 中定义 e
和 f。

我们的期望是，在一个局部的符号表中定义符号不会干扰另一个符号表，并且嵌
套在局部表中的全局符号仍然能解析为正确的符号。最后，还要确保 secondLocal 中
定义的符号的索引值还是从 0 开始，这样这些索引值就可以用作 OpSetLocal 和
OpGetLocal 中的操作数，而无须绑定到其他作用域。

由于符号表的嵌套也对 SymbolTable 的 Define 方法有影响，因此需要更新现有
的 TestDefine 函数：

```go
// compiler/symbol_table_test.go

func TestDefine(t *testing.T) {
    expected := map[string]Symbol{
        "a": Symbol{Name: "a", Scope: GlobalScope, Index: 0},
        "b": Symbol{Name: "b", Scope: GlobalScope, Index: 1},
        "c": Symbol{Name: "c", Scope: LocalScope, Index: 0},
        "d": Symbol{Name: "d", Scope: LocalScope, Index: 1},
        "e": Symbol{Name: "e", Scope: LocalScope, Index: 0},
        "f": Symbol{Name: "f", Scope: LocalScope, Index: 1},
    }

    global := NewSymbolTable()

    a := global.Define("a")
    if a != expected["a"] {
        t.Errorf("expected a=%+v, got=%+v", expected["a"], a)
    }

    b := global.Define("b")
    if b != expected["b"] {
        t.Errorf("expected b=%+v, got=%+v", expected["b"], b)
    }

    firstLocal := NewEnclosedSymbolTable(global)

    c := firstLocal.Define("c")
    if c != expected["c"] {
        t.Errorf("expected c=%+v, got=%+v", expected["c"], c)
    }

    d := firstLocal.Define("d")
    if d != expected["d"] {
        t.Errorf("expected d=%+v, got=%+v", expected["d"], d)
    }

    secondLocal := NewEnclosedSymbolTable(firstLocal)
```

```
    e := secondLocal.Define("e")
    if e != expected["e"] {
        t.Errorf("expected e=%+v, got=%+v", expected["e"], e)
    }

    f := secondLocal.Define("f")
    if f != expected["f"] {
        t.Errorf("expected f=%+v, got=%+v", expected["f"], f)
    }
}
```

我们需要使 Define 和 Resolve 能在局部的符号表上运行。好在这两个方法本质上都属于同一实现：SymbolTable 的递归定义允许将一个符号表包含在其他符号表中。

测试还不能反馈任何信息，因为 NewEnclosedSymbolTable 和 LocalScope 未定义，所以它们也无法编译。要让它们运行起来，需要先给 SymbolTable 添加一个 Outer 字段：

```
// compiler/symbol_table.go

type SymbolTable struct {
    Outer *SymbolTable

    store          map[string]Symbol
    numDefinitions int
}
```

SymbolTable 的修改可以完成 NewEnclosedSymbolTable 函数的实现，该函数创建了一个带有 Outer 符号表的*SymbolTable：

```
// compiler/symbol_table.go

func NewEnclosedSymbolTable(outer *SymbolTable) *SymbolTable {
    s := NewSymbolTable()
    s.Outer = outer
    return s
}
```

这样就修正了一个 undefined 错误。为了解决另一个问题，我们必须在现有的 GlobalScope 旁边定义 LocalScope 常量：

```
// compiler/symbol_table.go

const (
    LocalScope  SymbolScope = "LOCAL"
    GlobalScope SymbolScope = "GLOBAL"
)
```

现在就可以从 symbol_table_test.go 的 3 个失败测试用例中获得反馈了：

```
$ go test ./compiler
--- FAIL: TestLetStatementScopes (0.00s)
 compiler_test.go:935: testConstants failed:\
   constant 1 - testInstructions failed: wrong instructions length.
  want="0000 OpConstant 0\n0003 OpSetLocal 0\n0005 OpGetLocal 0\n\
    0007 OpReturnValue\n"
  got ="0000 OpConstant 0\n0003 OpSetGlobal 0\n0006 OpGetGlobal 0\n\
    0009 OpReturnValue\n"

--- FAIL: TestDefine (0.00s)
 symbol_table_test.go:31: expected c={Name:c Scope:LOCAL Index:0},\
   got={Name:c Scope:GLOBAL Index:0}
 symbol_table_test.go:36: expected d={Name:d Scope:LOCAL Index:1},\
   got={Name:d Scope:GLOBAL Index:1}
 symbol_table_test.go:43: expected e={Name:e Scope:LOCAL Index:0},\
   got={Name:e Scope:GLOBAL Index:0}
 symbol_table_test.go:48: expected f={Name:f Scope:LOCAL Index:1},\
   got={Name:f Scope:GLOBAL Index:1}

--- FAIL: TestResolveLocal (0.00s)
 symbol_table_test.go:94: name a not resolvable
 symbol_table_test.go:94: name b not resolvable
 symbol_table_test.go:98: expected c to resolve to\
   {Name:c Scope:LOCAL Index:0}, got={Name:c Scope:GLOBAL Index:0}
 symbol_table_test.go:98: expected d to resolve to\
   {Name:d Scope:LOCAL Index:1}, got={Name:d Scope:GLOBAL Index:1}

--- FAIL: TestResolveNestedLocal (0.00s)
 symbol_table_test.go:145: name a not resolvable
 symbol_table_test.go:145: name b not resolvable
 symbol_table_test.go:149: expected c to resolve to\
   {Name:c Scope:LOCAL Index:0}, got={Name:c Scope:GLOBAL Index:0}
 symbol_table_test.go:149: expected d to resolve to\
   {Name:d Scope:LOCAL Index:1}, got={Name:d Scope:GLOBAL Index:1}
 symbol_table_test.go:145: name a not resolvable
 symbol_table_test.go:145: name b not resolvable
 symbol_table_test.go:149: expected e to resolve to\
   {Name:e Scope:LOCAL Index:0}, got={Name:e Scope:GLOBAL Index:0}
 symbol_table_test.go:149: expected f to resolve to\
   {Name:f Scope:LOCAL Index:1}, got={Name:f Scope:GLOBAL Index:1}
FAIL
FAIL    monkey/compiler 0.008s
```

除了与 SymbolTable 相关的 3 个测试函数，TestLetStatementScopes 也失败了。这表示，一旦完成对 SymbolTable 的扩展，就需要返回编译器做一些修改。不会花很长时间，只要很小的修改就可以使所有的测试通过。

现在 SymbolTable 上有了 Outer 字段，需要让 Resolve 方法和 Define 方法能使用该字段。先从 Define 方法开始修改。如果被调用的 SymbolTable 没有包含在另一个 SymbolTable 中，即它没有设置 Outer 字段，那么它的作用域是全局的。如果是封闭的，则它的作用域是局部的。符号表中定义的每个符号都应该具有正确的作用域。翻译成代码，这些变化微乎其微：

```go
// compiler/symbol_table.go

func (s *SymbolTable) Define(name string) Symbol {
    symbol := Symbol{Name: name, Index: s.numDefinitions}
    if s.Outer == nil {
        symbol.Scope = GlobalScope
    } else {
        symbol.Scope = LocalScope
    }

    s.store[name] = symbol
    s.numDefinitions++
    return symbol
}
```

这里新加的内容是检查 s.Outer 是否为空的条件。如果是，则将符号上的 Scope 设置为 GlobalScope；如果不是，则将其设置为 LocalScope。

这不仅能使 TestDefine 通过，而且许多其他的测试错误也消失了：

```
$ go test ./compiler
--- FAIL: TestLetStatementScopes (0.00s)
 compiler_test.go:935: testConstants failed:\
   constant 1 - testInstructions failed: wrong instructions length.
  want="0000 OpConstant 0\n0003 OpSetLocal 0\n0005 OpGetLocal 0\n\
    0007 OpReturnValue\n"
  got ="0000 OpConstant 0\n0003 OpSetGlobal 0\n0006 OpGetGlobal 0\n\
    0009 OpReturnValue\n"
--- FAIL: TestResolveLocal (0.00s)
 symbol_table_test.go:94: name a not resolvable
 symbol_table_test.go:94: name b not resolvable
--- FAIL: TestResolveNestedLocal (0.00s)
 symbol_table_test.go:145: name a not resolvable
 symbol_table_test.go:145: name b not resolvable
 symbol_table_test.go:145: name a not resolvable
 symbol_table_test.go:145: name b not resolvable
FAIL
FAIL    monkey/compiler 0.011s
```

这意味着现在可以通过在一个符号表中包含另一个符号表来定义全局绑定和局部绑定。但很明显，我们还不能正确解析符号。

Resolve 现在的任务是，在调用它的 SymbolTable 或者在 Outer 符号表中（如果存在）找到符号。由于符号表能以任意深度进行嵌套，因此 Resolve 不能直接访问 Outer 符号表的存储，而是需要使用该表的 Resolve 方法。也就是说，先检查它自己的存储，如果找不到任何符号，则需要使用其 Outer 符号表的 Resolve 方法，该方法会再次检查它的存储……如此递归完成。

Resolve 需要进行递归，以便访问 Outer 符号表，直到找到在链上某处定义的符号或反馈给调用者某符号尚未定义：

```
// compiler/symbol_table.go

func (s *SymbolTable) Resolve(name string) (Symbol, bool) {
    obj, ok := s.store[name]
    if !ok && s.Outer != nil {
        obj, ok = s.Outer.Resolve(name)
        return obj, ok
    }
    return obj, ok
}
```

新加的 3 行代码用于检查给定的符号名称是否可以在任何 Outer 符号表中递归解析。3 行！

```
$ go test ./compiler
--- FAIL: TestLetStatementScopes (0.00s)
 compiler_test.go:935: testConstants failed:
   constant 1 - testInstructions failed: wrong instructions length.
   want="0000 OpConstant 0\n0003 OpSetLocal 0\n0005 OpGetLocal 0\n\
   0007 OpReturnValue\n"
   got ="0000 OpConstant 0\n0003 OpSetGlobal 0\n0006 OpGetGlobal 0\n\
   0009 OpReturnValue\n"
FAIL
FAIL    monkey/compiler 0.010s
```

剩下的只有编译器的失败测试了。这意味着我们成功修复了 SymbolTable 的所有测试！现在可以在全局作用域和多个嵌套的局部作用域中定义和解析符号了！

虽然这是值得庆祝的事，但你可能已经在思考："如果在局部作用域中定义一个符号，然后在深一层的作用域中解析它，该符号会拥有局部作用域吗（即使从最深层的角度来看，它是定义在外部范围内的）？"一旦实现了闭包，我们就能解决这个问题。

现在，我们仍然有失败的测试需要修复。

2. 编译作用域

编译器已经能够处理作用域。在编译函数字面量时，它的 enterScope 函数和 leaveScope 函数会被调用，以确保发出的指令在所需的地方结束。现在需要扩展它们，让它们能支持包含和"取消包含"符号表。

当前存在的 TestCompilerScopes 测试函数是最适合该功能的位置：

```go
// compiler/compiler_test.go

func TestCompilerScopes(t *testing.T) {
    compiler := New()
    if compiler.scopeIndex != 0 {
        t.Errorf("scopeIndex wrong. got=%d, want=%d", compiler.scopeIndex, 0)
    }
    globalSymbolTable := compiler.symbolTable

    compiler.emit(code.OpMul)

    compiler.enterScope()
    if compiler.scopeIndex != 1 {
        t.Errorf("scopeIndex wrong. got=%d, want=%d", compiler.scopeIndex, 1)
    }

    compiler.emit(code.OpSub)

    if len(compiler.scopes[compiler.scopeIndex].instructions) != 1 {
        t.Errorf("instructions length wrong. got=%d",
            len(compiler.scopes[compiler.scopeIndex].instructions))
    }

    last := compiler.scopes[compiler.scopeIndex].lastInstruction
    if last.Opcode != code.OpSub {
        t.Errorf("lastInstruction.Opcode wrong. got=%d, want=%d",
            last.Opcode, code.OpSub)
    }

    if compiler.symbolTable.Outer != globalSymbolTable {
        t.Errorf("compiler did not enclose symbolTable")
    }

    compiler.leaveScope()
    if compiler.scopeIndex != 0 {
        t.Errorf("scopeIndex wrong. got=%d, want=%d",
            compiler.scopeIndex, 0)
    }

    if compiler.symbolTable != globalSymbolTable {
        t.Errorf("compiler did not restore global symbol table")
    }
    if compiler.symbolTable.Outer != nil {
        t.Errorf("compiler modified global symbol table incorrectly")
    }

    compiler.emit(code.OpAdd)

    if len(compiler.scopes[compiler.scopeIndex].instructions) != 2 {
        t.Errorf("instructions length wrong. got=%d",
            len(compiler.scopes[compiler.scopeIndex].instructions))
    }
```

```
    last = compiler.scopes[compiler.scopeIndex].lastInstruction
    if last.Opcode != code.OpAdd {
        t.Errorf("lastInstruction.Opcode wrong. got=%d, want=%d",
            last.Opcode, code.OpAdd)
    }

    previous := compiler.scopes[compiler.scopeIndex].previousInstruction
    if previous.Opcode != code.OpMul {
        t.Errorf("previousInstruction.Opcode wrong. got=%d, want=%d",
            previous.Opcode, code.OpMul)
    }
}
```

在关于编译器作用域栈的断言中，我们新加了代码来确保 enterScope 和 leaveScope 分别包含和“取消包含”编译器的 symbolTable。这个测试就像检查 symbolTable 的 Outer 字段是否为空一样简单。如果不为空，它将指向 globalSymbolTable。

```
$ go test -run TestCompilerScopes ./compiler
--- FAIL: TestCompilerScopes (0.00s)
 compiler_test.go:41: compiler did not enclose symbolTable
FAIL
FAIL    monkey/compiler 0.008s
```

为了使测试通过，每次进入作用域时，都需要在全局表中包含一个符号表：

```
// compiler/compiler.go

func (c *Compiler) enterScope() {
    // [...]

    c.symbolTable = NewEnclosedSymbolTable(c.symbolTable)
}
```

这使得编译器在编译函数体时能够使用一个新的、封闭的符号表。这正是我们想要的，但是需要在函数完全编译后再撤销它：

```
// compiler/compiler.go

func (c *Compiler) leaveScope() code.Instructions {
    // [...]

    c.symbolTable = c.symbolTable.Outer

    return instructions
}
```

同样，只新增一行代码，就足以修复这个测试：

```
$ go test -run TestCompilerScopes ./compiler
ok      monkey/compiler 0.006s
```

不过，这个一直困扰我们的测试仍然是失败的：

```
$ go test ./compiler
--- FAIL: TestLetStatementScopes (0.00s)
 compiler_test.go:947: testConstants failed:\
   constant 1 - testInstructions failed: wrong instructions length.
   want="0000 OpConstant 0\n0003 OpSetLocal 0\n0005 OpGetLocal 0\n\
   0007 OpReturnValue\n"
  got ="0000 OpConstant 0\n0003 OpSetGlobal 0\n0006 OpGetGlobal 0\n\
   0009 OpReturnValue\n"
FAIL
FAIL    monkey/compiler 0.009s
```

但我们已经准备好所有必要的部分，现在只要使用它们并聆听符号表真正要表达的意图即可。

到目前为止，我们发出过 OpSetGlobal 指令和 OpGetGlobal 指令——无论符号表对符号的作用域**可能**有什么影响。即使有，符号表也只会反馈 GlobalScope。现在可以使用 Symbol 的作用域来发出正确的指令了。

首先要修改 *ast.LetStatement 的 case 分支：

```go
// compiler/compiler.go

func (c *Compiler) Compile(node ast.Node) error {
    switch node := node.(type) {
    // [...]

    case *ast.LetStatement:
        err := c.Compile(node.Value)
        if err != nil {
            return err
        }

        symbol := c.symbolTable.Define(node.Name.Value)
        if symbol.Scope == GlobalScope {
            c.emit(code.OpSetGlobal, symbol.Index)
        } else {
            c.emit(code.OpSetLocal, symbol.Index)
        }

    // [...]
    }

    // [...]
}
```

新加的内容是检查 symbol.Scope，并根据其结果发出 OpSetGlobal 指令或 OpSetLocal 指令。如你所见，大部分工作是由 SymbolTable 完成的，结果是：

```
$ go test ./compiler
--- FAIL: TestLetStatementScopes (0.00s)
 compiler_test.go:947: testConstants failed:\
   constant 1 - testInstructions failed: wrong instructions length.
  want="0000 OpConstant 0\n0003 OpSetLocal 0\n0005 OpGetLocal 0\n\
    0007 OpReturnValue\n"
  got ="0000 OpConstant 0\n0003 OpSetLocal 0\n0005 OpGetGlobal 0\n\
    0008 OpReturnValue\n"
FAIL
FAIL    monkey/compiler 0.007s
```

最后，要修改 OpSetLocal 指令。局部绑定的创建也合理地编译了。现在需要对另一侧做同样的事情，解析一个名称：

```go
// compiler/compiler.go

func (c *Compiler) Compile(node ast.Node) error {
    switch node := node.(type) {
    // [...]

    case *ast.Identifier:
        symbol, ok := c.symbolTable.Resolve(node.Value)
        if !ok {
            return fmt.Errorf("undefined variable %s", node.Value)
        }

        if symbol.Scope == GlobalScope {
            c.emit(code.OpGetGlobal, symbol.Index)
        } else {
            c.emit(code.OpGetLocal, symbol.Index)
        }

    // [...]
    }

    // [...]
}
```

这与之前修改的唯一区别是，这里的操作码是 OpGetGlobal 和 OpGetLocal。有了这个修改之后，测试就完全通过了：

```
$ go test ./compiler
ok      monkey/compiler 0.008s
```

现在是时候移步虚拟机了。

7.2.3　在虚拟机中实现局部绑定

现在字节码能够使用 OpSetLocal 指令和 OpGetLocal 指令表示局部绑定的创建和解析，并且编译器知道如何发出这些指令。现在手头的任务很明确：在虚拟机中实现局部绑定。

这意味着需要在执行 OpSetLocal 指令时创建绑定，然后在执行 OpGetLocal 指令时解析所创建的绑定。这类似于全局绑定的实现，只是存储现在有所不同——它必须是**局部**的。

局部绑定的存储不仅是一个实现细节，而且可以在虚拟机的性能中发挥关键作用。最重要的是，它不应该关心虚拟机用户在**哪里**以及**如何**存储，而是能够按预期工作。编写为测试即：

```go
// vm/vm_test.go

func TestCallingFunctionsWithBindings(t *testing.T) {
    tests := []vmTestCase{
        {
            input: `
let one = fn() { let one = 1; one };
one();
`,
            expected: 1,
        },
        {
            input: `
let oneAndTwo = fn() { let one = 1; let two = 2; one + two; };
oneAndTwo();
`,
            expected: 3,
        },
        {
            input: `
let oneAndTwo = fn() { let one = 1; let two = 2; one + two; };
let threeAndFour = fn() { let three = 3; let four = 4; three + four; };
oneAndTwo() + threeAndFour();
`,
            expected: 10,
        },
        {
            input: `
let firstFoobar = fn() { let foobar = 50; foobar; };
let secondFoobar = fn() { let foobar = 100; foobar; };
firstFoobar() + secondFoobar();
`,
            expected: 150,
        },
        {
            input: `
let globalSeed = 50;
let minusOne = fn() {
    let num = 1;
    globalSeed - num;
}
let minusTwo = fn() {
```

```
        let num = 2;
        globalSeed - num;
    }
    minusOne() + minusTwo();
    `,
        expected: 97,
    },
}

runVmTests(t, tests)
}
```

所有这些测试用例都断言局部绑定有效，每个测试用例都专注于功能的一个方面。

第一个测试用例用于测试局部绑定完全有效。第二个用于测试同一函数中的多个局部绑定有效。第三个用于测试不同函数中的多个局部绑定有效，而第四个测试用例是第三个的变体，用于测试不同函数中相同名称的局部绑定不会导致问题。

注意第四个测试用例，即带有 globalSeed 和 minusOne 的测试用例。还记得吗？这是本节的主要目标！但是，测试的输出表示，我们已经可以编译这部分代码，但还不能执行：

```
$ go test ./vm
--- FAIL: TestCallingFunctionsWithBindings (0.00s)
panic: runtime error: index out of range [recovered]
 panic: runtime error: index out of range

goroutine 37 [running]:
testing.tRunner.func1(0xc4204e60f0)
 /usr/local/go/src/testing/testing.go:742 +0x29d
panic(0x11211a0, 0x11fffe0)
 /usr/local/go/src/runtime/panic.go:502 +0x229
monkey/vm.(*VM).Run(0xc420527e58, 0x10000, 0x10000)
 /Users/mrnugget/code/07/src/monkey/vm/vm.go:78 +0xb54
monkey/vm.runVmTests(0xc4204e60f0, 0xc420527ef8, 0x5, 0x5)
 /Users/mrnugget/code/07/src/monkey/vm/vm_test.go:266 +0x5d6
monkey/vm.TestCallingFunctionsWithBindings(0xc4204e60f0)
 /Users/mrnugget/code/07/src/monkey/vm/vm_test.go:326 +0xe3
testing.tRunner(0xc4204e60f0, 0x1153b68)
 /usr/local/go/src/testing/testing.go:777 +0xd0
created by testing.(*T).Run
 /usr/local/go/src/testing/testing.go:824 +0x2e0
FAIL    monkey/vm    0.041s
```

认真思考一下，如何实现局部绑定？我们知道，局部绑定像全局绑定一样，拥有唯一索引。因此，在这里也可以使用 OpSetLocal 指令的操作数，即唯一索引，作为数据结构的索引来存储和检索绑定到名称的值。

接下来的问题是：索引到什么数据结构呢？这个数据结构在哪里？不能只使用存

储在虚拟机上的 globals 切片,因为这首先就无法使用局部绑定。我们需要不一样的选择。

目前有两个主要选项。第一个是动态分配局部绑定并将它们存储在其自己的数据结构中。例如,这个数据结构可能是一个切片。每调用一个函数,就分配一个空切片用于存储和检索局部绑定。第二个选项是复用已有的数据结构。在内存中有一个地方可以存储与当前正在调用的函数相关的数据,它就是栈。

在栈中存储局部绑定是一个更能凸显细节的选择,实现起来更有趣。它还可以教会我们很多,比如关于虚拟机和编译器的知识,甚至是关于计算机和底层编程的通用知识,像这样使用栈就是一种常见做法。这就是选择第二个选项的原因,尽管我们通常会选择最简单的选项,但是这一次,额外的努力是值得的。

来看看它的工作原理。在虚拟机中遇到 OpCall 指令并打算在栈中执行函数时,先将栈的指针放置到一边,以便后续使用。然后增加栈指针,增加的值是将要执行的函数所使用的局部绑定数量。结果是栈中会有一个“空缺”:在增加栈指针时,并没有往栈中推送任何值,由此导致栈中产生了一块没有任何值的区域。空缺的下方是函数调用之前压栈的所有值。空缺的上方是函数的工作区,它会将函数执行时需要的值压栈和弹栈。

栈中的空缺处就是要存储局部绑定的地方。我们不会使用局部绑定的唯一索引作为另一个数据结构的键,而是作为栈中空缺处的索引,如图 7-2 所示。

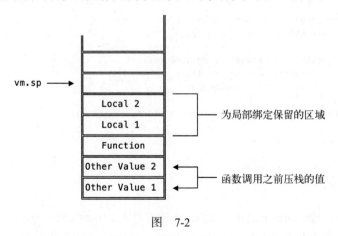

图 7-2

我们已经有了完成它的必要部分:执行函数之前栈指针的值,这是空缺的下边界;以及随局部绑定增加的索引。将这两部分加在一起可以计算出每个局部绑定的栈槽索引。以这种方式计算的每个索引都用作空缺的偏移量,并指向将存储局部绑定的插槽。

这种方法的美妙之处在于一个函数执行完之后发生的事情。由于先前将栈指针的值放在一边了，因此现在可以直接将它压栈，从而"重置"栈。这不仅删除了函数调用可能留在栈中的所有内容，还删除了保存在空缺处的局部绑定——一切又变得干净了！

但是，如何知道一个函数会使用多少个局部绑定？我们无法知道，至少在虚拟机中**不知道**。不过，在编译器中，将这条信息传递给虚拟机对我们来说非常简单。

首先需要做的是为 object.CompiledFunction 扩展一个字段：

```go
// object/object.go

type CompiledFunction struct {
    Instructions code.Instructions
    NumLocals    int
}
```

NumLocals 后续会反馈函数会创建多少个局部绑定。在编译器中，可以查询符号表在编译函数时定义了多少个符号，然后将该数字存入 NumLocals 中：

```go
// compiler/compiler.go

func (c *Compiler) Compile(node ast.Node) error {
    switch node := node.(type) {
    // [...]

    case *ast.FunctionLiteral:
        // [...]

        numLocals := c.symbolTable.numDefinitions
        instructions := c.leaveScope()

        compiledFn := &object.CompiledFunction{
            Instructions: instructions,
            NumLocals:    numLocals,
        }
        c.emit(code.OpConstant, c.addConstant(compiledFn))

    // [...]
    }

    // [...]
}
```

在调用 c.leaveScope 之前，我们将当前符号表的 numDefinitions 放在一边，离开作用域后，将其保存到*object.CompiledFunction。这能为我们提供一个值，即一个函数在虚拟机中创建和使用的局部绑定的数量。

现在，根据我们的计划，需要做的另一件事是在执行函数**之前**跟踪栈指针的值，

在执行后恢复该值。换句话说，需要一个与函数调用一样长的临时存储。幸好，我们已经有了这样的存储，它就是 Frame。现在只需要向其中添加字段 basePointer 即可：

```go
// vm/frame.go

type Frame struct {
    fn          *object.CompiledFunction
    ip          int
    basePointer int
}

func NewFrame(fn *object.CompiledFunction, basePointer int) *Frame {
    f := &Frame{
        fn:          fn,
        ip:          -1,
        basePointer: basePointer,
    }

    return f
}
```

"基指针"这个名称不是我编造的，它很常见。将这个名称赋予指向当前调用栈帧底部的指针是常见的做法。它是函数执行时大量引用的**基础**，有时也称为"帧指针"。在本书接下来的章节中，我们将频繁地使用它。现在，在压栈新帧之前，需要对其进行初始化：

```go
// vm/vm.go

func New(bytecode *compiler.Bytecode) *VM {
    // [...]

    mainFrame := NewFrame(mainFn, 0)

    // [...]
}

func (vm *VM) Run() error {
    // [...]

        switch op {
        // [...]

        case code.OpCall:
            fn, ok := vm.stack[vm.sp-1].(*object.CompiledFunction)
            if !ok {
                return fmt.Errorf("calling non-function")
            }
            frame := NewFrame(fn, vm.sp)
            vm.pushFrame(frame)
```

```
        // [...]
        }

    // [...]
}
```

在 vm.New 函数中，传入 0 作为栈指针的当前值，这样就可以使 mainFrame 正常工作，即使这个特定的帧不应该弹栈且没有局部绑定。在 code.OpCall 分支中设置新栈帧才是真正重要的。此处新加的内容是调用 NewFrame 的第二个参数，即 vm.sp 的当前值，它将作为新帧的 basePointer。

我们现在有一个 basePointer，并且我们知道一个函数会使用多少局部变量。这就留下了两个任务：在执行函数之前为栈中的局部绑定分配空间，也就是创建"空缺"；在虚拟机中实现 OpSetLocal 指令和 OpGetLocal 指令，以便使用。

"在栈中分配空间"听起来很花哨，但实际是指，在不将任何内容压栈的情况下增加 vm.sp 的值。由于在函数执行前已经将 vm.sp 的值放置在一边，因此有一个地方很适合完成这个任务：

```go
// vm/vm.go

func (vm *VM) Run() error {
    // [...]
        switch op {
        // [...]

        case code.OpCall:
            fn, ok := vm.stack[vm.sp-1].(*object.CompiledFunction)
            if !ok {
                return fmt.Errorf("calling non-function")
            }
            frame := NewFrame(fn, vm.sp)
            vm.pushFrame(frame)
            vm.sp = frame.basePointer + fn.NumLocals

        // [...]
        }
    // [...]
}
```

将 vm.sp 设置为 frame.basePointer + fn.NumLocals 以明确指出起点是 basePointer，并且在栈中预留 fn.NumLocals 个槽。这些槽可能不包含或者包含旧值，但我们并不需要关注这些。现在可以将栈的这块区域用于局部绑定，而且栈的正常功能——将临时变量压栈和弹栈——并不会受影响。

接下来在虚拟机中实现 OpSetLocal 和 OpGetLocal。先从 OpSetLocal 开始。

我们现在必须做的工作与为全局绑定所做的非常相似：读入操作数，将需要绑定的值从栈中弹出并存储：

```go
// vm/vm.go

func (vm *VM) Run() error {
    // [...]
        switch op {
        // [...]

        case code.OpSetLocal:
            localIndex := code.ReadUint8(ins[ip+1:])
            vm.currentFrame().ip += 1

            frame := vm.currentFrame()

            vm.stack[frame.basePointer+int(localIndex)] = vm.pop()

        // [...]
        }
    // [...]
}
```

在解码操作数并获取当前帧后，我们使用当前帧的 **basePointer** 并加上绑定的索引作为偏移量。得到的结果是在栈中可以存储局部绑定的索引。随后将值从栈中弹出并将其保存到计算的位置。到此，局部绑定创建完成。

实现 **OpGetLocal** 意味着相反的操作。我们要检索值而不是赋值。其他的几乎完全相同：

```go
// vm/vm.go

func (vm *VM) Run() error {
    // [...]
        switch op {
        // [...]

        case code.OpGetLocal:
            localIndex := code.ReadUint8(ins[ip+1:])
            vm.currentFrame().ip += 1

            frame := vm.currentFrame()

            err := vm.push(vm.stack[frame.basePointer+int(localIndex)])
            if err != nil {
                return err
            }

        // [...]
        }
    // [...]
}
```

完成！让我们看看测试结果：

```
$ go test ./vm
 --- FAIL: TestCallingFunctionsWithBindings (0.00s)
   vm_test.go:444: vm error: unsupported types for binary operation:\
     COMPILED_FUNCTION_OBJ INTEGER
FAIL
FAIL    monkey/vm          0.031s
```

什么？在任何一个测试用例中，我们都没有将函数添加到整数。当且仅当将函数留在栈中时才会发生这种情况。是的，我们忘记清理栈了。虽然已经有了 basePointer，但是执行完一个函数后，我们并没有使用它来重置 vm.sp。

尽管我们知道何时执行此操作（当遇到 OpReturnValue 指令或者 OpReturn 指令时），但是在当前情况下，我们只将返回值和刚刚执行的函数从栈中弹出。现在我们也需要摆脱局部绑定。最简单的方法是将栈指针设置为帧的 basePointer，它保存了刚刚执行的函数：

```go
// vm/vm.go

func (vm *VM) Run() error {
    // [...]
        switch op {
        // [...]

        case code.OpReturnValue:
            returnValue := vm.pop()

            frame := vm.popFrame()
            vm.sp = frame.basePointer - 1

            err := vm.push(returnValue)
            if err != nil {
                return err
            }

        case code.OpReturn:
            frame := vm.popFrame()
            vm.sp = frame.basePointer - 1

            err := vm.push(Null)
            if err != nil {
                return err
            }

        // [...]
        }
    // [...]
}
```

当一个函数返回时，我们首先将帧从栈帧中弹出。以前我们也这样做过，但没有保存弹出的帧。现在将 vm.sp 设置为 frame.basePointer - 1。这是一种优化措施：将 vm.sp 设置为 frame.basePointer 能摆脱局部绑定，但仍会将刚刚执行的函数留在栈中。因此，我们并没有保留之前的 vm.pop( )，而是通过进一步减少 vm.sp 来替换它。

我们已经结束了从定义 OpSetLocal 和 OpGetLocal 操作码开始的旅程，它引导我们从编译器测试通过符号表回到编译器，最后稍微绕道回到 object.CompiledFunction，并进入虚拟机。局部绑定正常工作：

```
$ go test ./vm
ok      monkey/vm    0.039s
```

现在可以编译并执行下面这段 Monkey 代码：

```
let globalSeed = 50;
let minusOne = fn() {
  let num = 1;
  globalSeed - num;
}
let minusTwo = fn() {
  let num = 2;
  globalSeed - num;
}
minusOne() + minusOne()
```

还有更多内容，在没有明确着手的情况下，我们对头等函数的能力进行了升级。现在可以在另一个函数中将函数赋值给名称：

```
// vm/vm_test.go

func TestFirstClassFunctions(t *testing.T) {
    tests := []vmTestCase{
        // [...]
        {
            input: `
        let returnsOneReturner = fn() {
            let returnsOne = fn() { 1; };
            returnsOne;
        };
        returnsOneReturner()();
        `,
            expected: 1,
        },
    }

    runVmTests(t, tests)
}
```

万幸，它通过了：

```
$ go test ./vm
ok      monkey/vm    0.037s
```

既然我们已经实现了目标，那么接下来还有什么任务呢？函数调用的参数。

7.3 参数

让我们以简单的回顾开始本节。在 Monkey 中，可以定义具有参数的函数，如下所示：

```
let addThree = fn(a, b, c) {
  a + b + c;
}
```

这个函数有 3 个参数：a、b 和 c。当调用该函数时，可以在调用表达式中使用参数：

```
addThree(1, 2, 3);
```

在函数执行时，传入的参数值会绑定给参数名称。由此可见，函数调用的参数是一种特殊的局部绑定。

它们有相同的生命周期、相同的作用域，甚至解析的方式都相同。唯一不同的就是创建方式。局部绑定由用户使用 let 语句显式创建，最终会生成由编译器发出的 OpSetLocal 指令。参数则不同，它隐式绑定给名称，由虚拟机和编译器在幕后完成。这就引出了本节的任务。

本节的目标是完全实现函数参数和函数调用参数，然后编译并执行以下 Monkey 代码片段：

```
let globalNum = 10;

let sum = fn(a, b) {
  let c = a + b;
  c + globalNum;
};

let outer = fn() {
  sum(1, 2) + sum(3, 4) + globalNum;
};

outer() + globalNum;
```

乍一看这段代码很混乱。我是故意的。它混合了我们已经实现的所有内容和将要构建的内容：全局绑定和局部绑定、带参数的函数和不带参数的函数、带参数的函数调用和不带参数的函数调用。

那么计划是什么呢？首先，重新思考调用约定，当前的形式并不适合参数。其次，实现这个更新的调用约定。让我们从头开始。

7.3.1 编译带参数的函数调用

当前调用约定的主要内容是：将需要调用的函数压栈，发出 OpCall 指令。我们当前面临的问题是，在哪里放置函数调用的参数——内存位置上的"哪里"，以及调用约定中的"哪里"。

不要太为内存位置困扰，因为已经有一个地方可以存储与当前函数调用相关的数据：栈。就像使用栈存储要调用的函数一样，我们可以使用它来存储调用的参数。

如何让参数利用栈呢？最简单的方法就是函数压栈后立即将参数压栈。而且，令人惊讶的是，没有什么理由反对这种务实的解决方案。正如我们稍后将看到的，它实际上非常优雅。

如果采取这种方案，则调用约定改变为：将需要调用的函数压栈，紧接着将所有调用的参数压栈，随后发出 OpCall 指令。在调用 OpCall 指令前，栈如图 7-3 所示。

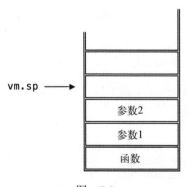

图 7-3

不过，就目前情况而言，该解决方案给虚拟机造成了一个小问题，因为它不知道栈顶有多少参数。

想想在虚拟机中实现的 OpCall。在推送一个新的帧之前，我们将要调用的函数从栈顶取出。对于新的调用约定，现在栈中的函数之上可能有零个或者多个参数。那么如何到达栈中的函数并执行它？

由于函数是 Monkey 中的普通 object.Object，因此我们甚至不能通过遍历栈的方式查找第一个 object.CompiledFunction，因为这可能是函数调用的一个参数。

值得庆幸的是，我们有一个简单完美的解决方案：给 OpCall 操作码一个操作数，用来表示函数参数的个数，一字节就足够（因为函数的参数一般不会超过 256 个）。这样，只需少量的计算就可以找到参数之下的函数。

为 OpCall 添加操作数：

```
// code/code.go

var definitions = map[Opcode]*Definition{
    // [...]

    OpCall:          {"OpCall", []int{1}},

    // [...]
}
```

这样一来，有些测试会因为索引错误而崩溃，因为这里定义了编译器和虚拟机都无法处理的内容。这本身不是问题，但是新操作数的定义导致 code.Make 函数创建了空字节——即使不传入操作数也会创建。我们最终陷入了这样一种困境：系统中的不同部分根据不同的假设行事，没有人知道真正发生了什么。我们需要再次调整顺序。

首先，更新现有的编译器测试，并确保在创建 OpCall 指令时确实传递了一个操作数：

```
// compiler/compiler_test.go

func TestFunctionCalls(t *testing.T) {
    tests := []compilerTestCase{
        {
            // [...]
            expectedInstructions: []code.Instructions{
                code.Make(code.OpConstant, 1), // 被编译的函数
                code.Make(code.OpCall, 0),
                code.Make(code.OpPop),
            },
        },
        {
            // [...]
            expectedInstructions: []code.Instructions{
                code.Make(code.OpConstant, 1), // 被编译的函数
                code.Make(code.OpSetGlobal, 0),
                code.Make(code.OpGetGlobal, 0),
```

```
                code.Make(code.OpCall, 0),
                code.Make(code.OpPop),
            },
        },
    }

    runCompilerTests(t, tests)
}
```

这使得编译器测试通过，因为它使用 code.Make 发出指令，并且在没有参数的情况下也为新操作数添加空字节。

但是，无论有无参数，虚拟机都受新操作数的影响。目前的解决方案是，在编写测试反馈真正需要的内容之前，直接跳过它：

```go
// vm/vm.go

func (vm *VM) Run() error {
    // [...]
        switch op {
        // [...]

        case code.OpCall:
            vm.currentFrame().ip += 1
            // [...]

        // [...]
        }
    // [...]
}
```

顺序已经得到修复：

```
$ go test ./...
?       monkey  [no test files]
ok      monkey/ast   0.014s
ok      monkey/code 0.014s
ok      monkey/compiler 0.011s
ok      monkey/evaluator     0.014s
ok      monkey/lexer      0.011s
ok      monkey/object     0.014s
ok      monkey/parser     0.009s
?       monkey/repl [no test files]
?       monkey/token    [no test files]
ok      monkey/vm   0.037s
```

我们回到正轨了。现在可以编写一个测试，通过发出将参数压栈的指令来确认编译器符合新的调用约定。由于已经有了 TestFunctionCalls，因此现在只需用新的测试用例扩展它，而不需要添加新的函数：

```go
// compiler/compiler_test.go

func TestFunctionCalls(t *testing.T) {
    tests := []compilerTestCase{
        // [...]
        {
            input: `
            let oneArg = fn(a) { };
            oneArg(24);
            `,
            expectedConstants: []interface{}{
                []code.Instructions{
                    code.Make(code.OpReturn),
                },
                24,
            },
            expectedInstructions: []code.Instructions{
                code.Make(code.OpConstant, 0),
                code.Make(code.OpSetGlobal, 0),
                code.Make(code.OpGetGlobal, 0),
                code.Make(code.OpConstant, 1),
                code.Make(code.OpCall, 1),
                code.Make(code.OpPop),
            },
        },
        {
            input: `
            let manyArg = fn(a, b, c) { };
            manyArg(24, 25, 26);
            `,
            expectedConstants: []interface{}{
                []code.Instructions{
                    code.Make(code.OpReturn),
                },
                24,
                25,
                26,
            },
            expectedInstructions: []code.Instructions{
                code.Make(code.OpConstant, 0),
                code.Make(code.OpSetGlobal, 0),
                code.Make(code.OpGetGlobal, 0),
                code.Make(code.OpConstant, 1),
                code.Make(code.OpConstant, 2),
                code.Make(code.OpConstant, 3),
                code.Make(code.OpCall, 3),
                code.Make(code.OpPop),
            },
        },
    }

    runCompilerTests(t, tests)
}
```

值得注意的是，这些新测试用例中的函数都是空的，也没有使用它们的参数，因为扩展测试用例的目的，首先是确保可以编译函数调用，一旦成功，才会在新的测试用例中引用参数。

正如你在这些测试用例的 expectedInstructions 中所见，函数调用的第一个参数应该在栈的最低端。就目前的观点来看，这不重要，而一旦开始引用参数，我们很快就会看到这会优化虚拟机。

这些新测试用例的输出很有启发性：

```
$ go test ./compiler
--- FAIL: TestFunctionCalls (0.00s)
 compiler_test.go:889: testInstructions failed: wrong instructions length.
  want="0000 OpConstant 0\n0003 OpSetGlobal 0\n0006 OpGetGlobal 0\n\
    0009 OpConstant 1\n0012 OpCall 1\n0014 OpPop\n"
  got ="0000 OpConstant 0\n0003 OpSetGlobal 0\n0006 OpGetGlobal 0\n\
    0009 OpCall 0\n0011 OpPop\n"
FAIL
FAIL    monkey/compiler 0.008s
```

缺少的 OpConstant 指令表示，我们需要编译函数调用的参数。错误的 OpCall 操作数表示，它仍未被使用。

通过更新编译器中 *ast.CallExpression 的 case 分支可以同时修复两者：

```go
// compiler/compiler.go

func (c *Compiler) Compile(node ast.Node) error {
    switch node := node.(type) {
    // [...]

    case *ast.CallExpression:
        err := c.Compile(node.Function)
        if err != nil {
            return err
        }

        for _, a := range node.Arguments {
            err := c.Compile(a)
            if err != nil {
                return err
            }
        }

        c.emit(code.OpCall, len(node.Arguments))

    // [...]
    }
```

```
    // [...]
}
```

这里没有改变的是 node.Function 的编译。但是现在，有了新的调用约定，这只是第一步，我们还需要将函数调用的参数压栈。

我们通过使用循环按顺序编译参数来做到这一点。每个参数都是 *ast.Expression，它会被编译成一条或者多条将值压栈的指令。结果是参数位于需要调用的函数之上，而正是调用约定需要它们的位置。为了让虚拟机能够处理位于函数之上的参数，我们使用 len(node.Arguments) 作为 OpCall 的操作数。

测试通过：

```
$ go test ./compiler
ok        monkey/compiler 0.008s
```

我们可以编译带参数的函数调用表达式了。现在可以思考如何在函数体中使用它们。

7.3.2　将引用解析为参数

在更新测试用例并替换那些空的函数体之前，先确定我们对编译器的期望。在函数调用时，参数将位于栈中。如何在函数执行时访问它们？

是否要添加一个新的操作码，例如 OpGetArgument，以便让虚拟机将参数压栈？为此，就需要在符号表中为参数提供它们自己的作用域和索引。否则，当遇到对参数的引用时，我们不知道应该发出哪个操作码。

这是一个可行的解决方案，如果目标是明确处理不同于局部绑定的参数，那么我们应该选择它，因为它在这个方向上提供了更多的灵活性。但是在 Monkey 中，传递给函数的参数和在同一函数中创建的局部绑定之间没有区别。所以对我们来说，更好的选择是接受这一点并一视同仁。

一旦在函数调用时查看栈，这也会成为显而易见的选择。参数就在所调用的函数之上。你知道栈的这个区域通常用来存储什么吗？没错，就是局部绑定。如果将参数视为局部绑定，那么它们已经处于正确位置。唯一要做的就是，在编译器中将它们处理为局部绑定。

实际上，这意味着需要为每个函数参数的引用发出 OpGetLocal 指令。为了测试这一点，我们更新了 TestFunctionCalls 中最后两个测试用例：

```go
// compiler/compiler_test.go

func TestFunctionCalls(t *testing.T) {
    tests := []compilerTestCase{
        // [...]
        {
            input: `
            let oneArg = fn(a) { a };
            oneArg(24);
            `,
            expectedConstants: []interface{}{
                []code.Instructions{
                    code.Make(code.OpGetLocal, 0),
                    code.Make(code.OpReturnValue),
                },
                24,
            },
            expectedInstructions: []code.Instructions{
                code.Make(code.OpConstant, 0),
                code.Make(code.OpSetGlobal, 0),
                code.Make(code.OpGetGlobal, 0),
                code.Make(code.OpConstant, 1),
                code.Make(code.OpCall, 1),
                code.Make(code.OpPop),
            },
        },
        {
            input: `
            let manyArg = fn(a, b, c) { a; b; c };
            manyArg(24, 25, 26);
            `,
            expectedConstants: []interface{}{
                []code.Instructions{
                    code.Make(code.OpGetLocal, 0),
                    code.Make(code.OpPop),
                    code.Make(code.OpGetLocal, 1),
                    code.Make(code.OpPop),
                    code.Make(code.OpGetLocal, 2),
                    code.Make(code.OpReturnValue),
                },
                24,
                25,
                26,
            },
            expectedInstructions: []code.Instructions{
                code.Make(code.OpConstant, 0),
                code.Make(code.OpSetGlobal, 0),
                code.Make(code.OpGetGlobal, 0),
                code.Make(code.OpConstant, 1),
                code.Make(code.OpConstant, 2),
                code.Make(code.OpConstant, 3),
                code.Make(code.OpCall, 3),
                code.Make(code.OpPop),
            },
```

```
        },
    }

    runCompilerTests(t, tests)
}
```

与空函数体不同，这里的函数存在对参数的引用。而且我们希望这些引用变成 OpGetLocal 指令并将参数加载到栈中。这些 OpGetLocal 指令的索引从第一个参数的 0 开始，随着参数逐个递增，就像其他局部绑定一样。

运行测试，我们会发现编译器并不能解析这些引用：

```
$ go test ./compiler
--- FAIL: TestFunctionCalls (0.00s)
 compiler_test.go:541: compiler error: undefined variable a
FAIL
FAIL    monkey/compiler 0.009s
```

现在我们就进入了熟悉的阶段。解决这个问题所需要做的就是将函数的参数定义为局部绑定。"定义"在这里按字面意思理解，即一个方法调用：

```
// compiler/compiler.go

func (c *Compiler) Compile(node ast.Node) error {
    switch node := node.(type) {
    // [...]

    case *ast.FunctionLiteral:
        c.enterScope()

        for _, p := range node.Parameters {
            c.symbolTable.Define(p.Value)
        }

        err := c.Compile(node.Body)
        if err != nil {
            return err
        }
        // [...]

    // [...]
    }

    // [...]
}
```

进入一个新的作用域之后，在编译函数体之前，我们在函数的作用域中定义了各个参数。这让符号表（以及编译器）在编译函数体时也能够解析新引用并将它们视为局部变量。

```
$ go test ./compiler
ok      monkey/compiler 0.009s
```

测试通过。

7.3.3 虚拟机中的参数

我们的最终目标是，解析并在虚拟机中运行下面这段 Monkey 代码：

```
let globalNum = 10;

let sum = fn(a, b) {
  let c = a + b;
  c + globalNum;
};

let outer = fn() {
  sum(1, 2) + sum(3, 4) + globalNum;
};

outer() + globalNum;
```

我们几乎已经完成目标。现在可以提取此代码片段的一部分并将其转换为虚拟机的测试：

```go
// vm/vm_test.go

func TestCallingFunctionsWithArgumentsAndBindings(t *testing.T) {
    tests := []vmTestCase{
        {
            input: `
        let identity = fn(a) { a; };
        identity(4);
        `,
            expected: 4,
        },
        {
            input: `
        let sum = fn(a, b) { a + b; };
        sum(1, 2);
        `,
            expected: 3,
        },
    }

    runVmTests(t, tests)
}
```

这里以最基本的形式展示了我们的目标。在第一个测试用例中，我们将一个参数传递给函数，该函数仅引用了其单个参数并将之返回。第二个测试用例是健全性检查，它确保不会将边缘情况硬编码到虚拟机中，并且可以处理多个参数。现在两者都失败了：

```
$ go test ./vm
--- FAIL: TestCallingFunctionsWithArgumentsAndBindings (0.00s)
 vm_test.go:709: vm error: calling non-function
FAIL
FAIL    monkey/vm    0.039s
```

严格来说，此测试没有失败，因为虚拟机只是无法找到栈中的参数。它之所以看起来失败了，是因为虚拟机查找的位置不对，没有找到所调用的函数。

虚拟机仍然认为函数在栈顶，这是根据**旧的**调用约定做出的正确判断。但是我们已经更新了编译器，发出的指令不仅将函数压栈，也将参数压栈了。这就是虚拟机显示它在调用非函数的原因：它实际调用的是参数。

解决方法是使用 OpCall 指令的操作数，因为它用于进一步向下访问栈以到达函数：

```go
// vm/vm.go

func (vm *VM) Run() error {
    // [...]
        switch op {
        // [...]

        case code.OpCall:
            numArgs := code.ReadUint8(ins[ip+1:])
            vm.currentFrame().ip += 1

            fn, ok := vm.stack[vm.sp-1-int(numArgs)].(*object.CompiledFunction)
            if !ok {
                return fmt.Errorf("calling non-function")
            }
            frame := NewFrame(fn, vm.sp)
            vm.pushFrame(frame)
            vm.sp = frame.basePointer + fn.NumLocals

        // [...]
        }
    // [...]
}
```

这里不是直接从栈顶获取函数，而是通过解码操作数 numArgs 并用 vm.sp 减去该操作数计算出函数位置。额外的 -1 是因为 vm.sp 不指向栈中的最顶层元素，而是指向下一个元素将被压入的槽。

这让我们又进步了，但只进步了一点点：

```
$ go test ./vm
--- FAIL: TestCallingFunctionsWithArgumentsAndBindings (0.00s)
 vm_test.go:357: testIntegerObject failed:\
   object is not Integer. got=<nil> (<nil>)
panic: runtime error: \
  invalid memory address or nil pointer dereference [recovered]
 panic: runtime error: invalid memory address or nil pointer dereference
[signal SIGSEGV: segmentation violation code=0x1 addr=0x20 pc=0x10f7841]

goroutine 13 [running]:
testing.tRunner.func1(0xc4200a80f0)
 /usr/local/go/src/testing/testing.go:742 +0x29d
panic(0x11215e0, 0x11fffa0)
 /usr/local/go/src/runtime/panic.go:502 +0x229
monkey/vm.(*VM).executeBinaryOperation(0xc4204b3eb8, 0x1, 0x0, 0x0)
 /Users/mrnugget/code/07/src/monkey/vm/vm.go:270 +0xa1
monkey/vm.(*VM).Run(0xc4204b3eb8, 0x10000, 0x10000)
 /Users/mrnugget/code/07/src/monkey/vm/vm.go:87 +0x155
monkey/vm.runVmTests(0xc4200a80f0, 0xc4204b3f58, 0x2, 0x2)
 /Users/mrnugget/code/07/src/monkey/vm/vm_test.go:276 +0x5de
monkey/vm.TestCallingFunctionsWithArgumentsAndBindings(0xc4200a80f0)
 /Users/mrnugget/code/07/src/monkey/vm/vm_test.go:357 +0x93
testing.tRunner(0xc4200a80f0, 0x11540e8)
 /usr/local/go/src/testing/testing.go:777 +0xd0
created by testing.(*T).Run
 /usr/local/go/src/testing/testing.go:824 +0x2e0
FAIL    monkey/vm    0.049s
```

第一个测试用例表示，最后从栈中弹出的值不是 4 而是 nil。很显然，虚拟机没有在栈中找到参数。

第二个测试用例没有任何信息，直接崩溃了。我们无法直接判断为什么会出现这种情况，这需要栈追踪。在检查 vm.go 时，我们找到了崩溃的原因：虚拟机尝试在两个空指针（被弹栈了，以便将它们加在一起）上调用 object.Object.Type 方法。

以上的失败都归结为同一个原因：虚拟机尝试在栈中查找参数，结果只得到 nil。

参数位于栈顶，即所调用函数的上方，那是存储局部绑定的地方。由于我们将参数视为局部绑定并计划用 OpGetLocal 指令检索它们，因此这里就应该是它们的正确位置。这也是将参数视为局部绑定的巧妙之处。但是为什么虚拟机找不到它们呢？

答案很简单：因为栈指针太高。在设置新的帧时，将栈指针与 basePointer 一起初始化的方式已经过时。

Frame 的 basePointer 有两个用途。首先，作为一个 "重置按钮"，它通过将 vm.sp 设置为 basePointer - 1 可以清除刚刚执行的函数以及该函数滞留在栈中的所有内容。

其次，它可以作为局部绑定的引用。这就是容易出错的地方。在执行一个函数之前，将 basePointer 设置为 vm.sp 的当前值，然后通过函数将使用的局部绑定的数量增加 vm.sp，这就产生了所谓的"空缺"：栈中可以存储和检索局部绑定的 n 个插槽。

测试失败的原因是，在执行函数之前，栈中已经有了想要用作局部变量的东西：调用的参数。我们希望使用与其他局部绑定相同的公式访问它们：basePointer 加上单独的局部绑定索引。但问题是，现在初始化一个新的帧时，栈看起来如图 7-4 所示。

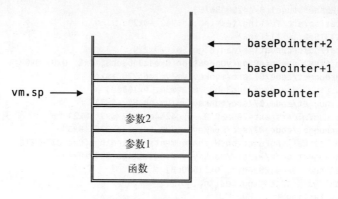

图　7-4

我确信你已经看出问题所在。在将参数压栈后，我们将 basePointer 设置为 vm.sp 的当前值。这导致 basePointer 加上局部绑定的索引都指向空槽。这样一来，虚拟机得到 nil，而不是它想要的参数。

现在需要调整 basePointer。不能再复制 vm.sp 了。调整后的正确公式并不难理解：basePointer = vm.sp – numArguments。函数调用开始时的栈布局则如图 7-5 所示。

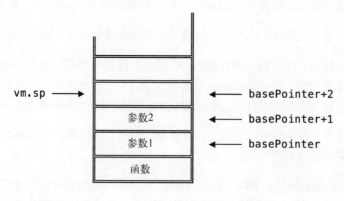

图　7-5

这就可以正常工作了。如果计算 basePointer 加上参数的局部绑定索引，我们就会得到正确的槽。vm.sp 仍将指向栈中的下一个空槽。

以下是该想法的代码实现：

```go
// vm/vm.go

func (vm *VM) Run() error {
    // [...]
        switch op {
        // [...]

        case code.OpCall:
            numArgs := code.ReadUint8(ins[ip+1:])
            vm.currentFrame().ip += 1

            err := vm.callFunction(int(numArgs))
            if err != nil {
                return err
            }

        // [...]
        }
    // [...]
}

func (vm *VM) callFunction(numArgs int) error {
    fn, ok := vm.stack[vm.sp-1-numArgs].(*object.CompiledFunction)
    if !ok {
        return fmt.Errorf("calling non-function")
    }

    frame := NewFrame(fn, vm.sp-numArgs)
    vm.pushFrame(frame)

    vm.sp = frame.basePointer + fn.NumLocals

    return nil
}
```

趁还来得及，我们将 OpCall 实现的主要部分移至一个名为 callFunction 的新方法内。实现本身几乎没有任何变化。唯一的区别是调用 NewFrame 的第二个参数。这里先减去了 numArgs，而不是先将 vm.sp 作为帧的未来 basePointer 传入。这为我们提供了图 7-5 所示的 basePointer。

```
$ go test ./vm
ok      monkey/vm    0.047s
```

所有的测试都通过了！让我们更进一步，用虚拟机做更多的测试：

```
// vm/vm_test.go

func TestCallingFunctionsWithArgumentsAndBindings(t *testing.T) {
    tests := []vmTestCase {
        // [...]
        {
            input: `
        let sum = fn(a, b) {
            let c = a + b;
            c;
        };
        sum(1, 2);
        `,
            expected: 3,
        },
        {
            input: `
        let sum = fn(a, b) {
            let c = a + b;
            c;
        };
        sum(1, 2) + sum(3, 4);`,
            expected: 10,
        },
        {
            input: `
        let sum = fn(a, b) {
            let c = a + b;
            c;
        };
        let outer = fn() {
            sum(1, 2) + sum(3, 4);
        };
        outer();
        `,
            expected: 10,
        },
    }

    runVmTests(t, tests)
}
```

这些测试用例用以确保手动创建的局部绑定与参数可以混合使用：在一个函数中，在多次调用的同一个函数中，以及在另一个函数中多次调用的一个函数中。它们都通过了：

```
$ go test ./vm
ok      monkey/vm    0.041s
```

现在来看看我们是否已经达成既定目标：

```go
// vm/vm_test.go

func TestCallingFunctionsWithArgumentsAndBindings(t *testing.T) {
    tests := []vmTestCase {
        // [...]
        {
            input: `
        let globalNum = 10;

        let sum = fn(a, b) {
            let c = a + b;
            c + globalNum;
        };

        let outer = fn() {
            sum(1, 2) + sum(3, 4) + globalNum;
        };

        outer() + globalNum;
        `,
            expected: 50,
        },
    }

    runVmTests(t, tests)
}
```

运行结果如下所示:

```
$ go test ./vm
ok      monkey/vm     0.035s
```

是的,我们做到了! 我们已经成功将参数加入到编译器和虚拟机中。

现在我们需要确保使用错误数量的参数调用函数时栈不会崩溃,因为很多实现取决于这个数字:

```go
// vm/vm_test.go

func TestCallingFunctionsWithWrongArguments(t *testing.T) {
    tests := []vmTestCase{
        {
            input:    `fn() { 1; }(1);`,
            expected: `wrong number of arguments: want=0, got=1`,
        },
        {
            input:    `fn(a) { a; }();`,
            expected: `wrong number of arguments: want=1, got=0`,
        },
        {
            input:    `fn(a, b) { a + b; }(1);`,
            expected: `wrong number of arguments: want=2, got=1`,
```

```
        },
    }

    for _, tt := range tests {
        program := parse(tt.input)

        comp := compiler.New()
        err := comp.Compile(program)
        if err != nil {
            t.Fatalf("compiler error: %s", err)
        }

        vm := New(comp.Bytecode())
        err = vm.Run()
        if err == nil {
            t.Fatalf("expected VM error but resulted in none.")
        }

        if err.Error() != tt.expected {
            t.Fatalf("wrong VM error: want=%q, got=%q", tt.expected, err)
        }
    }
}
```

我们期望的是，在调用带有错误数量参数的函数时虚拟机会报错。是的，这次我们想要一条错误消息，但并没有如愿：

```
$ go test ./vm
--- FAIL: TestCallingFunctionsWithWrongArguments (0.00s)
 vm_test.go:801: expected VM error but resulted in none.
FAIL
FAIL    monkey/vm 0.053s
```

为了解决这个问题，我们需要快速访问 object 包并在 object.CompiledFunction 定义中添加一个新字段：

```
// object/object.go

type CompiledFunction struct {
    Instructions  code.Instructions
    NumLocals     int
    NumParameters int
}
```

接下来在编译器中填写这个新的 NumParameters 字段，其中有函数字面量的参数数量：

```
// compiler/compiler.go

func (c *Compiler) Compile(node ast.Node) error {
    switch node := node.(type) {
```

```
    // [...]

    case *ast.FunctionLiteral:
        // [...]

        compiledFn := &object.CompiledFunction{
            Instructions:  instructions,
            NumLocals:     numLocals,
            NumParameters: len(node.Parameters),
        }
        c.emit(code.OpConstant, c.addConstant(compiledFn))

    // [...]
    }

    // [...]
}
```

在虚拟机中,可以使用该字段来确保栈中的参数数量正确:

```
// vm/vm.go

func (vm *VM) callFunction(numArgs int) error {
    fn, ok := vm.stack[vm.sp-1-numArgs].(*object.CompiledFunction)
    if !ok {
        return fmt.Errorf("calling non-function")
    }

    if numArgs != fn.NumParameters {
        return fmt.Errorf("wrong number of arguments: want=%d, got=%d",
            fn.NumParameters, numArgs)
    }

    // [...]
}
```

有了这个字段之后,测试全部通过:

```
$ go test ./vm
ok      monkey/vm        0.035s
```

即使使用错误数量的参数来调用函数,栈也会保留这些参数。

现在可以庆祝了,我们不仅在字节码编译器和虚拟机中实现了函数和函数调用,还实现了参数和局部绑定。这当然是不小的壮举,让我们再次测试:

```
$ go build -o monkey . && ./monkey
Hello mrnugget! This is the Monkey programming language!
Feel free to type in commands
>> let one = fn() { 1; };
CompiledFunction[0xc42008a8d0]
```

```
>> let two = fn() { let result = one(); return result + result; };
CompiledFunction[0xc42008aba0]
>> let three = fn(two) { two() + 1; };
CompiledFunction[0xc42008ae40]
>> three(two);
3
```

现在是时候添加另一种类型的函数了。

第 8 章

内置函数

在《用 Go 语言自制解释器》这本书中，我们不仅为求值器添加了定义函数的功能，还在其中定义了内置函数。这些函数是：

```
len([1, 2, 3]);       // => 3
first([1, 2, 3]);     // => 1
last([1, 2, 3]);      // => 3
rest([1, 2, 3]);      // => [2,3]
push([1, 2, 3], 4);   // => [1,2,3,4]
puts("Hello World!"); // 打印"Hello World!"
```

本章的目标是做同样的事情，将这些内置函数构建到新的字节码编译器和虚拟机中。但是这些工作并不简单。

这些都是 Go 函数，因此应该像我们编写的任何其他函数一样可移植，它们最早定义于 evaluator 包中。它们被定义为私有，使用内部引用和私有的辅助函数——但这些不是在 compiler 包和 vm 包中使用它们的最佳环境。

因此，开始考虑在虚拟机中执行这些内置函数甚至在编译器中编译它们之前，我们需要重构《用 Go 语言自制解释器》中的一些代码，以便于新代码使用。

首先，使私有函数变成公共函数。在 Go 语言中就是将它们的函数名称大写，但这会让编译器和虚拟机依赖于求值器。我不希望如此，相反，我希望所有的包——compiler、vm 和 evaluator——可以平等地访问内置函数。

这就引出了第二种选择：重复定义，从 evaluator 中复制一份到 vm 包和 compiler 包中。作为程序员，我们都不喜欢重复的代码。而且严肃地说，复制这些内置函数不是一个好的办法。这些代码包含大量 Monkey 逻辑，我们不想造成意外或分歧。

我们准备把这些内置函数移动到 object 包中。这需要做更多的工作，但它是最优雅的选择，因为它后续会使内置函数更容易合并到编译器和虚拟机中。

8.1 使修改变得简单

第一个任务是将内置函数移出 evaluator 包，同时保持求值器正常工作。附带一个小任务：在移动它们时定义内置函数，以便我们使用索引来访问单个函数并以稳定的方式遍历它们。目前求值器中的内置函数是 map[string]*object.Builtin，它为我们提供了索引，但不能保证稳定迭代。

为使*object.Builtin 与其名称配对，我们将使用结构体切片而不是 map。这能提供稳定的迭代，并且有一个小型辅助函数允许我们按名称获取单个函数。

我们没有直接剪切和粘贴现有的 evaluator.builtins 定义，因为这样做还能让我们再次查看各个内置函数，加强记忆。

我们从 len 开始，它返回数组或字符串的长度。创建新文件 object/builtins.go，并将 len 的定义从 evaluator/builtins.go 复制到新文件中。像这样：

```go
// object/builtins.go

package object

import "fmt"

var Builtins = []struct {
    Name    string
    Builtin *Builtin
}{
    {
        "len",
        &Builtin{Fn: func(args ...Object) Object {
            if len(args) != 1 {
                return newError("wrong number of arguments. got=%d, want=1",
                    len(args))
            }

            switch arg := args[0].(type) {
            case *Array:
                return &Integer{Value: int64(len(arg.Elements))}
            case *String:
                return &Integer{Value: int64(len(arg.Value))}
            default:
                return newError("argument to `len` not supported, got %s",
                    args[0].Type())
            }
        },
        },
    },
}
```

```go
func newError(format string, a ...interface{}) *Error {
    return &Error{Message: fmt.Sprintf(format, a...)}
}
```

Builtins 是一个结构体切片，每一个结构体包含 name 和函数*Builtin。

虽然我们确实复制了名为 len 的*Builtin，但请注意，这不是盲目地复制和粘贴：在*Builtin 中，必须删除对 object 包的引用。因为现在就在 object 包中，所以它们是多余的。

newError 函数也需要复制过来，因为大部分内置函数会使用它。

定义了 Builtins 并包含第一个内置函数定义后，现在可以添加一个名为 GetBuiltinByName 的函数：

```go
// object/builtins.go

func GetBuiltinByName(name string) *Builtin {
    for _, def := range Builtins {
        if def.Name == name {
            return def.Builtin
        }
    }
    return nil
}
```

无须多言，这是一个允许按名称获取内置函数的函数。有了它，就可以避免 evaluator/builtins.go 中的重复代码，还可以用以下内容替换 len 之前的定义：

```go
// evaluator/builtins.go

var builtins = map[string]*object.Builtin{
    "len": object.GetBuiltinByName("len"),
    // [...]
}
```

这是我们移动的第一个内置函数。evaluator 包中的测试依然能正常工作：

```
$ go test ./evaluator
ok      monkey/evaluator    0.009s
```

完美！接着需要对 evaluator.builtins 中的其他所有函数做同样的操作。下一个是 puts，它用来打印自身的参数：

```go
// object/builtins.go

var Builtins = []struct {
    Name    string
    Builtin *Builtin
```

```
}(
    // [...]
    {
        "puts",
        &Builtin{Fn: func(args ...Object) Object {
            for _, arg := range args {
                fmt.Println(arg.Inspect())
            }

            return nil
        },
        },
    },
}
```

虽然代码看起来并不多，但是 puts 的新定义包含一处重要的修改。

在 evaluator 包的 puts 定义中，它返回 evaluator.NULL。这对应于虚拟机中的 vm.Null。但是由于保持对 evaluator.NULL 的引用意味着在虚拟机中需要处理两个 *object.Null 实例，因此我们将 puts 修改为返回 nil。

在虚拟机中，用 vm.Null 替换 nil 很容易。但由于我们也想在求值器中使用新定义的 puts，因此需要修改现有代码以检查 nil 并在必要时将其转换为 NULL：

```
// evaluator/evaluator.go

func applyFunction(fn object.Object, args []object.Object) object.Object {
    switch fn := fn.(type) {

    // [...]

    case *object.Builtin:
        if result := fn.Fn(args...); result != nil {
            return result
        }
        return NULL

    // [...]
    }
}
```

下一个要移动的函数是 first，它返回数组的第一个元素。它必须经过与 puts 相同的处理：将它从 evaluator/builtins.go 复制到 object/builtins.go，删除对 object 包的引用，并在之前返回 evaluator.NULL 的地方返回 nil：

```
// object/builtins.go

var Builtins = []struct {
    Name    string
    Builtin *Builtin
```

```
}{
    // [...]
    {
        "first",
        &Builtin{Fn: func(args ...Object) Object {
            if len(args) != 1 {
                return newError("wrong number of arguments. got=%d, want=1",
                    len(args))
            }
            if args[0].Type() != ARRAY_OBJ {
                return newError("argument to `first` must be ARRAY, got %s",
                    args[0].Type())
            }

            arr := args[0].(*Array)
            if len(arr.Elements) > 0 {
                return arr.Elements[0]
            }

            return nil
        },
        },
    },
}
```

采用同样的处理方式，我们也定义了 last 函数：

```
// object/builtins.go

var Builtins = []struct {
    Name    string
    Builtin *Builtin
}{
    // [...]
    {
        "last",
        &Builtin{Fn: func(args ...Object) Object {
            if len(args) != 1 {
                return newError("wrong number of arguments. got=%d, want=1",
                    len(args))
            }
            if args[0].Type() != ARRAY_OBJ {
                return newError("argument to `last` must be ARRAY, got %s",
                    args[0].Type())
            }

            arr := args[0].(*Array)
            length := len(arr.Elements)
            if length > 0 {
                return arr.Elements[length-1]
            }
```

```
            return nil
        },
        },
    },
}
```

除了获取数组的第一个和最后一个元素，有时获取除第一个元素之外的所有元素
也很有用，这就是 rest 存在的原因：

```
// object/builtins.go

var Builtins = []struct {
    Name    string
    Builtin *Builtin
}{
    // [...]
    {
        "rest",
        &Builtin{Fn: func(args ...Object) Object {
            if len(args) != 1 {
                return newError("wrong number of arguments. got=%d, want=1",
                    len(args))
            }
            if args[0].Type() != ARRAY_OBJ {
                return newError("argument to `rest` must be ARRAY, got %s",
                    args[0].Type())
            }

            arr := args[0].(*Array)
            length := len(arr.Elements)
            if length > 0 {
                newElements := make([]Object, length-1, length-1)
                copy(newElements, arr.Elements[1:length])
                return &Array{Elements: newElements}
            }

            return nil
        },
        },
    },
}
```

我们随后定义了 push，用来向数组中添加元素。它不会改变数组，而是保持原数
组不变并分配一个新数组。新数组包含原始数组的元素和添加的元素：

```
// object/builtins.go

var Builtins = []struct {
    Name    string
    Builtin *Builtin
}{
```

```
// [...]
{
    "push",
    &Builtin{Fn: func(args ...Object) Object {
        if len(args) != 2 {
            return newError("wrong number of arguments. got=%d, want=2",
                len(args))
        }
        if args[0].Type() != ARRAY_OBJ {
            return newError("argument to `push` must be ARRAY, got %s",
                args[0].Type())
        }

        arr := args[0].(*Array)
        length := len(arr.Elements)

        newElements := make([]Object, length+1, length+1)
        copy(newElements, arr.Elements)
        newElements[length] = args[1]

        return &Array{Elements: newElements}
    },
    },
},
}
```

这是需要实现的最后一个内置函数。现在所有内置函数都在 object.Builtins 中定义了，去除了对 object 包的引用，并且没有提及 evaluator.NULL。

现在回到 evaluator/builtins.go，用 object.GetBuiltinByName 的调用替换当前所有重复的定义：

```
// evaluator/builtins.go

import (
    "monkey/object"
)

var builtins = map[string]*object.Builtin{
    "len":   object.GetBuiltinByName("len"),
    "puts":  object.GetBuiltinByName("puts"),
    "first": object.GetBuiltinByName("first"),
    "last":  object.GetBuiltinByName("last"),
    "rest":  object.GetBuiltinByName("rest"),
    "push":  object.GetBuiltinByName("push"),
}
```

是不是很整洁？这就是全部的代码。下一步进行健全性检查，以确保所有代码仍然有效：

```
$ go test ./evaluator
ok      monkey/evaluator     0.009s
```

现在，内置函数可以在所有引入 object 包的包内使用。它们不再依赖 evaluator. NULL，而是用 nil 替代。求值器仍然像《用 Go 语言自制解释器》结尾那样正常工作，并且所有测试均通过了。

这就是我所说的重构，它使我们现在必须做的一切变得更容易。

8.2 做出改变：计划

你知道我喜欢做什么吗？避免边缘情况并尽可能少地使用它们。

这就是为什么我想保持现有的调用约定，即使对于内置函数也是如此。这意味着，调用内置函数可以像调用任何其他函数一样：将内置函数和调用的参数压栈，然后使用 OpCall 指令调用该函数。

如何执行内置函数，这是后续会关注的虚拟机实现细节。

从编译器的角度来看，在编译内置函数的调用表达式时，唯一不同的是函数最终在栈中的存在方式。为此，我们确实需要引入另一种情况，但不是边缘情况。

内置函数的定义既不在全局作用域内，也不在局部作用域内。它们在自己的作用域内。我们需要将该作用域引入编译器及其符号表，以便正确解析对内置函数的引用。

我们把这个作用域称为 BuiltinScope，在其中会定义刚刚移到 object.Builtins 定义片段中的所有内置函数——完全按照原始顺序。这是一个重要的细节，因为这是我们的额外任务。

当编译器（在符号表的帮助下）检测到对内置函数的引用时，它将发出 OpGet-Builtin 指令。此指令中的操作数是 object.Builtins 中所引用函数的索引。

由于 object.Builtins 也可由虚拟机访问，因此它可以使用指令的操作数从 object.Builtins 中获取正确的函数并将其推送到栈中，然后在那里调用该函数。

一旦编写了第一个虚拟机测试，我们就会担心稍后会发生什么。但是下一步，我们需要确保编译器能够处理对内置函数的引用。为此，我们需要一个新的操作码和一个新的作用域。

8.3 内置函数作用域

首先，在我们的认知范围里，OpGetBuiltin 属于一个新的操作码：

```
// code/code.go

const (
    // [...]

    OpGetBuiltin
)

var definitions = map[Opcode]*Definition{
    // [...]

    OpGetBuiltin: {"OpGetBuiltin", []int{1}},
}
```

此操作码带有一个一字节宽的操作数。这意味着我们最多可以定义 256 个内置函数。听起来不够用？如果真的到达该限制，我们可以将其改为两字节。

实现步骤如下：先实现操作码，然后实现编译器测试。现在有了 OpGetBuiltin，我们可以编写一个测试，让编译器将对内置函数的引用转换为 OpGetBuiltin 指令：

```
// compiler/compiler_test.go

func TestBuiltins(t *testing.T) {
    tests := []compilerTestCase{
        {
            input: `
            len([]);
            push([], 1);
            `,
            expectedConstants: []interface{}{1},
            expectedInstructions: []code.Instructions{
                code.Make(code.OpGetBuiltin, 0),
                code.Make(code.OpArray, 0),
                code.Make(code.OpCall, 1),
                code.Make(code.OpPop),
                code.Make(code.OpGetBuiltin, 5),
                code.Make(code.OpArray, 0),
                code.Make(code.OpConstant, 0),
                code.Make(code.OpCall, 2),
                code.Make(code.OpPop),
            },
        },
        {
            input: `fn() { len([]) }`,
```

```
            expectedConstants: []interface{}{
                []code.Instructions{
                    code.Make(code.OpGetBuiltin, 0),
                    code.Make(code.OpArray, 0),
                    code.Make(code.OpCall, 1),
                    code.Make(code.OpReturnValue),
                },
            },
            expectedInstructions: []code.Instructions{
                code.Make(code.OpConstant, 0),
                code.Make(code.OpPop),
            },
        },
    }

    runCompilerTests(t, tests)
}
```

这两个测试用例中，第一个用例确保了两件事。首先，调用内置函数遵循既定的调用约定。其次，OpGetBuiltin 指令的操作数是 object.Builtins 中所引用函数的索引。

第二个用例确保了对内置函数的引用被正确解析，且独立于它们出现的作用域，这与局部作用域和全局作用域的现有行为不同。

如果运行测试，会得到编译错误：

```
$ go test ./compiler
--- FAIL: TestBuiltins (0.00s)
 compiler_test.go:1049: compiler error: undefined variable len
FAIL
FAIL    monkey/compiler 0.008s
```

由于此失败测试的修复涉及编译器正确解析引用，因此下一步要处理编译器解决其解析需求的地方：符号表。

这里也需要编写一个测试，以确保内置函数总是能解析 BuiltinScope 中的某个符号，无论该符号表被另一个符号表内嵌多少次：

```
// compiler/symbol_table_test.go

func TestDefineResolveBuiltins(t *testing.T) {
    global := NewSymbolTable()
    firstLocal := NewEnclosedSymbolTable(global)
    secondLocal := NewEnclosedSymbolTable(firstLocal)

    expected := []Symbol{
        Symbol{Name: "a", Scope: BuiltinScope, Index: 0},
        Symbol{Name: "c", Scope: BuiltinScope, Index: 1},
```

```
            Symbol{Name: "e", Scope: BuiltinScope, Index: 2},
            Symbol{Name: "f", Scope: BuiltinScope, Index: 3},
        }

        for i, v := range expected {
            global.DefineBuiltin(i, v.Name)
        }

        for _, table := range []*SymbolTable{global, firstLocal, secondLocal} {
            for _, sym := range expected {
                result, ok := table.Resolve(sym.Name)
                if !ok {
                    t.Errorf("name %s not resolvable", sym.Name)
                    continue
                }
                if result != sym {
                    t.Errorf("expected %s to resolve to %+v, got=%+v",
                        sym.Name, sym, result)
                }
            }
        }
    }
}
```

在这个测试中，我们定义了 3 个相互嵌套的作用域，并期望每个使用 DefineBuiltin
在全局作用域中定义的符号都解析为新的 BuiltinScope。

由于 DefineBuiltin 和 BuiltinScope 尚不存在，因此没有必要运行测试，但看
到它们按预期失败也无妨：

```
$ go test -run TestDefineResolveBuiltins ./compiler
# monkey/compiler
compiler/symbol_table_test.go:162:28: undefined: BuiltinScope
compiler/symbol_table_test.go:163:28: undefined: BuiltinScope
compiler/symbol_table_test.go:164:28: undefined: BuiltinScope
compiler/symbol_table_test.go:165:28: undefined: BuiltinScope
compiler/symbol_table_test.go:169:9: global.DefineBuiltin undefined\
  (type *SymbolTable has no field or method DefineBuiltin)
FAIL    monkey/compiler [build failed]
```

结果符合预期。定义 BuiltinScope 是两个必要步骤中较简单的一个，所以先
定义它：

```
// compiler/symbol_table.go

const (
    // [...]
    BuiltinScope SymbolScope = "BUILTIN"
)
```

编写 DefineBuiltin 方法也没有那么难：

```
// compiler/symbol_table.go

func (s *SymbolTable) DefineBuiltin(index int, name string) Symbol {
    symbol := Symbol{Name: name, Index: index, Scope: BuiltinScope}
    s.store[name] = symbol
    return symbol
}
```

与现有的 Define 方法相比，这个方法要简单得多。使用 BuiltinScope 中的给定索引来定义给定名称，它是否包含在另一个符号表中并不重要：

```
$ go test -run TestDefineResolveBuiltins ./compiler
ok      monkey/compiler 0.007s
```

现在可以返回编译器并在其中使用 DefineBuiltin 方法：

```
// compiler/compiler.go

func New() *Compiler {
    // [...]
    symbolTable := NewSymbolTable()

    for i, v := range object.Builtins {
        symbolTable.DefineBuiltin(i, v.Name)
    }

    return &Compiler{
        // [...]
        symbolTable:     symbolTable,
        // [...]
    }
}
```

当初始化一个新的 *Compiler 时，需要遍历 object.Builtins 中的所有函数，并使用全局符号表上的 DefineBuiltin 方法在 BuiltinScope 中定义它们。

这应该可以修复编译器测试，因为编译器现在可以解析对内置函数的引用：

```
$ go test ./compiler
--- FAIL: TestBuiltins (0.00s)
 compiler_test.go:1056: testInstructions failed: wrong instruction at 0.
  want="0000 OpGetBuiltin 0\n0002 OpArray 0\n0005 OpCall 1\n0007 OpPop\n\
    0008 OpGetBuiltin 5\n0010 OpArray 0\n0013 OpConstant 0\n\
    0016 OpCall 2\n0018 OpPop\n"
  got ="0000 OpGetLocal 0\n0002 OpArray 0\n0005 OpCall 1\n0007 OpPop\n\
    0008 OpGetLocal 5\n0010 OpArray 0\n0013 OpConstant 0\n\
    0016 OpCall 2\n0018 OpPop\n"
FAIL
FAIL    monkey/compiler 0.009s
```

然而它并没有完全修复，因为编译器忽略了符号表中的一半内容。在当前状态下，使用符号表解析名称后，编译器仅检查符号的作用域是否为 GlobalScope，但是这里不能再使用 if-else 检查了。

现在有了第三个作用域，所以必须清楚符号表实际表达的内容。最好在一个单独的方法中做到这一点：

```go
// compiler/compiler.go

func (c *Compiler) loadSymbol(s Symbol) {
    switch s.Scope {
    case GlobalScope:
        c.emit(code.OpGetGlobal, s.Index)
    case LocalScope:
        c.emit(code.OpGetLocal, s.Index)
    case BuiltinScope:
        c.emit(code.OpGetBuiltin, s.Index)
    }
}
```

现在使用 loadSymbol 编译*ast.Identifier 时，为解析的每个符号都发出了正确的指令：

```go
// compiler/compiler.go

func (c *Compiler) Compile(node ast.Node) error {
    switch node := node.(type) {
    // [...]

    case *ast.Identifier:
        symbol, ok := c.symbolTable.Resolve(node.Value)
        if !ok {
            return fmt.Errorf("undefined variable %s", node.Value)
        }

        c.loadSymbol(symbol)

    // [...]
    }

    // [...]
}
```

这就可以使测试通过：

```
$ go test ./compiler
ok      monkey/compiler 0.008s
```

这意味着，编译器现在可以编译对内置函数的引用。它也支持现有的调用约定——无须我们做任何事情。

是时候开始处理内置函数的实现细节了。

8.4 执行内置函数

"实现细节"听起来总是与修改有关，实际上它与可见性和抽象性有关。用户不必在意功能的细节是**如何实现的**，只需要关注如何使用它。

Monkey 用户不必关注如何执行内置函数，也不必关注编译器，这是虚拟机的关注点。这给了我们足够的自由：实现的自由和测试的自由。我们可以直接写出希望虚拟机做什么，然后再考虑**如何做**：

```go
// vm/vm_test.go

func TestBuiltinFunctions(t *testing.T) {
    tests := []vmTestCase{
        {`len("")`, 0},
        {`len("four")`, 4},
        {`len("hello world")`, 11},
        {
            `len(1)`,
            &object.Error{
                Message: "argument to `len` not supported, got INTEGER",
            },
        },
        {`len("one", "two")`,
            &object.Error{
                Message: "wrong number of arguments. got=2, want=1",
            },
        },
        {`len([1, 2, 3])`, 3},
        {`len([])`, 0},
        {`puts("hello", "world!")`, Null},
        {`first([1, 2, 3])`, 1},
        {`first([])`, Null},
        {`first(1)`,
            &object.Error{
                Message: "argument to `first` must be ARRAY, got INTEGER",
            },
        },
        {`last([1, 2, 3])`, 3},
        {`last([])`, Null},
        {`last(1)`,
            &object.Error{
                Message: "argument to `last` must be ARRAY, got INTEGER",
            },
        },
        {`rest([1, 2, 3])`, []int{2, 3}},
        {`rest([])`, Null},
        {`push([], 1)`, []int{1}},
        {`push(1, 1)`,
            &object.Error{
                Message: "argument to `push` must be ARRAY, got INTEGER",
```

```
        },
    },
}

    runVmTests(t, tests)
}

func testExpectedObject(
    t *testing.T,
    expected interface{},
    actual object.Object,
){
    t.Helper()

    switch expected := expected.(type) {
    // [...]

    case *object.Error:
        errObj, ok := actual.(*object.Error)
        if !ok {
            t.Errorf("object is not Error: %T (%+v)", actual, actual)
            return
        }
        if errObj.Message != expected.Message {
            t.Errorf("wrong error message. expected=%q, got=%q",
                expected.Message, errObj.Message)
        }
    }
}
```

此测试是 evaluator 包中 TestBuiltinFunctions 测试的更新版本。对 evaluator.
NULL 的引用已更改为 vm.Null 并且结果的测试已更新为使用新的测试辅助函数。除此
之外,它与其前一版做的事情相同:确保所有内置函数都按预期执行,包括错误处理。

当然,这些功能都还不正常。当尝试运行测试时,程序反而崩溃了。为了节省篇
幅,这里没有详细展示错误消息。不过请放心,造成崩溃的主要原因是虚拟机尚未解
码和执行 OpGetBuiltin 指令。这是本节的第一个任务:

```
// vm/vm.go

func (vm *VM) Run() error {
    // [...]
        switch op {
        // [...]

        case code.OpGetBuiltin:
            builtinIndex := code.ReadUint8(ins[ip+1:])
            vm.currentFrame().ip += 1

            definition := object.Builtins[builtinIndex]
```

```
        err := vm.push(definition.Builtin)
        if err != nil {
            return err
        }

        // [...]
    }

    // [...]
}
```

解码操作数，将其用作 object.Builtins 的索引，获取内置函数的定义，然后将 *object.Builtin 压栈。这是调用约定的第一部分。在该部分中，需要将所调用的函数压栈。

现在运行测试，崩溃消失了，取而代之的是更有用的反馈信息：

```
$ go test ./vm
--- FAIL: TestBuiltinFunctions (0.00s)
 vm_test.go:847: vm error: calling non-function
FAIL
FAIL    monkey/vm    0.036s
```

虚拟机表示，它只能执行用户定义的函数。为了解决这个问题，必须改变执行 OpCall 指令的方式。不像之前那样直接调用 callFunction 方法，我们需要先检查应该调用的是什么方法，然后调用适当的方法。为此，我们引入了一个 executeCall 方法：

```
// vm/vm.go

func (vm *VM) Run() error {
    // [...]
        switch op {
        // [...]

        case code.OpCall:
            numArgs := code.ReadUint8(ins[ip+1:])
            vm.currentFrame().ip += 1

            err := vm.executeCall(int(numArgs))
            if err != nil {
                return err
            }

        // [...]
        }

    // [...]
}
```

```go
func (vm *VM) executeCall(numArgs int) error {
    callee := vm.stack[vm.sp-1-numArgs]
    switch callee := callee.(type) {
    case *object.CompiledFunction:
        return vm.callFunction(callee, numArgs)
    case *object.Builtin:
        return vm.callBuiltin(callee, numArgs)
    default:
        return fmt.Errorf("calling non-function and non-built-in")
    }
}

func (vm *VM) callFunction(fn *object.CompiledFunction, numArgs int) error {
    if numArgs != fn.NumParameters {
        return fmt.Errorf("wrong number of arguments: want=%d, got=%d",
            fn.NumParameters, numArgs)
    }

    frame := NewFrame(fn, vm.sp-numArgs)
    vm.pushFrame(frame)

    vm.sp = frame.basePointer + fn.NumLocals

    return nil
}
```

executeCall 现在做了一些以前由 callFunction 所做的工作,即类型检查和错误消息生成。这反过来使 callFunction 变得更小且需要一个不同的接口,用于向其中传递所调用的函数和调用的参数数量。

但这主要是复制的代码。新增加的代码是 case *object.Builtin 分支和 callBuiltin 方法。该方法负责执行内置函数:

```go
// vm/vm.go

func (vm *VM) callBuiltin(builtin *object.Builtin, numArgs int) error {
    args := vm.stack[vm.sp-numArgs : vm.sp]

    result := builtin.Fn(args...)
    vm.sp = vm.sp - numArgs - 1

    if result != nil {
        vm.push(result)
    } else {
        vm.push(Null)
    }

    return nil
}
```

最后考虑如何执行内置函数。

从栈中取出参数（尚未删除它们）并将它们传递给 object.BuiltinFunction，该方法包含在 *object.Builtin 的 Fn 字段中。这是核心部分，即执行内置函数。

随后，递减 vm.sp，以从栈中取出刚刚执行的参数和函数。按照调用约定，这是虚拟机的职责。

一旦栈被清空，就需要检查调用的结果是否为 nil。如果不是 nil，则将结果压栈；如果是 nil，则将 vm.Null 压栈。

现在，我们可以看到每个内置函数都在编译器和虚拟机中按预期运行：

```
$ go test ./vm
ok      monkey/vm    0.045s
```

但是，在高兴地看到 ok 后，还需要最后一步：处理 REPL。尽管我们在 compiler.New 函数中定义了编译器符号表上的每个内置函数，但这对 REPL 没有影响，REPL 也找不到那些内置函数。

这是因为在 REPL 中使用的不是 compiler.New，而是 compiler.NewWithState。NewWithState 允许通过用全局符号表覆盖由 New 初始化的符号表，从而跨 REPL 提示复用符号表。由于在这个全局表中没有定义内置函数，因此必须修改：

```
// repl/repl.go

func Start(in io.Reader, out io.Writer) {
    // [...]

    symbolTable := compiler.NewSymbolTable()
    for i, v := range object.Builtins {
        symbolTable.DefineBuiltin(i, v.Name)
    }

    for {
        // [...]
    }
}
```

这样一来，就可以在 REPL 中使用内置函数：

```
$ go build -o monkey . && ./monkey
Hello mrnugget! This is the Monkey programming language!
Feel free to type in commands
>> let array = [1, 2, 3];
[1, 2, 3]
```

```
>> len(array)
3
>> push(array, 1)
[1, 2, 3, 1]
>> rest(array)
[2, 3]
>> first(array)
1
>> last(array)
3
>> first(rest(push(array, 4)))
2
```

完美！这是结束一章最好的输出，比测试输出中的 ok 还要完美。现在，继续完善函数实现的最后一部分：闭包。

第 9 章

闭　包

现在是时候完成新 Monkey 实现的最后一个缺失的部分——闭包。这是迄今为止字节码编译器和虚拟机领域中最重要的功能之一。支持这个功能的语言并不多，很快你就会知道原因。

首先，快速复习一下闭包的工作原理。下面是最好的例子：

```
let newAdder = fn(a) {
  let adder = fn(b) { a + b; };
  return adder;
};

let addTwo = newAdder(2);
addTwo(3); // => 5
```

newAdder 函数返回一个名为 adder 的闭包。这之所以是一个闭包，是因为它不仅使用了自己的参数 b，还访问了 newAdder 中定义的参数程序代码 a。adder 从 newAdder 返回后，它仍然有权限访问 a 和 b。这就是使 adder 成为闭包的原因，也是 addTwo 在参数为 3 时返回 5 的原因——它是 adder 函数的一个变体，可以访问先前 a 的值，即 2。

以上用 6 行代码解释了什么是闭包。

《用 Go 语言自制解释器》这本书中的解释器也支持闭包，虽然其实现与在本章中将实现的闭包明显不同，但快速回顾一下有助于奠定基础。下面是《用 Go 语言自制解释器》中实现闭包的主要步骤。

第一步，将 Env 字段添加到 object.Function，以便存储*object.Environment，即之前用来存储全局绑定和局部绑定的地方。当对*ast.FunctionLiteral 进行求值并将其转换为*object.Function 时，我们在新函数的 Env 字段中放置了一个指向当前环境的指针。

当函数被调用时，需要在已存入 Env 字段的当前环境中对函数体进行求值。这一切带来的实际效果是，函数可以访问该环境中定义的绑定，甚至在以后的任何时间、任何地方也是如此。这是**闭包**的功能，及其区别于常规函数的地方。

再次回顾之前实现的原因是，它与我们构想闭包的方式非常接近：在定义时"跳出"环境的函数，可以被封装并随包携带，就像指向 Env 字段中的*object.Environment 的指针一样。这是理解闭包最重要的事情。

现在需要再次实现闭包，只是这次没有树遍历解释器，而是有一个编译器和一个虚拟机。这带来了一个基本问题。

9.1 问题

并不是不再需要对函数字面量进行**求值**，问题不在于**求值器**。在当前的实现中，我们仍然将*ast.FunctionLiteral 转换为 object.Object；这意味着将它们转换为可以传递的东西，最重要的是，它们必须可调用且可执行。从这个意义上来讲，语义并没有改变。

改变的是创建闭包的时间和地点。

在旧的解释器中，将函数字面量转换为 object.Function 和跳出环境（在 object.Function 上设置 Env 字段）**同时发生**，甚至发生在**同一代码块中**。

在新的 Monkey 实现中，这不仅发生在不同的时间，而且发生在不同的代码包中：在编译器中编译函数字面量，在虚拟机中构建环境。结果是在编译函数时无法跳出环境，因为此时还没有构建环境。

我们可以通过在当前的实现中遵循上述代码片段来使这一想法更加切实可行。

首先是编译。将 newAdder 和 adder 这两个函数转换成一系列指令并添加到常量池中。之后，发出 OpConstant 指令让虚拟机将函数加载到栈中。此时，编译完成，且没有人知道 a 将具有哪个值。

然而，在虚拟机中，一旦执行 newAdder，a 的值就知道了。adder 被编译后，它的指令将直接加载到栈中。此时 adder 包含在*object.CompiledFunction 中，并从 newAdder 返回——没有任何机会跳过 a。

现在你可以看出挑战在哪里。在虚拟机中，我们需要在 newAdder 返回 adder 之前将 a 的值放入**已编译的** adder 函数中，必须这么做的原因是方便后续 adder 访问该值。

这意味着每当 adder 引用 a 时，编译器必须事先发出将 a 压栈的指令。但 a 既不是局部绑定也不是全局绑定，并且它的"位置"在执行 newAdder 和调用返回的 adder 函数时会发生变化。它先在作用域内，然后必须在 adder 仍然可以访问到的地方。

换句话说，需要让已编译函数能够保存只在运行时创建的绑定，并且它们的指令必须已经引用了这些绑定。然后，在运行时，需要引导虚拟机在合适的时机将这些绑定提供给函数。

这个要求很高。最重要的是，我们不再只有单一的环境。树遍历解释器中的环境现在分散在全局存储和栈的不同区域中，所有这些都可以通过函数的返回来处理。

这里还有另一个问题：嵌套局部绑定。不过，这比较容易解决，因为这个问题的解决方案与未来的闭包实现密切相关。当然，你可以在不考虑闭包的情况下，实现嵌套的局部绑定，但稍后我们将通过一个实现获得两个功能。

让我们开始工作并制订计划。

9.2　计划

没有"唯一正确"的方法来实现闭包。相反，每个方法都有自己的独特之处。并不是所有的方法都有公开文档记录，大部分只有代码实现，并且通常是经过优化的代码，以节省一字节的内存或者获得宝贵的毫秒级性能优化，这些当然都无助于它的可访问性。如果将搜索范围缩小到字节码编译器和虚拟机，那么深入研究代码就成了一项艰巨的任务。

我发现了最容易访问和转移到 Monkey 的资源和代码库，我们的实现将采用这种方式。这里主要基于 GNU Guile，这是一个具有惊人调试工具的实现方案，其后是 Lua 的多种实现和 Wren 的代码库，这也是《用 Go 语言自制解释器》写作灵感的来源。Matt Might 关于编译闭包主题的文章也非常宝贵，如果想更深入地研究该主题，我强烈推荐你看一看。

在深入了解细节和制订计划之前，我们需要扩大词汇量，引入一个新术语。它可以在前文提到的所有实现和资源中找到，那就是"自由变量"。再看一下代码片段：

```
let newAdder = fn(a) {
  let adder = fn(b) { a + b; };
  return adder;
};
```

从 adder 的角度来看，a 是一个**自由变量**。不得不承认，这对我来说并不是一个直观的名称，但**自由变量**既不是在当前局部作用域中定义的变量，也不是当前函数的参数。由于不受当前作用域的约束，因此它们是自由的。另一种定义解释是，自由变量是那些在局部使用但在封闭作用域内定义的变量。

基于编译器和虚拟机实现闭包将围绕自由变量展开。编译器需要检测对它们的引用并发出将它们压栈的指令，甚至在它们已经超出作用域时也是如此。在对象系统中，编译后的函数必须能够携带自由变量。而虚拟机不仅需要正确解析对自由变量的引用，还需要将它们存储在已编译的函数中。

下面是如何实现这一点：把每个函数都变成一个闭包。虽然并非每个函数都**是**闭包，但我们会将它们都处理成闭包。这是保持编译器和虚拟机架构简洁的常用方法，也有助于我们减少一些认知负担。（如果追求性能，你会发现这个决定创造了大量的优化机会。）

首先在 object 包中定义一个新对象，即 Closure。它将有一个指向*object.Compiled-Function 的指针和一个存储它的引用及所携带自由变量的位置。

函数本身的编译不会改变。我们仍然会将*ast.FunctionLiteral 编译为*object.CompiledFunction 并将其添加到常量池中。

但是在编译函数体时，需要检查解析的每个符号，以确定它有对自由变量的引用。如果有，我们不会发出 OpGetLocal 指令或 OpGetGlobal 指令，而是发出一个新的操作码，从 object.Closure 的"自由变量存储"部分加载值。这就不得不扩展 SymbolTable，以便处理这部分内容。

在编译完函数体并将其作用域留在编译器中后，我们将检查它是否引用了任何自由变量。修改后的 SymbolTable 会显示引用了多少自由变量以及它们最初定义在哪个作用域内。最后一个属性特别重要，因为下一步是在运行时将这些自由变量传递给编译函数。为此，必须先发出指令，将引用的自由变量放到栈中。要实现这一点，就需要知道绑定是在哪个作用域内创建的，否则无法判断要发出哪些指令。

随后，发出另一个新的操作码，让虚拟机从常量池中获取指定的函数，将刚刚推送的自由变量从栈中取出，并将它们传送到已编译的函数中。这一步是将*object.CompiledFunction 转换为*object.Closure 并将其压入栈中。在栈中时，它可以像之前的*object.CompiledFunction 一样被调用，而且它现在可以访问其指令引用的自由变量。它已经变成了一个闭包。

总体来说，主要步骤是：在编译函数时检测对自由变量的引用，将引用的值放到栈中，将值和编译后的函数合并到一个闭包中，并将其留在栈中，以便随后在那里调用它。我们正式开始吧。

9.3　将一切视为闭包

与往常一样，我们正缓步朝着目标努力。为了实现目标并避免以后采取冒险的步骤，第一步是将每个函数视为一个闭包。当然，并非每个函数都是一个闭包，但它仍然可以被视为闭包，这会使稍后添加"真正"的闭包非常顺利。

为了将函数视为闭包，就需要将它们表示为闭包。这是一种新的 Monkey 对象，即 Closure：

```go
// object/object.go

const (
    // [...]
    CLOSURE_OBJ = "CLOSURE"
)

type Closure struct {
    Fn   *CompiledFunction
    Free []Object
}

func (c *Closure) Type() ObjectType { return CLOSURE_OBJ }
func (c *Closure) Inspect() string {
    return fmt.Sprintf("Closure[%p]", c)
}
```

它有一个指向它所封装函数的指针 Fn，以及一个用来保存它所携带自由变量的内存 Free。从语义上讲，后者相当于 Env 字段，该字段在《用 Go 语言自制解释器》中被添加到了 *object.Function 中。

由于闭包是在运行时创建的，因此不能在编译器中使用 object.Closure。相反，我们需要做的是向未来发送消息。这则消息是一个名为 OpClosure 的新操作码。它由编译器发送到虚拟机，并让虚拟机将指定的 *object.CompiledFunction 封装在 *object.Closure 中：

```go
// code/code.go

const (
    // [...]
```

```
    OpClosure
)

var definitions = map[Opcode]*Definition{
    // [...]

    OpClosure: {"OpClosure", []int{2, 1}},
}
```

这很有意思。OpClosure 有**两个**操作数，而且是之前没有出现过的操作数。请允许我解释一下。

第一个操作数是**常量索引**。它用于指定在常量池中的哪个位置找到要转换为闭包的 *object.CompiledFunction。它之所以是两字节宽，是因为 OpConstant 的操作数也是两字节宽。通过保持这种一致性，能确保永远不会遇到下面这种情况：从常量池中加载一个函数并将其压栈，但因为索引太大而无法将其转换为闭包。

第二个操作数用于指定栈中有多少**自由变量**需要转移到即将创建的闭包中。为什么它是一字节宽？因为 256 个自由变量应该够用了。如果 Monkey 函数需要更多，虚拟机将拒绝执行。

不必担心第二个参数，因为现在我们只关心将函数视为闭包，而不是实现自由变量。这是后边要处理的情况。

不过需要注意的是，工具可以支持带有两个操作数的操作码。但是目前仍然没有测试，接下来添加测试：

```
// code/code_test.go

func TestMake(t *testing.T) {
    tests := []struct {
        op       Opcode
        operands []int
        expected []byte
    }{
        // [...]
        {OpClosure, []int{65534, 255}, []byte{byte(OpClosure), 255, 254, 255}},
    }

    // [...]
}

func TestInstructionsString(t *testing.T) {
    instructions := []Instructions{
        Make(OpAdd),
        Make(OpGetLocal, 1),
        Make(OpConstant, 2),
```

```
        Make(OpConstant, 65535),
        Make(OpClosure, 65535, 255),
    }

    expected :=`0000 OpAdd
0001 OpGetLocal 1
0003 OpConstant 2
0006 OpConstant 65535
0009 OpClosure 65535 255
`

    // [...]
}

func TestReadOperands(t *testing.T) {
    tests := []struct {
        op        Opcode
        operands  []int
        bytesRead int
    }{
        // [...]
        {OpClosure, []int{65535, 255}, 3},
    }

    // [...]
}
```

现在运行 code 包的测试，会得到如下结果：

```
$ go test ./code
--- FAIL: TestInstructionsString (0.00s)
 code_test.go:56: instructions wrongly formatted.
  want="0000 OpAdd\n0001 OpGetLocal 1\n0003 OpConstant 2\n\
    0006 OpConstant 65535\n0009 OpClosure 65535 255\n"
  got="0000 OpAdd\n0001 OpGetLocal 1\n0003 OpConstant 2\n\
    0006 OpConstant 65535\n\
    0009 ERROR: unhandled operandCount for OpClosure\n\n"
FAIL
FAIL    monkey/code 0.007s
```

看起来只需要修复 Instructions 上的 fmtInstruction 方法：

```
// code/code.go

func (ins Instructions) fmtInstruction(def *Definition, operands []int) string {
    // [...]

    switch operandCount {
    case 0:
        return def.Name
    case 1:
        return fmt.Sprintf("%s %d", def.Name, operands[0])
```

```
    case 2:
        return fmt.Sprintf("%s %d %d", def.Name, operands[0], operands[1])
    }

    // [...]
}
```

新加了一个 case 分支之后，code.Make 和 code.ReadOperands 已经可以为每个操作码处理两个操作数：

```
$ go test ./code
ok      monkey/code 0.008s
```

我们已经做好准备，现在可以开始将函数视为闭包。

从编译器的角度来看，我们现在将发出 OpClosure 指令而不是 OpConstant 指令来获取栈中的函数。其他一切都保持不变。将函数编译为 *object.CompiledFunction 并将它们添加到常量池中。但是常量池的索引不会用作 OpConstant 的操作数，而是会提供给 OpClosure 指令，作为 OpClosure 的第二个操作数，即栈中的自由变量的数量。当前使用 0。

如果现在直接进入 compiler.go 并将 OpConstant 指令替换为 OpClosure 指令，最终会遇到大量编译器测试失败的情况。意外失败的测试在任何时候都是一件糟糕的事，所以让我们先调整测试，提前解决这个问题。我们需要做的就是在所有函数加载到栈中的位置上，将 OpConstant 更改为 OpClosure：

```
// compiler/compiler_test.go

func TestFunctions(t *testing.T) {
    tests := []compilerTestCase{
        {
            input: `fn() { return 5 + 10 }`,
            expectedConstants: []interface{}{
                // [...]
            },
            expectedInstructions: []code.Instructions{
                code.Make(code.OpClosure, 2, 0),
                code.Make(code.OpPop),
            },
        },
        {
            input: `fn() { 5 + 10 }`,
            expectedConstants: []interface{}{
                // [...]
            },
            expectedInstructions: []code.Instructions{
                code.Make(code.OpClosure, 2, 0),
                code.Make(code.OpPop),
```

```
                },
            },
            {
                input: `fn() { 1; 2 }`,
                expectedConstants: []interface{}{
                    // [...]
                },
                expectedInstructions: []code.Instructions{
                    code.Make(code.OpClosure, 2, 0),
                    code.Make(code.OpPop),
                },
            },
        }

        runCompilerTests(t, tests)
    }
```

代码看起来比实际需要的多，因为我想为你提供有关这些更改的背景信息。在每
个测试用例的 expectedInstructions 中，将之前的 OpConstant 更改为 OpClosure，
并添加第二个操作数 0。现在我们需要在加载函数的测试中做同样的处理：

```
// compiler/compiler_test.go

func TestFunctionsWithoutReturnValue(t *testing.T) {
    tests := []compilerTestCase{
        {
            input: `fn() { }`,
             expectedConstants: []interface{}{
                // [...]
            },
            expectedInstructions: []code.Instructions{
                code.Make(code.OpClosure, 0, 0),
                code.Make(code.OpPop),
            },
        },
    }

    runCompilerTests(t, tests)
}

func TestFunctionCalls(t *testing.T) {
    tests := []compilerTestCase{
        {
            input: `fn() { 24 }();`,
            expectedConstants: []interface{}{
                // [...]
            },
            expectedInstructions: []code.Instructions{
                code.Make(code.OpClosure, 1, 0),
                code.Make(code.OpCall, 0),
                code.Make(code.OpPop),
            },
```

```
    },
    {
        input: `
        let noArg = fn() { 24 };
        noArg();
        `,
        expectedConstants: []interface{}{
            // [...]
        },
        expectedInstructions: []code.Instructions{
            code.Make(code.OpClosure, 1, 0),
            code.Make(code.OpSetGlobal, 0),
            code.Make(code.OpGetGlobal, 0),
            code.Make(code.OpCall, 0),
            code.Make(code.OpPop),
        },
    },
    {
        input: `
        let oneArg = fn(a) { a };
        oneArg(1);
        `,
        expectedConstants: []interface{}{
            // [...]
        },
        expectedInstructions: []code.Instructions{
            code.Make(code.OpClosure, 0, 0),
            code.Make(code.OpSetGlobal, 0),
            code.Make(code.OpGetGlobal, 0),
            code.Make(code.OpConstant, 1),
            code.Make(code.OpCall, 1),
            code.Make(code.OpPop),
        },
    },
    {
        input: `
        let manyArg = fn(a, b, c) { a; b; c };
        manyArg(1, 2, 3);
        `,
        expectedConstants: []interface{}{
            // [...]
        },
        expectedInstructions: []code.Instructions{
            code.Make(code.OpClosure, 0, 0),
            code.Make(code.OpSetGlobal, 0),
            code.Make(code.OpGetGlobal, 0),
            code.Make(code.OpConstant, 1),
            code.Make(code.OpConstant, 2),
            code.Make(code.OpConstant, 3),
            code.Make(code.OpCall, 3),
            code.Make(code.OpPop),
        },
    },
```

```
        }

    runCompilerTests(t, tests)
}

func TestLetStatementScopes(t *testing.T) {
    tests := []compilerTestCase{
        {
            input: `
            let num = 55;
            fn() { num }`,
            expectedConstants: []interface{}{
                // [...]
            },
            expectedInstructions: []code.Instructions{
                code.Make(code.OpConstant, 0),
                code.Make(code.OpSetGlobal, 0),
                code.Make(code.OpClosure, 1, 0),
                code.Make(code.OpPop),
            },
        },
        {
            input: `
            fn() {
                let num = 55;
                num
            }
            `,
            expectedConstants: []interface{}{
                // [...]
            },
            expectedInstructions: []code.Instructions{
                code.Make(code.OpClosure, 1, 0),
                code.Make(code.OpPop),
            },
        },
        {
            input: `
            fn() {
                let a = 55;
                let b = 77; a+b
            }
            `,
            expectedConstants: []interface{}{
                // [...]
            },
            expectedInstructions: []code.Instructions{
                code.Make(code.OpClosure, 2, 0),
                code.Make(code.OpPop),
            },
        },
    }
```

```
    runCompilerTests(t, tests)
}

func TestBuiltins(t *testing.T) {
    tests := []compilerTestCase{
        // [...]
        {
            input: `fn() { len([]) }`,
            expectedConstants: []interface{}{
                // [...]
            },
            expectedInstructions: []code.Instructions{
                code.Make(code.OpClosure, 0, 0),
                code.Make(code.OpPop),
            },
        },
    }

    runCompilerTests(t, tests)
}
```

虽然更新了期望，但我们依然在使用旧的编译器，因此测试会失败：

```
$ go test ./compiler
--- FAIL: TestFunctions (0.00s)
 compiler_test.go:688: testInstructions failed: wrong instructions length.
  want="0000 OpClosure 2 0\n0004 OpPop\n"
  got ="0000 OpConstant 2\n0003 OpPop\n"
--- FAIL: TestFunctionsWithoutReturnValue (0.00s)
 compiler_test.go:779: testInstructions failed: wrong instructions length.
  want="0000 OpClosure 0 0\n0004 OpPop\n"
  got ="0000 OpConstant 0\n0003 OpPop\n"
--- FAIL: TestFunctionCalls (0.00s)
 compiler_test.go:895: testInstructions failed: wrong instructions length.
  want="0000 OpClosure 1 0\n0004 OpCall 0\n0006 OpPop\n"
  got ="0000 OpConstant 1\n0003 OpCall 0\n0005 OpPop\n"
--- FAIL: TestLetStatementScopes (0.00s)
 compiler_test.go:992: testInstructions failed: wrong instructions length.
  want="0000 OpConstant 0\n0003 OpSetGlobal 0\n\
    0006 OpClosure 1 0\n0010 OpPop\n"
  got ="0000 OpConstant 0\n0003 OpSetGlobal 0\n\
    0006 OpConstant 1\n0009 OpPop\n"
--- FAIL: TestBuiltins (0.00s)
 compiler_test.go:1056: testInstructions failed: wrong instructions length.
  want="0000 OpClosure 0 0\n0004 OpPop\n"
  got ="0000 OpConstant 0\n0003 OpPop\n"
FAIL
FAIL    monkey/compiler 0.010s
```

结果显示正如预期：我们期望得到 OpClosure 而不是 OpConstant。现在可以修改编译器：

```
// compiler/compiler.go

func (c *Compiler) Compile(node ast.Node) error {
    switch node := node.(type) {
    // [...]

    case *ast.FunctionLiteral:
        // [...]

        fnIndex := c.addConstant(compiledFn)
        c.emit(code.OpClosure, fnIndex, 0)

    // [...]
    }

    // [...]
}
```

这里修改的是 *ast.FunctionLiteral 中 case 分支的最后两行：不发出 OpConstant，而是发出 OpClosure 指令。这就是所有需要修改的内容，足以让测试再次通过：

```
$ go test ./compiler
ok      monkey/compiler 0.008s
```

Monkey 实现的前端现在将每个函数都视为一个闭包。但是，虚拟机暂时还未同步修改：

```
$ go test ./vm
--- FAIL: TestCallingFunctionsWithoutArguments (0.00s)
panic: runtime error: index out of range [recovered]
panic: runtime error: index out of range
[...]
FAIL    monkey/vm   0.038s
```

我们不必更改任何虚拟机测试，只需让它们再次通过即可。第一步，将正在执行的 mainFn 封装在一个闭包中并更新虚拟机的初始化代码：

```
// vm/vm.go

func New(bytecode *compiler.Bytecode) *VM {
    mainFn := &object.CompiledFunction{Instructions: bytecode.Instructions}
    mainClosure := &object.Closure{Fn: mainFn}
    mainFrame := NewFrame(mainClosure, 0)

    // [...]
}
```

这不会有太大的进展，因为 NewFrame 和底层的 Frame 还不能处理闭包。我们需要做的是让 Frame 保持对 *object.Closure 的引用：

```
// vm/frame.go

type Frame struct {
    cl          *object.Closure
    ip          int
    basePointer int
}

func NewFrame(cl *object.Closure, basePointer int) *Frame {
    f := &Frame{
        cl:          cl,
        ip:          -1,
        basePointer: basePointer,
    }

    return f
}

func (f *Frame) Instructions() code.Instructions {
    return f.cl.Fn.Instructions
}
```

这些变化可以归结为另一个层次的间接作用。Frame 现在有一个指向 *object. Closure 的 cl 字段，而不是持有 *object.CompiledFunction 的 fn。为了获取指令，现在必须先通过 cl 字段，再通过封装的闭包 Fn。

如果这些帧必须有闭包才能工作，那么需要在其初始化和加入栈帧的时候给予其闭包。在这之前，这些帧已经在虚拟机的 callFunction 方法中初始化。现在是时候将方法重命名为 callClosure 并使用闭包初始化帧：

```
// vm/vm.go

func (vm *VM) executeCall(numArgs int) error {
    callee := vm.stack[vm.sp-1-numArgs]
    switch callee := callee.(type) {
    case *object.Closure:
        return vm.callClosure(callee, numArgs)
    case *object.Builtin:
        return vm.callBuiltin(callee, numArgs)
    default:
        return fmt.Errorf("calling non-closure and non-builtin")
    }
}

func (vm *VM) callClosure(cl *object.Closure, numArgs int) error {
    if numArgs != cl.Fn.NumParameters {
        return fmt.Errorf("wrong number of arguments: want=%d, got=%d",
            cl.Fn.NumParameters, numArgs)
    }
```

```
        frame := NewFrame(cl, vm.sp-numArgs)
        vm.pushFrame(frame)

        vm.sp = frame.basePointer + cl.Fn.NumLocals

        return nil
    }
```

毫无疑问，callClosure 只是改进后的 callFunction。虽然名称已经更改，并且局部变量从 fn 已重命名为 cl，因为它现在是正在调用的*object.Closure，但随之而来的是，必须向 cl.Fn 获取 NumParameters 和 NumLocals。不过这两种方法的作用是相同的。

当然，在 executeCall 中也需要进行相同的重命名操作，因为我们期望位于栈中的是*object.Closure，而不是*object.CompiledFunction。

现在剩下要做的就是处理 OpClosure 指令。这意味着需要从常量池中获取函数，将它们封装在一个闭包中，并将其压栈，以便在栈中调用：

```
// vm/vm.go

func (vm *VM) Run() error {
    // [...]
        switch op {
        // [...]

        case code.OpClosure:
            constIndex := code.ReadUint16(ins[ip+1:])
            _ = code.ReadUint8(ins[ip+3:])
            vm.currentFrame().ip += 3

            err := vm.pushClosure(int(constIndex))
            if err != nil {
                return err
            }

        // [...]
        }
    // [...]
}

func (vm *VM) pushClosure(constIndex int) error {
    constant := vm.constants[constIndex]
    function, ok := constant.(*object.CompiledFunction)

    if !ok {
        return fmt.Errorf("not a function: %+v", constant)
    }
```

```
    closure := &object.Closure{Fn: function}
    return vm.push(closure)
}
```

由于 OpClosure 指令有两个操作数，因此需要解码或跳过这两个操作数，即使我们只需要一个操作数。如果失败了，虚拟机的其余部分将受到未使用的操作数的影响。虽然手动增加 ip 足以使其跳过这两个操作数，但我们仍然放置了一个象征性的无用 ReadUint8，以显示稍后将在哪里解码第二个操作数。下划线用以提醒我们还有工作要做。

随后将第一个操作数 constIndex 传递给新的 pushClosure 方法，该方法负责在常量中查找指定的函数，将该函数转换为*object.Closure 并将其压栈。在栈中，它可以被传递或调用，就像之前的*object.CompiledFunction 一样，也就是说测试通过了：

```
$ go test ./vm
ok      monkey/vm    0.051s
```

现在，任何函数都可以视为闭包。是时候添加闭包了。

9.4 编译和解析自由变量

正如之前所说，编译闭包围绕着解析以及处理自由变量。在这方面，我们做得很好。object.Closure 上的 Free 字段可以存储自由变量，并且 OpClosure 操作码可以让虚拟机将它们存储在那里。

但是还需要一个操作码来检索 Free 字段中的值并将它压栈。由于检索值的其他操作码分别称为 OpGetLocal、OpGetGlobal 和 OpGetBuiltin，因此将其命名为 OpGetFree 比较有意义：

```
// code/code.go

const (
    // [...]

    OpGetFree
)

var definitions = map[Opcode]*Definition{
    // [...]

    OpGetFree: {"OpGetFree", []int{1}},
}
```

现在已经有了操作码，可以编写第一个编译器测试。该测试使用 OpGetFree 来检索真正的闭包中引用的自由变量：

```go
// compiler/compiler_test.go

func TestClosures(t *testing.T) {
    tests := []compilerTestCase{
        {
            input: `
            fn(a) {
                fn(b) {
                    a+b
                }
            }
            `,
            expectedConstants: []interface{}{
                []code.Instructions{
                    code.Make(code.OpGetFree, 0),
                    code.Make(code.OpGetLocal, 0),
                    code.Make(code.OpAdd),
                    code.Make(code.OpReturnValue),
                },
                []code.Instructions{
                    code.Make(code.OpGetLocal, 0),
                    code.Make(code.OpClosure, 0, 1),
                    code.Make(code.OpReturnValue),
                },
            },
            expectedInstructions: []code.Instructions{
                code.Make(code.OpClosure, 1, 0),
                code.Make(code.OpPop),
            },
        },
    }

    runCompilerTests(t, tests)
}
```

这个测试简单地展示了闭包实现应该如何工作。

测试输入中最内层的函数，即带有参数 b 的函数，是一个真正的闭包：它不仅引用了局部变量 b，还引用了在封闭作用域中定义的 a。从这个函数的角度来看，a 是一个自由变量，我们希望编译器发出 OpGetFree 指令以将其压栈。b 将通过普通的 OpGetLocal 推送到栈中。

在外部函数中，应该使用 OpGetLocal 将 a 压栈，不过函数本身从未引用它。但由于它已经被内部函数引用，因此必须在虚拟机执行下一条指令 OpClosure 之前将 a 压栈。

OpClosure 的第二个操作数现在已经投入使用，其值为 1，因为已经有一个自由变量 a 位于栈中。此时 a 在等待被保存到 object.Closure 的 Free 字段中。

在主程序 expectedInstructions 中，另一个 OpClosure 负责创建闭包，但这一次是我们已知的旧用例，没有任何自由变量。

这就是实现闭包的方式，用编译器测试中的期望来表示。但这还不是全部，我们还需要支持深度嵌套的闭包：

```go
// compiler/compiler_test.go

func TestClosures(t *testing.T) {
    tests := []compilerTestCase{
        // [...]
        {
            input: `
fn(a) {
    fn(b) {
        fn(c) {
            a + b + c
        }
    }
};
`,
            expectedConstants: []interface{}{
                []code.Instructions{
                    code.Make(code.OpGetFree, 0),
                    code.Make(code.OpGetFree, 1),
                    code.Make(code.OpAdd),
                    code.Make(code.OpGetLocal, 0),
                    code.Make(code.OpAdd),
                    code.Make(code.OpReturnValue),
                },
                []code.Instructions{
                    code.Make(code.OpGetFree, 0),
                    code.Make(code.OpGetLocal, 0),
                    code.Make(code.OpClosure, 0, 2),
                    code.Make(code.OpReturnValue),
                },
                []code.Instructions{
                    code.Make(code.OpGetLocal, 0),
                    code.Make(code.OpClosure, 1, 1),
                    code.Make(code.OpReturnValue),
                },
            },
            expectedInstructions: []code.Instructions{
                code.Make(code.OpClosure, 2, 0),
                code.Make(code.OpPop),
            },
        },
    }

    runCompilerTests(t, tests)
}
```

这里有 3 个嵌套函数。最里面的函数是带有参数 c 的函数，它引用了两个自由变量：a 和 b。b 在封闭作用域中定义，而 a 在最外层函数中定义。

中间函数应该包含一条 OpClosure 指令，它将最里面的函数变成一个闭包。由于第二个操作数是 2，因此当虚拟机执行它时，栈中应该有两个自由变量。奇怪的是这些值是如何压栈的：b 的 OpGetLocal 指令和外部 a 的 OpGetFree 指令。

为什么选择 OpGetFree？因为从中间函数的角度来看，a 也是一个自由变量：它既不在作用域中定义，也不作为参数定义。由于需要将 a 压栈，因此可以将其转移到最内层函数的 Free 字段，以期得到 OpGetFree 指令。

这就是函数从外部作用域访问局部绑定的方式，也是通过实现闭包来实现嵌套局部绑定的方式。我们将每个非局部、非全局、非内置的绑定都视为自由变量。

为使目标更加清晰，我们再添加一个测试：

```go
// compiler/compiler_test.go

func TestClosures(t *testing.T) {
    tests := []compilerTestCase{
        // [...]
        {
            input: `
            let global = 55;

            fn() {
                let a = 66;

                fn() {
                    let b = 77;

                    fn() {
                        let c = 88;

                        global + a + b + c;
                    }
                }
            }
            `,
            expectedConstants: []interface{}{
                55,
                66,
                77,
                88,
                []code.Instructions{
                    code.Make(code.OpConstant, 3),
                    code.Make(code.OpSetLocal, 0),
                    code.Make(code.OpGetGlobal, 0),
```

```
                code.Make(code.OpGetFree, 0),
                code.Make(code.OpAdd),
                code.Make(code.OpGetFree, 1),
                code.Make(code.OpAdd),
                code.Make(code.OpGetLocal, 0),
                code.Make(code.OpAdd),
                code.Make(code.OpReturnValue),
            },
            []code.Instructions{
                code.Make(code.OpConstant, 2),
                code.Make(code.OpSetLocal, 0),
                code.Make(code.OpGetFree, 0),
                code.Make(code.OpGetLocal, 0),
                code.Make(code.OpClosure, 4, 2),
                code.Make(code.OpReturnValue),
            },
            []code.Instructions{
                code.Make(code.OpConstant, 1),
                code.Make(code.OpSetLocal, 0),
                code.Make(code.OpGetLocal, 0),
                code.Make(code.OpClosure, 5, 1),
                code.Make(code.OpReturnValue),
            },
        },
        expectedInstructions: []code.Instructions{
            code.Make(code.OpConstant, 0),
            code.Make(code.OpSetGlobal, 0),
            code.Make(code.OpClosure, 6, 0),
            code.Make(code.OpPop),
        },
    },
}

runCompilerTests(t, tests)
}
```

不要因为这里的指令数量放慢脚步，要专注于构成最内层函数的指令，即第一个 []code.Instructions 切片。它引用所有可用的绑定并使用 3 种操作码将值压栈： OpGetLocal、OpGetFree 和 OpGetGlobal。

对全局绑定的引用不会转为 OpGetFree 指令，因为它们在每个作用域内都是可见且可访问的。也没有必要将它们视为自由变量，虽然从技术上说它们是自由变量。

测试用例的其余部分用以确认局部绑定的引用（使用外部作用域中的 let 语句创建）和对外部函数参数的引用产生的指令相同。

由于将参数实现为局部绑定，因此这更像是一种完整性检查，一旦第一个测试用例通过，编译器无须任何其他更改即可工作。它使我们将外部作用域的局部绑定视为自由变量的意图更加清晰。

现在我们有多个测试用例。运行后的错误消息显示，目前编译器根本无法处理自由变量：

```
$ go test ./compiler
 --- FAIL: TestClosures (0.00s)
  compiler_test.go:1212: testConstants failed: constant 0 -\
    testInstructions failed: wrong instruction at 0.
   want="0000 OpGetFree 0\n0002 OpGetLocal 0\n0004 OpAdd\n0005 OpReturnValue\n"
   got ="0000 OpGetLocal 0\n0002 OpGetLocal 0\n0004 OpAdd\n0005 OpReturnValue\n"
FAIL
FAIL    monkey/compiler 0.008s
```

我们得到的是 `OpGetLocal` 指令，而不是预期的 `OpGetFree`。这并不奇怪，因为现在编译器将每个非全局绑定都视为局部绑定。这是错误的方式。编译器在解析引用并发出 `OpGetFree` 指令时必须检测自由变量。

检测和解析自由变量听起来令人生畏，一旦将其分解成小问题，你就会发现可以逐一解决它们。如果借助符号表，它会变得更容易，因为符号表是为此类任务而构建的。

因此，我们从最简单的修改开始，引入一个新的作用域：

```
// compiler/symbol_table.go

const (
    // [...]
    FreeScope    SymbolScope = "FREE"
)
```

有了新的作用域之后，我们可以为符号表编写一个测试，以确保它可以处理自由变量。具体来说，我们希望它能正确解析以下这段 Monkey 代码中的每个符号：

```
let a = 1;
let b = 2;

let firstLocal = fn() {
  let c = 3;
  let d = 4;
  a + b + c + d;

  let secondLocal = fn() {
    let e = 5;
    let f = 6;
    a + b + c + d + e + f;
  };
};
```

从符号表的角度看，可以把这段 Monkey 代码变成以下测试：

```go
// compiler/symbol_table_test.go

func TestResolveFree(t *testing.T) {
    global := NewSymbolTable()
    global.Define("a")
    global.Define("b")

    firstLocal := NewEnclosedSymbolTable(global)
    firstLocal.Define("c")
    firstLocal.Define("d")

    secondLocal := NewEnclosedSymbolTable(firstLocal)
    secondLocal.Define("e")
    secondLocal.Define("f")

    tests := []struct {
        table              *SymbolTable
        expectedSymbols    []Symbol
        expectedFreeSymbols []Symbol
    }{
        {
            firstLocal,
            []Symbol{
                Symbol{Name: "a", Scope: GlobalScope, Index: 0},
                Symbol{Name: "b", Scope: GlobalScope, Index: 1},
                Symbol{Name: "c", Scope: LocalScope, Index: 0},
                Symbol{Name: "d", Scope: LocalScope, Index: 1},
            },
            []Symbol{},
        },
        {
            secondLocal,
            []Symbol{
                Symbol{Name: "a", Scope: GlobalScope, Index: 0},
                Symbol{Name: "b", Scope: GlobalScope, Index: 1},
                Symbol{Name: "c", Scope: FreeScope, Index: 0},
                Symbol{Name: "d", Scope: FreeScope, Index: 1},
                Symbol{Name: "e", Scope: LocalScope, Index: 0},
                Symbol{Name: "f", Scope: LocalScope, Index: 1},
            },
            []Symbol{
                Symbol{Name: "c", Scope: LocalScope, Index: 0},
                Symbol{Name: "d", Scope: LocalScope, Index: 1},
            },
        },
    }

    for _, tt := range tests {
        for _, sym := range tt.expectedSymbols {
            result, ok := tt.table.Resolve(sym.Name)
            if !ok {
                t.Errorf("name %s not resolvable", sym.Name)
```

```
                continue
            }
            if result != sym {
                t.Errorf("expected %s to resolve to %+v, got=%+v",
                    sym.Name, sym, result)
            }
        }

        if len(tt.table.FreeSymbols) != len(tt.expectedFreeSymbols) {
            t.Errorf("wrong number of free symbols. got=%d, want=%d",
                len(tt.table.FreeSymbols), len(tt.expectedFreeSymbols))
            continue
        }

        for i, sym := range tt.expectedFreeSymbols {
            result := tt.table.FreeSymbols[i]
            if result != sym {
                t.Errorf("wrong free symbol. got=%+v, want=%+v",
                    result, sym)
            }
        }
    }
}
```

以上 Monkey 代码片段定义了 3 个作用域：global 作用域、firstLocal 作用域和 secondLocal 作用域。它们相互嵌套，其中 secondLocal 是最内层的作用域。在测试的设置部分，我们为每个作用域定义了两个符号，这些符号与代码片段中的 let 语句相匹配。

测试的第一部分期望，算术表达式中的所有标识符都可以被正确解析。这通过遍历每个作用域并要求符号表解析每个之前定义的符号来实现。

目前已经可以做到一些，但也应该能够识别自由变量并将它们的作用域设置为 FreeScope。不仅如此，哪些符号被解析为自由变量也需要跟踪。这就是测试的第二部分。

遍历 expectedFreeSymbols 并确保它们与符号表的 FreeSymbols 匹配。该字段目前暂不存在，但如果存在，FreeSymbols 应包含**封闭作用域**的**原始符号**。例如，在 secondLocal 中让符号表解析 c 和 d 时，我们期望用 FreeScope 取回符号。但同时，定义名称时创建的**原始**符号应添加到 FreeSymbols 中。

我们需要这样做，因为"自由变量"是一个相对术语。当前作用域中的自由变量可以用作封闭作用域中的局部绑定。因为希望在函数编译后将自由变量压栈，也就是当发出 OpClosure 指令并离开函数的作用域时，所以需要知道在封闭作用域中如何访问这些符号。

这个测试中的输入非常接近编译器测试。这意味着我们已步入正轨，但还有一些工作需要进行。如果符号无法解析，必须确保符号表不会自动将每个符号标记为自由变量：

```go
// compiler/symbol_table_test.go

func TestResolveUnresolvableFree(t *testing.T) {
    global := NewSymbolTable()
    global.Define("a")

    firstLocal := NewEnclosedSymbolTable(global)
    firstLocal.Define("c")

    secondLocal := NewEnclosedSymbolTable(firstLocal)
    secondLocal.Define("e")
    secondLocal.Define("f")

    expected := []Symbol{
        Symbol{Name: "a", Scope: GlobalScope, Index: 0},
        Symbol{Name: "c", Scope: FreeScope, Index: 0},
        Symbol{Name: "e", Scope: LocalScope, Index: 0},
        Symbol{Name: "f", Scope: LocalScope, Index: 1},
    }

    for _, sym := range expected {
        result, ok := secondLocal.Resolve(sym.Name)
        if !ok {
            t.Errorf("name %s not resolvable", sym.Name)
            continue
        }
        if result != sym {
            t.Errorf("expected %s to resolve to %+v, got=%+v",
                sym.Name, sym, result)
        }
    }

    expectedUnresolvable := []string{
        "b",
        "d",
    }

    for _, name := range expectedUnresolvable {
        _, ok := secondLocal.Resolve(name)
        if ok {
            t.Errorf("name %s resolved, but was expected not to", name)
        }
    }
}
```

在获取测试结果之前，需要在 SymbolTable 上定义 FreeSymbols 字段，否则测试不会编译：

```
// compiler/symbol_table.go

type SymbolTable struct {
    // [...]
    FreeSymbols []Symbol
}

func NewSymbolTable() *SymbolTable {
    s := make(map[string]Symbol)
    free := []Symbol{}
    return &SymbolTable{store: s, FreeSymbols: free}
}
```

现在可以运行新的测试，并会看到它们确实如预期般失败了：

```
$ go test -run 'TestResolve*' ./compiler
--- FAIL: TestResolveFree (0.00s)
 symbol_table_test.go:240: expected c to resolve to\
   {Name:c Scope:FREE Index:0}, got={Name:c Scope:LOCAL Index:0}
 symbol_table_test.go:240: expected d to resolve to\
   {Name:d Scope:FREE Index:1}, got={Name:d Scope:LOCAL Index:1}
 symbol_table_test.go:246: wrong number of free symbols. got=0, want=2
--- FAIL: TestResolveUnresolvableFree (0.00s)
 symbol_table_test.go:286: expected c to resolve to\
   {Name:c Scope:FREE Index:0}, got={Name:c Scope:LOCAL Index:0}
FAIL
FAIL    monkey/compiler 0.008s
```

我们期望的是得到 FREE，但是得到了 LOCAL。下面着手解决。

要做的第一件事是添加一个辅助方法。该方法将 Symbol 添加到 FreeSymbols 并返回 FreeScope 版本的符号：

```
// compiler/symbol_table.go

func (s *SymbolTable) defineFree(original Symbol) Symbol {
    s.FreeSymbols = append(s.FreeSymbols, original)

    symbol := Symbol{Name: original.Name, Index: len(s.FreeSymbols) - 1}
    symbol.Scope = FreeScope

    s.store[original.Name] = symbol
    return symbol
}
```

现在可以在 Resolve 方法中使用这个方法，以便符号表的两个测试通过。

Resolve 需要做的事情就是一些检查。例如，名称是否在该作用域内定义？是否在该符号表中定义？如果不是，那它是一个全局绑定，还是一个内置函数？都不是，这意味着它被定义为封闭作用域内的局部变量。在这种情况下，从作用域的角度来看，它应该被解析为一个自由变量。

最后，要用 defineFree 方法返回一个符号，并将 Scope 设置为 FreeScope。

实际上用代码表达要容易得多：

```go
// compiler/symbol_table.go

func (s *SymbolTable) Resolve(name string) (Symbol, bool) {
    obj, ok := s.store[name]
    if !ok && s.Outer != nil {
        obj, ok = s.Outer.Resolve(name)
        if !ok {
            return obj, ok
        }

        if obj.Scope == GlobalScope || obj.Scope == BuiltinScope {
            return obj, ok
        }

        free := s.defineFree(obj)
        return free, true
    }
    return obj, ok
}
```

新加的内容是，检查 Symbol 的 Scope 是 GlobalScope 还是 BuiltinScope，以及对新辅助方法 defineFree 的调用。剩下的就是递归遍历已有的封闭符号表。

这便足够了。我们已经完成了闭包的第一部分：一个能识别并处理自由变量的符号表。

```
$ go test -run 'TestResolve*' ./compiler
ok      monkey/compiler 0.010s
```

再次回到前文失败的编译器测试用例：

```
$ go test ./compiler
--- FAIL: TestClosures (0.00s)
 compiler_test.go:927: testConstants failed: constant 0 -\
   testInstructions failed: wrong instructions length.
  want="0000 OpGetFree 0\n0002 OpGetLocal 0\n0004 OpAdd\n0005 OpReturnValue\n"
  got ="0000 OpGetLocal 0\n0002 OpAdd\n0003 OpReturnValue\n"
FAIL
FAIL    monkey/compiler 0.008s
```

现在符号表已经可以处理自由变量，我们只需在编译器的 loadSymbol 方法中添加两行代码就能修复这个测试：

```
// compiler/compiler.go

func (c *Compiler) loadSymbol(s Symbol) {
    switch s.Scope {
    case GlobalScope:
        c.emit(code.OpGetGlobal, s.Index)
    case LocalScope:
        c.emit(code.OpGetLocal, s.Index)
    case BuiltinScope:
        c.emit(code.OpGetBuiltin, s.Index)
    case FreeScope:
        c.emit(code.OpGetFree, s.Index)
    }
}
```

这里提供了闭包中的正确指令 OpGetFree。但在外层，代码仍然没有按预期进行：

```
$ go test ./compiler
--- FAIL: TestClosures (0.00s)
 compiler_test.go:900: testConstants failed: constant 1 -\
   testInstructions failed: wrong instructions length.
  want="0000 OpGetLocal 0\n0002 OpClosure 0 1\n0006 OpReturnValue\n"
  got ="0000 OpClosure 0 0\n0004 OpReturnValue\n"
FAIL
FAIL    monkey/compiler 0.009s
```

这条失败信息表示，在编译函数后没有将自由变量压栈，并且 OpClosure 指令的第二个操作数仍然是硬编码的 0。

在编译函数体之后，要做的就是遍历刚刚在 SymbolTable 中 "留下" 的 FreeSymbols，并对它们调用 loadSymbol。这会在封闭作用域中生成将自由变量压栈的指令。

同样，代码表达得更加简洁：

```
// compiler/compiler.go

func (c *Compiler) Compile(node ast.Node) error {
    switch node := node.(type) {
    // [...]

    case *ast.FunctionLiteral:
        // [...]
        if !c.lastInstructionIs(code.OpReturnValue) {
            c.emit(code.OpReturn)
        }

        freeSymbols := c.symbolTable.FreeSymbols
        numLocals := c.symbolTable.numDefinitions
        instructions := c.leaveScope()
```

```
    for _, s := range freeSymbols {
        c.loadSymbol(s)
    }

    compiledFn := &object.CompiledFunction{
        Instructions:  instructions,
        NumLocals:     numLocals,
        NumParameters: len(node.Parameters),
    }

    fnIndex := c.addConstant(compiledFn)
    c.emit(code.OpClosure, fnIndex, len(freeSymbols))

// [...]
    }

// [...]
}
```

这里提供上下文只是为了让代码可读性更好，实际修改的代码只有 5 行。

第一行新加的内容是对 freeSymbols 赋值。这很重要，因为它发生在调用 c.leaveScope()之前。随后，在离开作用域后，我们在循环中遍历 freeSymbols 和每个 c.loadSymbol。

然后，将 len(freeSymbols)用作 OpClosure 指令的第二个操作数。在 c.loadSymbol 被调用之后，自由变量位于栈中，等待与*object.CompiledFunction 一起合并到 *object.Closure 中。

5 行代码足以让测试完全通过：

```
$ go test ./compiler
ok      monkey/compiler 0.008s
```

我们成功完成闭包的编译！现在我们需要在运行时处理闭包，这才是真正能体现闭包魔力的地方。

9.5　运行时创建闭包

虚拟机已经在闭包上运行。它不再执行*object.CompiledFunction，而是在执行 OpClosure 指令时将*object.CompiledFunction 封装在*object.Closure 中，随后调用并执行它们。

当前缺少的是能创建"真正"闭包的部分：将自由变量转移到这些闭包并执行将

它们压栈的 `OpGetFree` 指令。由于前期准备工作比较充分，因此这里只需要稍作修改即可轻松达到目的。

这里从一个期望虚拟机处理真实闭包的测试开始，这是最简单的测试版本：

```go
// vm/vm_test.go

func TestClosures(t *testing.T) {
    tests := []vmTestCase{
        {
            input: `
        let newClosure = fn(a) {
            fn() { a; };
        };
        let closure = newClosure(99);
        closure();
        `,
            expected: 99,
        },
    }

    runVmTests(t, tests)
}
```

在测试输入中，`newClosure` 返回一个关闭自由变量的闭包，即 `newClosure` 的参数 `a`。当返回的闭包被调用时，它应该返回这个 `a`。一个闭包、一个自由变量、一个封闭作用域，这就是要处理的内容。

我们要做的第一件事是利用 `OpClosure` 的第二个操作数。它可以决定虚拟机将自由变量转移到指定闭包的数量。我们已经解码了它，但也忽略了它，因为之前没有适当的自由变量。现在有自由变量了，那就需要用它来工作：

```go
// vm/vm.go

func (vm *VM) Run() error {
    // [...]
        switch op {
        // [...]

        case code.OpClosure:
            constIndex := code.ReadUint16(ins[ip+1:])
            numFree := code.ReadUint8(ins[ip+3:])
            vm.currentFrame().ip += 3

            err := vm.pushClosure(int(constIndex), int(numFree))
            if err != nil {
                return err
            }
```

```
        // [...]
        }
    // [...]
}
```

现在向 pushClosure 传递两个参数：已编译函数在常量池中的索引和在栈中等待的自由变量的数量，如下所示：

```
// vm/vm.go

func (vm *VM) pushClosure(constIndex, numFree int) error {
    constant := vm.constants[constIndex]
    function, ok := constant.(*object.CompiledFunction)
    if !ok {
        return fmt.Errorf("not a function: %+v", constant)
    }

    free := make([]object.Object, numFree)
    for i := 0; i < numFree; i++ {
        free[i] = vm.stack[vm.sp-numFree+i]
    }
    vm.sp = vm.sp - numFree

    closure := &object.Closure{Fn: function, Free: free}
    return vm.push(closure)
}
```

新内容是中间部分。我们利用第二个参数 numFree 构造了一个切片 free。然后，从栈中最低的位置开始，逐个获取自由变量并将其复制到 free。随后通过手动递减 vm.sp 来清理栈。

复制的顺序很重要，因为这与在闭包主体内引用自由变量以及将它们压栈的顺序相同。如果颠倒顺序，OpGetFree 指令的操作数就错了。这将我们引入到下一步：虚拟机还无法识别 OpGetFree。

实现 OpGetFree 与实现其他 OpGet*指令没有明显不同，除了检索值的位置。这次虚拟机正在执行的是*object.Closure 的 Free 切片：

```
// vm/vm.go

func (vm *VM) Run() error {
    // [...]
        switch op {
        // [...]

        case code.OpGetFree:
            freeIndex := code.ReadUint8(ins[ip+1:])
            vm.currentFrame().ip += 1
```

```
            currentClosure := vm.currentFrame().cl
            err := vm.push(currentClosure.Free[freeIndex])
            if err != nil {
                return err
            }

        // [...]
        }
    // [...]
}
```

如我所说，只有检索值的位置变了。解码操作数并将其用作 Free 切片的索引，以便检索值并将其压栈。这段代码做的事情就是这样。

运行结果如下：

```
$ go test ./vm
ok      monkey/vm       0.036s
```

我们实现了真正的闭包！让我们对虚拟机进行更多测试，看看它能做什么：

```
// vm/vm_test.go

func TestClosures(t *testing.T) {
    tests := []vmTestCase{
        // [...]
        {
            input: `
        let newAdder = fn(a, b) {
            fn(c) { a + b + c };
        };
        let adder = newAdder(1, 2);
        adder(8);
        `,
            expected: 11,
        },
        {
            input: `
        let newAdder = fn(a, b) {
            let c = a + b;
            fn(d) { c + d };
        };
        let adder = newAdder(1, 2);
        adder(8);
        `,
            expected: 11,
        },
    }

    runVmTests(t, tests)
}
```

　　这里有引用多个自由变量的闭包, 一些被定义为封闭函数中的参数, 一些被定义为局部变量。测试仍然能通过:

```
$ go test ./vm
ok      monkey/vm   0.035s
```

让我们再进一步:

```go
// vm/vm_test.go

func TestClosures(t *testing.T) {
    tests := []vmTestCase{
        // [...]
        {
            input: `
        let newAdderOuter = fn(a, b) {
            let c = a + b;
            fn(d) {
                let e = d + c;
                fn(f) { e + f; };
            };
        };
        let newAdderInner = newAdderOuter(1, 2)
        let adder = newAdderInner(3);
        adder(8);
        `,
            expected: 14,
        },
        {
            input: `
        let a = 1;
        let newAdderOuter = fn(b) {
            fn(c) {
                fn(d) { a + b + c + d };
            };
        };
        let newAdderInner = newAdderOuter(2)
        let adder = newAdderInner(3);
        adder(8);
        `,
            expected: 14,
        },
        {
            input: `
        let newClosure = fn(a, b) {
            let one = fn() { a; };
            let two = fn() { b; };
            fn() { one() + two(); };
        };
        let closure = newClosure(9, 90);
        closure();
```

```
              `,
              expected: 99,
          },
      }

      runVmTests(t, tests)
}
```

这段代码有能返回其他闭包的闭包、全局绑定、局部绑定、在其他闭包中调用的多个闭包。将所有这些都放在一起，测试仍然正常运行：

```
$ go test ./vm
ok        monkey/vm    0.039s
```

这与"完成工作"非常接近了，但还有最后一件事。闭包的一种特殊用法目前仍然不能工作：调用自身的闭包，也就是递归闭包。

9.6 递归闭包

我们尝试定义和调用递归闭包时遇到的第一个问题，用最简单的术语表述就是：失败的测试用例。

```
// vm/vm_test.go

func TestRecursiveFunctions(t *testing.T) {
    tests := []vmTestCase{
        {
            input: `
        let countDown = fn(x) {
            if (x == 0) {
                return 0;
            } else {
                countDown(x - 1);
            }
        };
        countDown(1);
        `,
            expected: 0,
        },
    }

    runVmTests(t, tests)
}
```

无须解释太多。这里有一个叫作 countDown 的小型函数，它可以调用自身。但当运行测试时，结果显示 countDown 找不到自己：

```
$ go test ./vm -run TestRecursiveFunctions
--- FAIL: TestRecursiveFunctions (0.00s)
 vm_test.go:559: compiler error: undefined variable countDown
FAIL
FAIL    monkey/vm    0.006s
```

这个问题很容易解决。我们所要做的就是在编译器中执行以下代码：

```
// compiler/compiler.go

func (c *Compiler) Compile(node ast.Node) error {
    switch node := node.(type) {
    // [...]

    case *ast.LetStatement:
        err := c.Compile(node.Value)
        if err != nil {
            return err
        }

        symbol := c.symbolTable.Define(node.Name.Value)
        if symbol.Scope == GlobalScope {
            c.emit(code.OpSetGlobal, symbol.Index)
        } else {
            c.emit(code.OpSetLocal, symbol.Index)
        }

    // [...]
    }

    // [...]
}
```

移动 symbol := ... 这一行到 case *ast.LetStatement 的正下方：

```
// compiler/compiler.go

func (c *Compiler) Compile(node ast.Node) error {
    switch node := node.(type) {
    // [...]

    case *ast.LetStatement:
        symbol := c.symbolTable.Define(node.Name.Value)
        err := c.Compile(node.Value)
        if err != nil {
            return err
        }

        if symbol.Scope == GlobalScope {
            c.emit(code.OpSetGlobal, symbol.Index)
        } else {
            c.emit(code.OpSetLocal, symbol.Index)
```

```
        }
    // [...]
    }

    // [...]
}
```

代码现在所做的是在编译函数体之前，在符号表中定义函数即将被绑定的名称，从而允许函数体引用此函数名。单行的修改就能达到以下效果：

```
$ go test ./vm
ok        monkey/vm    0.033s
```

测试通过了——**看起来**我们确实实现了递归函数调用。可以添加另一个测试用例来验证这是不是仅适用于全局范围的边缘情况：

```
// vm/vm_test.go

func TestRecursiveFunctions(t *testing.T) {
    tests := []vmTestCase{
        // [...]
        {
            input: `
        let countDown = fn(x) {
            if (x == 0) {
                return 0;
            } else {
                countDown(x - 1);
            }
        };
        let wrapper = fn() {
            countDown(1);
        };
        wrapper();
        `,
            expected: 0,
        },
    }

    runVmTests(t, tests)
}
```

执行结果如下所示：

```
$ go test ./vm
ok        monkey/vm    0.030s
```

它仍然有效。现在，如果**结合**这两个测试用例，**在一个函数中**定义一个递归函数并在另一个函数中调用它，会怎样呢？

```
// vm/vm_test.go

func TestRecursiveFunctions(t *testing.T) {
    tests := []vmTestCase{
        // [...]
        {
            input: `
        let wrapper = fn() {
            let countDown = fn(x) {
                if (x == 0) {
                    return 0;
                } else {
                    countDown(x - 1);
                }
            };
            countDown(1);
        };
        wrapper();
        `,
            expected: 0,
        },
    }

    runVmTests(t, tests)
}
```

其他两个测试用例的基本部分仍然存在，但发生了一些细微的变化。countDown 仍然调用自身，wrapper 仍然调用 countDown，只是 countDown 在 wrapper 内部定义。因为 Monkey 中的每个函数最终都是闭包，所以这里只是一个定义在另一个闭包中的递归闭包。

我们知道这两种功能已经分开。在 9.5 节中，在一个函数中定义并调用一个函数是有效的，并且根据前文，函数调用自身也是有效的。但将这两种功能结合在一起，效果如何呢？

测试结果如下：

```
$ go test ./vm -run TestRecursiveFunctions
--- FAIL: TestRecursiveFunctions (0.00s)
 vm_test.go:591: vm error: calling non-closure and non-builtin
FAIL
FAIL    monkey/vm    0.007s
```

这次没有编译器错误。测试在虚拟机运行时中断。显然，这是因为虚拟机试图调用的既不是闭包也不是内置函数。

在深入分析这个测试为什么失败之前，我们需要确保自己清楚为什么要让这个测试正常工作，因为它看起来**确实**是人为的，不是吗？是我们自己在其他闭包中定义了递归闭包。

事实证明，我们做到了！测试用例是以下代码的简化形式：

```
let map = fn(arr, f) {
  let iter = fn(arr, accumulated) {
    if (len(arr) == 0) {
      accumulated
    } else {
      iter(rest(arr), push(accumulated, f(first(arr))));
    }
  };

  iter(arr, []);
};
```

用 Monkey 编写的高阶映射函数，绝对是我们想要的理想代码。所以，让我们回到测试。

它不会因为编译器为 main 函数发出了错误的字节码而失败，也不会因为构成 countDown 的指令而失败。失败的原因是看起来无伤大雅的封装函数。

为了查看编译器编译 wrapper 的内容，可以在 runVmTests 函数中添加如下内容：

```
// vm/vm_test.go

func runVmTests(t *testing.T, tests []vmTestCase) {
    // [...]

    for _, tt := range tests {
        // [...]

        for i, constant := range comp.Bytecode().Constants {
            fmt.Printf("CONSTANT %d %p (%T):\n", i, constant, constant)

            switch constant := constant.(type) {
            case *object.CompiledFunction:
                fmt.Printf(" Instructions:\n%s", constant.Instructions)
            case *object.Integer:
                fmt.Printf(" Value: %d\n", constant.Value)
            }

            fmt.Printf("\n")
        }

        vm := New(comp.Bytecode())
        // [...]
    }
}
```

这是一个简略的"字节码转储器"。它当然还可以优化，但现在主要是帮助查看哪些指令构成 wrapper：

```
$ go test ./vm -run TestRecursiveFunctions
// [...]
CONSTANT 5 0xc0000c8660 (*object.CompiledFunction):
 Instructions:
0000 OpGetLocal 0
0002 OpClosure 3 1
0006 OpSetLocal 0
0008 OpGetLocal 0
0010 OpConstant 4
0013 OpCall 1
0015 OpReturnValue


--- FAIL: TestRecursiveFunctions (0.00s)
 vm_test.go:591: vm error: calling non-closure and non-builtin
FAIL
FAIL    monkey/vm    0.005s
```

乍一看，似乎什么都不缺，即使多看几眼，也看不出什么异常，该有的**都有**。问题在于指令的**顺序**：封装器中的第一条指令 OpGetLocal 0，位于 OpSetLocal 0 之前。

事情是这样的：在编译 countDown 主体时，编译器遇到了对 countDown 的引用，并需要对符号表进行解析。而符号表注意到，在当前作用域中没有定义名为 countDown 的符号，所以将其标记为自由变量。

在编译 countDown 主体之后，发出 OpClosure 指令以将 countDown 转换为闭包之前，编译器对标记为自由变量的符号进行迭代并发出必要的加载指令以将它们压栈。

到这里本应该结束，以便虚拟机在执行这些加载指令后的 OpClosure 指令时，可以访问它们并将它们传递给它创建的*object.Closure。

这与本章的设计和实现完全匹配。

虚拟机中断的原因是索引为 0 的局部变量没有保存。当虚拟机准备加载它时，却从栈中得到一个 nil。这就是导致虚拟机错误的原因：调用非闭包和非内置函数。虚拟机不能调用 nil。

但是为什么局部变量还未保存？因为索引为 0 的插槽是闭包本身应该结束的地方。

换句话说，为了将 countDown 引用的单个自由变量（其自身）压栈，我们发出了正确的 OpGetLocal 0 指令，但这是在 countDown 变成闭包并使用 OpSetLocal 0 保存之前执行的操作。简而言之，在 countDown 出现之前，我们尝试创建对 countDown 的引用并将其保存为其自身。

在确认理解问题所在之前，请再次通读最后几行代码，但是一定认真思考每一行代码。随后你会发现解决这个问题很简单。

以下是我们要做的：在编译器中检测这些自引用，然后发出一个新的操作码，而不是将符号标记为“自由变量”并发出 OpGetFree 指令来加载它们。

新的操作码是 OpCurrentClosure，用来指示虚拟机将其当前正在执行的闭包加载到栈中。在虚拟机中，我们将实现 OpCurrentClosure 来做这一点，这样问题就解决了。

第一件事，定义新的操作码：

```go
// code/code.go

const (
    // [...]

    OpCurrentClosure
)

var definitions = map[Opcode]*Definition{
    // [...]

    OpCurrentClosure: {"OpCurrentClosure", []int{}},
}
```

有了新的操作码，就可以编写编译器测试来断言 OpCurrentClosure 是否在合理的位置被发出。

这些测试中的第一个用以确保，未在另一个函数中定义的递归函数将使用 OpCurrentClosure 来引用自身：

```go
// compiler/compiler_test.go

func TestRecursiveFunctions(t *testing.T) {
    tests := []compilerTestCase{
        {
            input: `
            let countDown = fn(x) { countDown(x - 1); };
            countDown(1);
            `,
            expectedConstants: []interface{}{
                1,
                []code.Instructions{
```

```
                    code.Make(code.OpCurrentClosure),
                    code.Make(code.OpGetLocal, 0),
                    code.Make(code.OpConstant, 0),
                    code.Make(code.OpSub),
                    code.Make(code.OpCall, 1),
                    code.Make(code.OpReturnValue),
                },
                1,
            },
            expectedInstructions: []code.Instructions{
                code.Make(code.OpClosure, 1, 0),
                code.Make(code.OpSetGlobal, 0),
                code.Make(code.OpGetGlobal, 0),
                code.Make(code.OpConstant, 2),
                code.Make(code.OpCall, 1),
                code.Make(code.OpPop),
            },
        },
    }

    runCompilerTests(t, tests)
}
```

像每个调用表达式一样，这里的 countDown(x - 1)应该编译为遵循调用约定的指令：先被调用者压栈，随后是调用参数，最后是 OpCall 指令。

这里的特别之处在于，除了 countDown 如此简洁以至于它永远不会停止，被调用者是 countDown 本身。这就是为什么我们期望 OpCurrentClosure 将被调用者放在栈中。

这里还将添加另外一个测试：在另一个函数中定义的递归函数。

```
// compiler/compiler_test.go

func TestRecursiveFunctions(t *testing.T) {
    tests := []compilerTestCase{
        // [...]
        {
            input: `
        let wrapper = fn() {
            let countDown = fn(x) { countDown(x - 1); };
            countDown(1);
        };
        wrapper();
        `,
            expectedConstants: []interface{}{
                1,
                []code.Instructions{
                    code.Make(code.OpCurrentClosure),
                    code.Make(code.OpGetLocal, 0),
```

```
                    code.Make(code.OpConstant, 0),
                    code.Make(code.OpSub),
                    code.Make(code.OpCall, 1),
                    code.Make(code.OpReturnValue),
                },
                1,
                []code.Instructions{
                    code.Make(code.OpClosure, 1, 0),
                    code.Make(code.OpSetLocal, 0),
                    code.Make(code.OpGetLocal, 0),
                    code.Make(code.OpConstant, 2),
                    code.Make(code.OpCall, 1),
                    code.Make(code.OpReturnValue),
                },
            },
            expectedInstructions: []code.Instructions{
                code.Make(code.OpClosure, 3, 0),
                code.Make(code.OpSetGlobal, 0),
                code.Make(code.OpGetGlobal, 0),
                code.Make(code.OpCall, 0),
                code.Make(code.OpPop),
            },
        },
    }

    runCompilerTests(t, tests)
}
```

如果运行这些测试，它们会确认两件事：我们对问题的分析是正确的，以及我们还没有做任何填充工作。

```
$ go test ./compiler
--- FAIL: TestRecursiveFunctions (0.00s)
 compiler_test.go:996: testConstants failed:\
   constant 1 - testInstructions failed: wrong instructions length.
 want="0000 OpCurrentClosure\n0001 OpGetLocal 0\n0003 OpConstant 0\n\
   0006 OpSub\n0007 OpCall 1\n0009 OpReturnValue\n"
 got ="0000 OpGetGlobal 0\n0003 OpGetLocal 0\n0005 OpConstant 0\n\
   0008 OpSub\n0009 OpCall 1\n0011 OpReturnValue\n"
FAIL
FAIL    monkey/compiler 0.006s
```

现在让我们开始做一些填充工作。

为了通过检测编译器中的自引用来使测试通过，需要一条关键信息：当前正在编译的函数名。就目前情况而言，无法知道一个引用是否是自引用，因为我们从未捕获函数绑定的名称。

但是其实可以捕获：在语法分析器中，可以判断 let 语句是否将函数字面量绑定到某个名称，如果是，则将绑定的名称保存到函数字面量中。

这里我们要做的第一步是，在 ast.FunctionLiteral 定义中添加一个 Name 字段：

```
// ast/ast.go

type FunctionLiteral struct {
    // [...]
    Name        string
}

func (fl *FunctionLiteral) String() string {
    // [...]
    out.WriteString(fl.TokenLiteral())
    if fl.Name != "" {
        out.WriteString(fmt.Sprintf("<%s>", fl.Name))
    }
    out.WriteString("(")
    // [...]
)
```

现在可以为语法分析器编写一个测试，以确保它在可能的情况下填写 Name 字段：

```
// parser/parser_test.go

func TestFunctionLiteralWithName(t *testing.T) {
    input :=`let myFunction = fn() { };`

    l := lexer.New(input)
    p := New(l)
    program := p.ParseProgram()
    checkParserErrors(t, p)

    if len(program.Statements) != 1 {
        t.Fatalf("program.Body does not contain %d statements. got=%d\n",
            1, len(program.Statements))
    }

    stmt, ok := program.Statements[0].(*ast.LetStatement)
    if !ok {
        t.Fatalf("program.Statements[0] is not ast.LetStatement. got=%T",
            program.Statements[0])
    }

    function, ok := stmt.Value.(*ast.FunctionLiteral)
    if !ok {
        t.Fatalf("stmt.Value is not ast.FunctionLiteral. got=%T",
            stmt.Value)
    }

    if function.Name != "myFunction" {
        t.Fatalf("function literal name wrong. want 'myFunction', got=%q\n",
            function.Name)
    }
}
```

在我们确保没有犯错的情况下，测试应该会失败：

```
$ go test ./parser
--- FAIL: TestFunctionLiteralWithName (0.00s)
 parser_test.go:965: function literal name wrong. want 'myFunction', got=""
FAIL
FAIL    monkey/parser    0.005s
```

为了修复它，需要修改语法分析器中的 parseLetStatement 方法：

```go
// parser/parser.go

func (p *Parser) parseLetStatement() *ast.LetStatement {
    // [...]

    stmt.Value = p.parseExpression(LOWEST)

    if fl, ok := stmt.Value.(*ast.FunctionLiteral); ok {
        fl.Name = stmt.Name.Value
    }

    // [...]
}
```

在 let 语句的=两侧都被语法分析后，检查右侧 stmt.Value 是否是*ast.Function-Literal。如果是，则将绑定的名称 stmt.Name 保存到它上面。测试通过：

```
$ go test ./parser
ok      monkey/parser    0.005s
```

现在我们完全准备好对自引用进行检测了。但是，与其急匆匆地检测并最终在编译器中对边缘情况进行检查，不如转到管理名称和引用的地方：符号表。

在符号表中要做的是添加一个新的作用域：FunctionScope。我们将为每个符号表定义一个具有该作用域的符号：当前正在编译的函数名。当对一个名称进行语法分析并使用 FunctionScope 返回一个符号时，我们就知道它是当前的函数名，因此它是自引用。

我们从定义新的作用域开始：

```go
// compiler/symbol_table.go

const (
    // [...]
    FunctionScope SymbolScope = "FUNCTION"
)
```

有了这个作用域之后，可以添加一个新的测试：

```go
// compiler/symbol_table_test.go

func TestDefineAndResolveFunctionName(t *testing.T) {
    global := NewSymbolTable()
    global.DefineFunctionName("a")

    expected := Symbol{Name: "a", Scope: FunctionScope, Index: 0}

    result, ok := global.Resolve(expected.Name)
    if !ok {
        t.Fatalf("function name %s not resolvable", expected.Name)
    }

    if result != expected {
        t.Errorf("expected %s to resolve to %+v, got=%+v",
            expected.Name, expected, result)
    }
}
```

在这个测试中，我们调用了 DefineFunctionName，接下来需要写这个符号，然后用该函数名调用 Resolve，以期得到一个作用域被设置为 FunctionScope 的符号。

除此之外，我们还希望隐藏当前函数名后测试仍然能正常工作，如下所示：

```
let foobar = fn() {
  let foobar = 1;
  foobar;
};
```

添加的第二个测试与第一个测试类似，只是它在调用 DefineFunctionName 之后包含一个额外的 Define 调用：

```go
// compiler/symbol_table_test.go

func TestShadowingFunctionName(t *testing.T) {
    global := NewSymbolTable()
    global.DefineFunctionName("a")
    global.Define("a")

    expected := Symbol{Name: "a", Scope: FunctionScope, Index: 0}

    result, ok := global.Resolve(expected.Name)
    if !ok {
        t.Fatalf("function name %s not resolvable", expected.Name)
    }

    if result != expected {
        t.Errorf("expected %s to resolve to %+v, got=%+v",
            expected.Name, expected, result)
    }
}
```

好的，运行测试：

```
$ go test -run FunctionName ./compiler
# monkey/compiler [monkey/compiler.test]
compiler/symbol_table_test.go:306:8: global.DefineFunctionName undefined \
  (type *SymbolTable has no field or method DefineFunctionName)
compiler/symbol_table_test.go:323:8: global.DefineFunctionName undefined \
  (type *SymbolTable has no field or method DefineFunctionName)
FAIL    monkey/compiler [build failed]
```

现在准备实现 DefineFunctionName。这很容易，因为它与已有的 DefineBuiltin 方法非常相似：

```
// compiler/symbol_table.go

func (s *SymbolTable) DefineFunctionName(name string) Symbol {
    symbol := Symbol{Name: name, Index: 0, Scope: FunctionScope}
    s.store[name] = symbol
    return symbol
}
```

这里使用 FunctionScope 创建了一个新符号并将其添加到 s.store 中。索引的选择是任意的，因为它无关紧要，可以将其设置为你喜欢的任何数字。然后再次运行测试：

```
$ go test -run FunctionName ./compiler
ok      monkey/compiler 0.005s
```

现在可以转到编译器，事实证明，不必做太多事情就可以使失败的测试通过。

在编译具有 Name 的*ast.FunctionLiteral 时，在进入新的编译作用域后，需要使用新的 DefineFunctionName 方法将函数名添加到符号表中：

```
// compiler/compiler.go

func (c *Compiler) Compile(node ast.Node) error {
    switch node := node.(type) {
    // [...]

    case *ast.FunctionLiteral:
        c.enterScope()

        if node.Name != "" {
            c.symbolTable.DefineFunctionName(node.Name)
        }
        // [...]
```

```
    // [...]
    }

    // [...]
}
```

随后需要确保加载 FunctionScope 符号会致使发出 OpCurrentClosure 操作码。使用已有的代码很容易做到这一点：

```
// compiler/compiler.go

func (c *Compiler) loadSymbol(s Symbol) {
    switch s.Scope {
    // [...]
    case FunctionScope:
        c.emit(code.OpCurrentClosure)
    }
}
```

总体来说，现在向编译器添加了 5 行代码，这足以修复测试：

```
$ go test ./compiler
ok        monkey/compiler 0.006s
```

你知道这意味着什么，对吧？现在终于可以处理前文失败的虚拟机测试了：

```
$ go test ./vm -run TestRecursiveFunctions
--- FAIL: TestRecursiveFunctions (0.00s)
 vm_test.go:591: vm error: calling non-closure and non-builtin
FAIL
FAIL      monkey/vm    0.005s
```

最好的消息是，我们已经完成了大部分工作——在语法分析器、符号表和编译器中的工作。剩下要做的就是在虚拟机中实现 OpCurrentClosure：

```
// vm/vm.go

func (vm *VM) Run() error {
    // [...]
        switch op {
        // [...]

        case code.OpCurrentClosure:
            currentClosure := vm.currentFrame().cl
            err := vm.push(currentClosure)
            if err != nil {
                return err
            }

        // [...]
        }
    // [...]
}
```

获取 vm.currentFrame()的闭包并将其压栈，结果是：

```
$ go test ./vm
ok      monkey/vm    0.033s
```

我们已经添加了最后一个缺失的部分，现在可以充满信心地说：我们已经成功地在字节码编译器和虚拟机中实现了闭包！这为 Monkey 的实现又增加了一项功能，值得庆祝。

第 10 章

最后的测试

我们已经走到此次旅途的终点——成功构建字节码编译器和虚拟机。

我们实现了二元运算符和前缀运算符、带有跳转指令的条件语句、全局绑定和局部绑定、字符串、数组、哈希表、头等函数、高阶函数、内置函数，甚至是最重要的闭包。

是时候放松一下了。现在我们可以带着极大的满足感和完成工作后的成就感，看看编译器和虚拟机编译并执行以下 Monkey 代码。

这是计算斐波那契数的递归函数，也是展示一门编程语言的首选示例。虽然可能是老生常谈，但无论如何，这是一个里程碑。我一直为此感到高兴。

```go
// vm/vm_test.go

func TestRecursiveFibonacci(t *testing.T) {
    tests := []vmTestCase{
        {
            input: `
    let fibonacci = fn(x) {
        if (x == 0) {
            return 0;
        } else {
            if (x == 1) {
                return 1;
            } else {
                fibonacci(x - 1) + fibonacci(x - 2);
            }
        }
    };
    fibonacci(15);
    `,
            expected: 610,
        },
    }
```

```
    runVmTests(t, tests)
}
```

完美的递归！现在执行它：

```
$ go test ./vm
ok      monkey/vm    0.034s
```

测试顺利通过。其实，使用斐波那契递归函数来展示语言的性能并不是造成它“老生常谈”的原因，将其用作语言性能的基准才是。

一门语言多快执行完这样一个函数对它在**实际生产环境**中的表现毫无指导意义，但我们也知道，无论如何，Monkey 从来都不是为生产环境而构建的。你可能还记得，我在前言中承诺过，Monkey 的新实现在性能上将是旧实现的 3 倍。现在就是兑现承诺的时候。

现在创建一个小型实用程序，将第一本书中的求值器与新的字节码编译器进行比较，看看它们计算斐波那契数的速度差异。

在新的 benchmark 文件夹中，创建一个新的 main.go 文件：

```
// benchmark/main.go

package main

import (
    "flag"
    "fmt"
    "time"

    "monkey/compiler"
    "monkey/evaluator"
    "monkey/lexer"
    "monkey/object"
    "monkey/parser"
    "monkey/vm"
)

var engine = flag.String("engine", "vm", "use 'vm' or 'eval'")

var input = `
let fibonacci = fn(x) {
  if (x == 0) {
    0
  } else {
    if (x == 1) {
      return 1;
    } else {
      fibonacci(x - 1) + fibonacci(x - 2);
```

```
        }
    }
};
fibonacci(35);
`

func main() {
    flag.Parse()

    var duration time.Duration
    var result object.Object

    l := lexer.New(input)
    p := parser.New(l)
    program := p.ParseProgram()

    if *engine == "vm" {
        comp := compiler.New()
        err := comp.Compile(program)
        if err != nil {
            fmt.Printf("compiler error: %s", err)
            return
        }

        machine := vm.New(comp.Bytecode())

        start := time.Now()

        err = machine.Run()
        if err != nil {
            fmt.Printf("vm error: %s", err)
            return
        }

        duration = time.Since(start)
        result = machine.LastPoppedStackElem()
    } else {
        env := object.NewEnvironment()
        start := time.Now()
        result = evaluator.Eval(program, env)
        duration = time.Since(start)
    }

    fmt.Printf(
        "engine=%s, result=%s, duration=%s\n",
        *engine,
        result.Inspect(),
        duration)
}
```

这里没有新内容。输入还是斐波那契递归函数，我们已经知道可以对它编译和执行，只是这次输入具体的数值 35，这让解释器增加了一些工作量。

在 main 函数中，我们解析了命令行标志 engine。根据它的值，我们会在求值器中执行斐波那契递归函数，或者在新的虚拟机中编译并执行该函数。无论哪种方式，都会测量执行斐波那契递归函数所用的时间，然后输出结果。

运行这个测试会显示出，从树遍历解释器转换到编译器和虚拟机提升了多少性能。编译器和虚拟机没有特别关注性能，因为还有很多情况可以优化。

将其编译为可执行文件：

```
$ go build -o fibonacci ./benchmark
```

首先，欢迎求值器登上舞台：

```
$ ./fibonacci -engine=eval
engine=eval, result=9227465, duration=27.204277379s
```

27 秒。下面欢迎编译器和虚拟机上场：

```
$ ./fibonacci -engine=vm
engine=vm, result=9227465, duration=8.876222455s
```

8 秒。我没有食言。